현재 많은 상용설계프로그램들이 개발되어 실제 풍력단지 선정과 풍력터빈의 설계에 이용되고 있다. 그러나 풍력터빈 시스템은 기계, 항공 및 전기 분야를 포함하는 종합적인 장치로 각 분야에 대한 기초적인 지식을 먼저 이해하고 상용설계프로그램을 이용하는 것이 바람직하다. 특히 풍력터빈 시스템에 필요한 여러 전공분야에 대한 기초적인 원리를 포괄적으로 설명하는 책을 구하기 쉽지 않기에 대학교 3~4학년 또는 대학원 석사과정에서 사용할 수 있는 풍력터빈에 대한 기초적인 내용을 종합, 정리하였다.

Fundamentals of Wind Turbine

풍력터빈의 기초

장종훈 저

도서출판 인터비전

머리말

바람은 태초부터 있었으며 인류역사의 발전과 함께 이용된 중요한 자원이다. 특히 증기기관이 발명되기 전까지 해상수송의 중요 에너지원으로 매우 중요한 역할을 담당하였다. 또한 육상에서도 지하수를 끌어 올리고, 저지대의 물을 배수하고, 곡물을 분쇄하는 등에 다양하게 사용되었다. 지금은 화석원료의 부족으로 전기발전의 중요한 자원으로 다시 많은 관심을 끌고 있다. 특히 1970년대에 있었던 석유위기를 겪으면서 미국과 서유럽 등시에서 대단위 육상 및 해상풍력단지를 건설하여 전기를 생산하고 있으며, 최근에는 중국에서 육상풍력발전이 급속히 성장하고 있다. 또한 국내의 주요 중공업회사들은 조선산업의 부진과 에너지원의 다변화에 맞추어 풍력터빈 생산에 참여하기 시작하였다. 풍력발전은 태양광발전보다 발전단가가 저렴하며 밤과 낮 구분없이 또 날씨에 무관하게 적당한 풍속의 바람이 불면 항상 전기를 생산할 수 있는 장점이 있다. 따라서 대학, 기업 및 연구소 등에서 다양한 연구와 교육이 이루어지고 있는 관심분야이다.

현재 많은 상용설계프로그램들이 개발되어 실제 풍력단지 선정과 풍력터빈의 설계에 이용되고 있다. 그러나 풍력발전 시스템은 기계, 항공 및 전기 분야를 포함하는 종합적인 장치로 각 분야에 대한 기초적인 지식을 먼저 이해하고 상용설계프로그램을 이용하는 것이 바람직하다. 특히 풍력발전 시스템에 필요한 여러 전공분야에 대한 기초적인 원리를 포괄적으로 설명하는 책을 구하기 쉽지 않다. 따라서 대학교 3 ~ 4학년 또는 대학원 석사과정에서 사용할 수 있는 풍력발전에 대한 기초적인 내용을 종합하고자 노력하였다.

제1장에서 4장까지는 바람의 특성, 풍력터빈의 작동원리, 구성요소 및 출력에 대한 내용을 수록하였다. 제1장에서 바람의 생성과 특성에 대하여 설명하였다. 항상 같은 속도의 바람이 불지 않기 때문에 시간에 대한 바람 속도의 분포에 관한 내용을 논의하였다. 제2장에서는 풍력터빈의 개요에 대하여 간략하게 설명하여 풍력터빈을 구성하고 있는 각 주요 부품과 작동원리에 대하여 이해할 수 있도록 하였다. 제3장에서는 풍력발

전의 핵심부품인 풍력터빈 날개의 설계와 성능에 대하여 설명하고 주어진 풍속에서 얻을 수 있는 출력을 계산하는 기본적인 이론에 대한 내용을 수록하고 있다. 제4장에서는 설치된 풍력터빈이 주어진 풍속에서 효율적으로 운영되면서 최고의 출력을 생산할 수 있는 운영방법에 대하여 설명하고 있다. 실제 풍력터빈을 운영하기 위하여 꼭 필요한 내용이다.

제5장에서 제8장까지는 풍력터빈의 중요 구성요소인 증속기어 및 발전기에 대하여 간략하게 설명하고 또한 대단위로 많이 건설되고 있는 해상풍력발전의 특성과 풍력발전의 경제성분석에 대한 내용을 수록하였다. 제5장은 많은 풍력발전 시스템에 사용되는 증속기어에 대하여 설명하고 있다. 현재 운영되고 있는 대부분의 풍력터빈의 날개의 회전수는 매우 저속이므로 고속회전이 필요 하는 발전기의 회전수에 맞추기 위하여 증속기어가 사용되고 있다. 또한 풍력발전 시스템에서 고장이 가장 잦은 부품이 증속기어로 대략적인 내용을 이해하는 것이 필요하다. 제6장에는 풍력발전 시스템에서 전기를 생산하는 발전기의 작동원리와 종류에 대하여 설명하였다. 또한 풍력터빈의 날개에 연결된 저속축에서 발전기까지 동력이 전달되는 동력전달체계 대한 다양한 구성형태와 특징을 함께 설명을 하였다. 제7장은 해상풍력터빈이 가지는 특성에 대하여 특히 후류에 의한 감속과 해저에 설치되는 하부 지지 구조물에 대한 내용을 설명하고 육상풍력터빈과 비교하였다. 끝으로 풍력발전은 구조물의 크기도 대형이지만 건설비용이 많이 들기 때문에 경제성을 분석하는 방법과 실례를 제8장에 수록하였다.

다년간 재생에너지분야를 강의하면서 교과서의 필요성을 느껴서 그동안 모은 자료를 이용하여 감히 출판을 결심하였다. 여러 분야의 내용을 포함하기 위하여 노력하였으나 풍력터빈의 운영에 중요한 제어시스템에 대한 내용을 수록하지 못하였다. 사실 이 분야는 풍력터빈을 제작하여 설치 및 운영하는 회사에서 포괄적으로 다루는 분야로 저자의 능력으로 감당하지 못하였다. 추후에 기회가 되면 추가할 예정이다. 끝으로 오직 원고 집필에 전념할 수 있게 많은 시간과 주말을 허락해 주고 배려해준 가족과 출판을 위하여 수고한 출판사 관계자 여러분께 진심으로 감사드린다.

2010년 7월 말

장 종 훈

차 례

Chapter 1. 풍력 에너지

1.1 바람의 생성

1.2 풍력 에너지 이용 현황 및 전망

1.3 풍속 분포도

1.4 바람장미(wind rose)

1.5 전국풍력자원지도

바람은 불과 함께 인류가 오랫동안 이용한 가장 대표적인 에너지자원이다. 해상에는 거의 매시간 바람이 불고 있기 때문에 매우 오래 전부터 인류는 자연히 바람을 이용하게 되었다. 그림 1.1과 같이 불어오는 바람을 이용하기 위하여 배에 돛을 달아 풍력을 이용하였으며, 이런 범선은 증기기관이 발명되기 전까지 당시 이용되는 최고의 수송수단으로 매우 중요한 역할을 하였다.

그림 1.1 풍력으로 항해하는 범선

그림 1.2 날개에 천을 이용한 네덜란드 풍차와 미국에서 사용된 풍차

한편 육상에서도 바람은 매우 유용한 에너지원으로 많이 이용되었다. 예로부터 풍차는 터키(페르시아) 지역 등에서 제작되어 낮은 곳에 있는 물을 퍼 올리는 데 사용되었다. 11세기경에 유럽에 전해져, 국토가 해면보다 낮아 배수가 필요한 네덜란드에서 그림 1.2와 같은 풍차가 발달하였다. 증기기관과 전기가 생산되기 이전까지 유럽, 서아시아 및 미국 대륙 등에서 주로 물을 양수 또는 배수하는 작업과 곡물을 분쇄하는 작업에 널리 이용되었다. 특히 미국에서 지하수를 양수하는 풍차는 농업과 철도의 발전을 선도했다. 당시 서부 대평원에 농업과 목축에 종사하는 이민자들이 정착하는데 필요한 물을 공급하고, 대륙 횡단 증기기관차가 필요로 하는 물을 공급하기 위하여 시골과 오지에 있는 간이역에 설치되었다.

1.1 바람의 생성

오랜 기간 인간의 생활에 동력을 제공한 바람은 어떻게 생성되는지 알아보자. 지구를 둘러싸고 있는 대기는 표 1.1과 같이 여러 층으로 이루어져 있다. 그 중에서 지표면에 접해 있는 대류권(Troposphere)은 지표에서 11(북극, 남극) ~ 17(적도) km 의 높이까지로 대부분의 날씨 변화가 발생하는 지역으로 위로 올라갈수록 2℃/km 비율로 온도가 낮아진다. 따라서 무거운 공기가 위에 위치하고 가벼운 공기가 아래에 위치하여 대류권은 불안정한 층으로 대기의 순환이 발생한다. 대류권 위에 위치한 성층권은 지상 50(북극, 남극) ~ 60(적도) km까지 위치하며 대부분의 오존이 이층에 존재하여 태양에서 오는 자외선을 흡수한다. 따라서 이층은 하부에 있는 대류권의 차가운 공기에 열을 잃고 상부에서 태양에서 오는 자외선을 흡수하므로 위로

표 1.1 지구를 둘러싸고 있는 대기권의 종류

대기권 분류	높이, km
대류권(Troposphere)	0 ~ 11(북극, 남극)/17(적도)
성층권(Stratosphere)	11/17 ~ 50/60
중간권(Mesosphere)	50/60 ~ 95/120
열권(Thermosphere)	95/120 ~ 350
외기권(Exosphere)	350 ~

올라갈수록 온도가 높아 매우 안정적인 층이다. 성층권 상부에는 중간권, 열권 및 외기권(Exosphere)으로 구성되어 있다.

지표에 인접한 대류권은 불안정하여 바람이 불고 비와 눈이 오는 인류의 생활에 직접 영향을 미친다. 따라서 풍력발전을 효과적으로 하기 위하여 대류권에서 형성되는 바람의 생성 원인을 잘 이해하는 것이 바람직하다. 바람은 압력 차이에 의해서 생성되는 대기의 이동이다. 즉 대기압이 높은 곳에서 낮은 곳으로 공기가 이동하면 사람들은 바람이 분다고 한다. 각 지역에서 발생하는 국소적인 공기의 이동도 있으나 지구 전체에는 위도에 따라서 바람이 형성되는 몇 개의 권역이 있다. 적도와 위도 30° 사이에 형성되는 Hadley Cell, 북극(또는 남극)과 위도 60° 사이에 형성되는 Polar Cell, 위도 30° 와 60° 사이에 형성되는 Ferrel Cell(또는 Mid-latitude Cell)이라는 대기의 대순환이 발생하면서 바람을 형성한다.

그러면 무엇이 대기의 대순환을 발생시키는 원인일까? 주요 원인은 적도 부근에서 많고 극지방에서는 매우 적은 태양에서 지구에 전달되는 태양에너지 양의 차이와 지구의 회전 때문이다. 공기는 열을 받으면 밀도가 작아져서 가벼워지고, 냉각되면 밀도가 커져서 무거워진다. 따라서 가벼워진 공기는 위로 움직이고 무거운 공기가 다시 자리를 메우면서 공기의 이동이 발생한다. 또한 지구는 회전하기 때문에 코리오리스 힘(Coriolis force)이 작용하여 모든 물체는 적도와 극지방 사이에서 직진하지 못하고 약간 휘어져서 움직인다.

적도부근은 항상 태양으로부터 에너지를 많이 받기 때문에 적도 근처에 있는 대기는 습도가 높고 따뜻해져서 밀도 차이에 의해서 발생하는 부력에 의하여 급상승한 후 냉각되면서 극지(북극, 남극)를 향하여 흐른다. 대기는 냉각되면서 대기압이 높은 위도 30° 근처에서 더 이상 극지방으로 흐르지 못하표고 하상하여 일부는 지구면을 따라 다시 적도부근으로 흐르면서 그림 1.3과 같은 대기순환을 이루며 이것을 Hadley Cell이라한다. 그림 1.4와 같이 대기의 흐름이 지표에서 무역풍(Trade Winds)이라는 바람을 일으킨다.

또한 북극과 남극은 태양에너지를 가장 적게 받는 지역으로 기온이 제일 낮다. 따라서 위도 60° 근체에 있는 대기는 상대적으로 습도와 온도가 높기 때문에 공기는 부력에 의하여 상승하여 극지방으로 흐른다. 다시 냉각되면서 대기압이 높은 극지방 근처에서 아래로 하강하여 지구 표면을 따라 다시 위도가 낮은 곳으로 흐르면서 대기순환을 형성하며 이것을 Polar Cell이라 한다. 이때 부는 바람을 극동풍(Polar Easterlies)이라 한다. 이상 설명한 Hadley Cell과 Polar Cell은 모두 태양에너지에 의하여 가열된 공기가 가벼워져 부력에 의하여 상승하면서 생성된 대기순환이다.

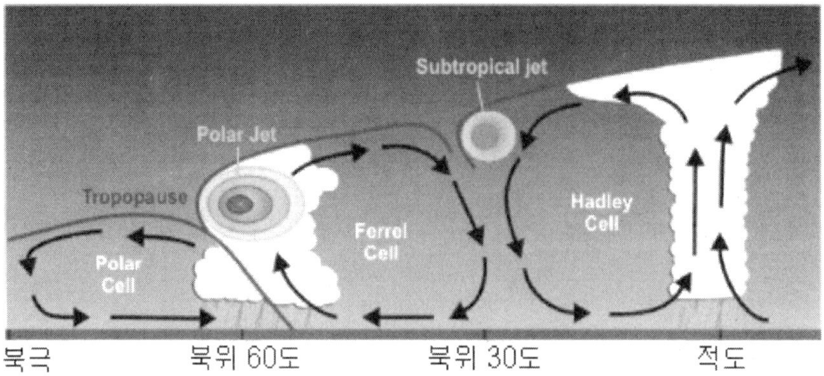

그림 1.3 대류권에서 대기의 순환

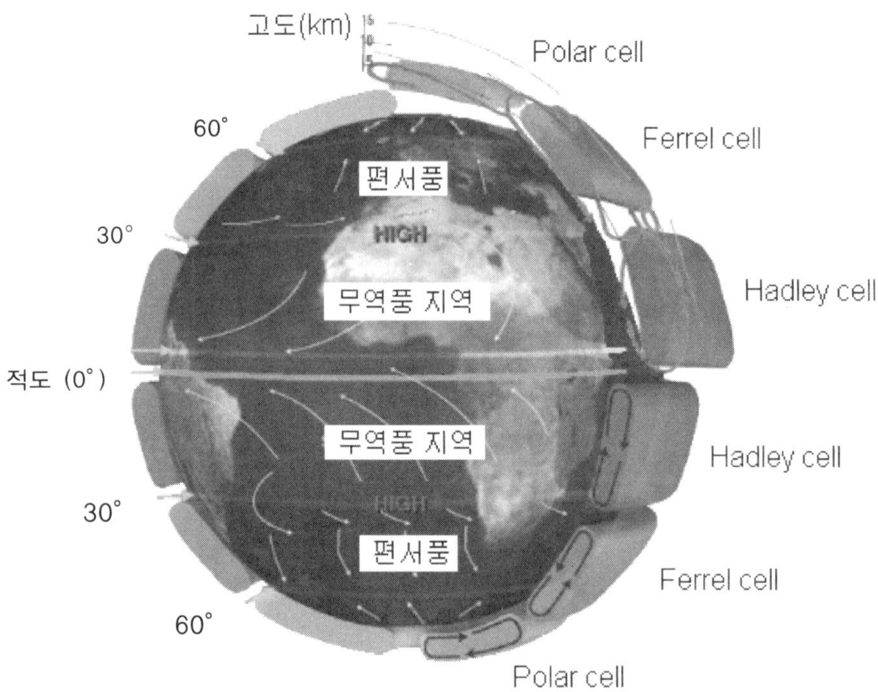

그림 1.4 지구의 대류권에 형성된 대기 순환 형태 및 바람의 방향

A) 낮

B) 밤

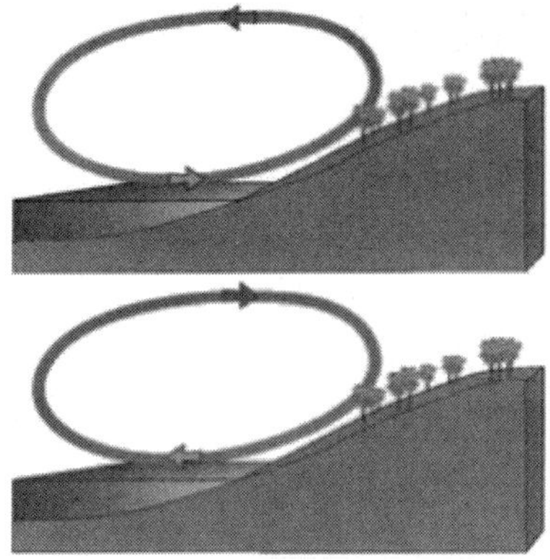

그림 1.5 해안지역에서 낮(A)과 밤(B)에 부는 바람의 방향

그러나 두 가지 모두 지구의 회전으로 발생하는 코리오리스 현상(Coriolis effect)에 의하여 대기 상층부에서 하강하면서 공기는 똑바로 하강하지 않고 그림 1.4와 같이 서쪽으로 편향되어 바람은 동쪽에서 서쪽으로 불게 된다.

지구의 위도 30° ~ 60° 에서는 또 다른 대기순환이 형성되고 이것을 Ferrel Cell이라 한다. Ferrel Cell은 Hadley Cell과 Polar Cell 사이에 위치하며 두 대기순환의 영향으로 생성된다. 따라서 이 Ferrel Cell은 다른 두 Cell과 다르게 완전한 대기순환은 아니며 이 지역에서는 편서풍(Westerlies)이 형성되나 때에 따라서는 가끔 바람의 방향이 바뀌어 동풍이 불기도 한다. 이상과 같이 지표에는 크게 위도에 따라서 적도에서 위도 30° 사이에는 무역풍, 위도 30° 에서 60° 지역에서는 편서풍, 위도 60° 이상의 극지방에서는 극동풍의 바람이 생성된다.

국지적으로 해안지역이나 산악지역에는 또 다른 형태의 바람이 형성된다. 그림 1.5와 같이 해안지역에서 물은 비열이 크기 때문에 태양에너지를 받으면 바다는 육지보다 천천히 가열되므로 육지에 있는 공기는 빨리 가열되어 상공으로 상승한다. 따라서 바다 위의 대기압은 상대적으로 높고 육지의 대기압은 낮아서 바람이 바다에서 육지를 향하여 분다. 반대로 밤에는 육지는 빨리 냉각되어 육지에서 대기압이 높고 바다에서 대기압이 낮아서 바람이 육지에서 바다로 분다. 이런 현상은 육지에서 바람의 속도가 15 km/h 이하로 바람이 약한 날에는 더욱 뚜렷하게 나타난다.

비슷한 현상이 평지와 산이 만나는 지역에서도 발생한다. 낮 동안 평지는 빨리 가열 되기 때문에 바람은 산골짜기에서 평지로 불고, 밤에는 반대로 평지에서 골짜기로 분다.

1.2 풍력 에너지 이용 현황 및 전망

한번 사용하면 사라지는 화석연료와 달리 재생에너지는 계속 이용할 수 있는 에너지 자원이다. 재생에너지는 태양에너지, 풍력, 조류, 조력, 파력, 해수온도차 에너지, 지열 및 수력 등이며, 표 1.2는 우리가 이용할 수 있는 대표적인 재생에너지의 규모를 나타내고 있다. 태양에너지가 제일 많으며 풍력, 지열 및 수력이 그 다음 순서다. 전체 세계 인구가 이용하는 에너지는 15 TW (1 $TW= 10^{12}\ W$)로 재생에너지의 0.017%에 해당되는 매우 적은 양이다. 또한 풍력의 1.7%로 풍력만 잘 이용해도 인류의 에너지 문제는 해결할 수 있다. 그림 1.6은 2007년 재생에너지 보고서에 발표된 자료로 전체 세계 전기발전량 중에서 대형 수력발전의 비중은 15%이며, 수력발전을 제외하면 겨우 3.4%가 재생에너지를 이용하였다.

재생에너지를 이용한 전기발전 누적 시설용량은 표 1.3과 같다. 대형 수력발전설비가 압도적으로 높고 풍력발전이 그 뒤를 따르고 있다. 대형 수력발전보다는 적으나 태양전지 설비보다는 월등히 높다. 2009년 기준으로[2] 풍력발전으로 생산된 전기는 약 340 TWh로 전 세계 전기수요의 2%를 차지한다. 이 규모는 인구 6000만 명이고 세계 7위의 경제 규모를 가진 이탈리아가 1년 동안 소비하는 전기량과 같다. 또한 덴마크는 전체 전기의 약 20%를 풍력발전으로 공급하고 있고, 포르트갈(15%), 스페인(14%) 및 독일(9%) 등도 상당한 전기를 풍력발전으로 대체하고 있다.

한편 국내 신재생에너지 자원 잠재량은 연간 약 17.5억 TOE(석유환산톤)로 석유, 석탄 및 천연가스 등 국내 1차 에너지 연간 공급량(2.4억 TOE, 2008년 기준)의 약 7배가 넘는 양이다.

표 1.2 이용 가능한 재생에너지 규모[1]

재생에너지	규모 (TW)
태양에너지	86,000
풍력	870
지열	32
수력	7.2
합 계	86,909.2
에너지 소비량	15(0.017%)

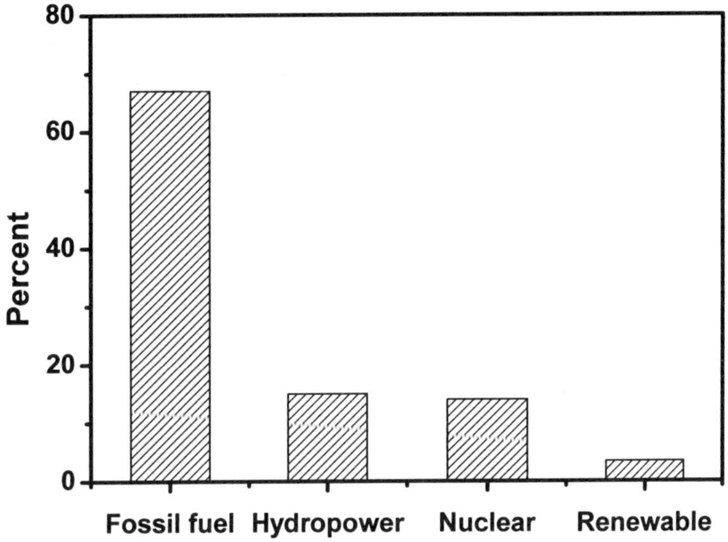

그림 1.6 전 세계 전기발전에 사용된 에너지 자원 비교 [1]

표 1.3 2008년 기준 주요 재생에너지를 이용한 발전용량 [1]

재생에너지 자원	누적 설치용량, GW
대형 수력발전	860
풍력발전	121
소형 수력발전	85
바이오발전	52
태양전지(상업용)	13
지열	10
태양열발전	0.5
조력발전	0.3

에너지별로는 표 1.4와 같이 태양광 및 태양열이 약 14.6억 TOE이고, 다음으로 지열, 풍력 및 수력 등이다. 따라서 충분한 신재생에너지 자원을 보유하고 있으며, 잘 이용 한다면 상당한 에너지 자립을 이룩할 수 있을 것으로 예상된다. 국내의 신재생에너지 개발 및 보급은 이제 시작 단계로 2008년 말 기준으로 약 586만 TOE로 1차 에너지 공급량의 2.4%, 전체 신재생에너지 자원의 0.33% 수준에 불과하다. 특히 태양광 및 태양열의 경우 지금까지 9만 TOE 정도 보급되어 자원의 0.01%에도 못 미치는 수준으로 매우 저조하다.

그림 1.7은 누적 세계풍력발전설비용량의 증가를 나타내고 있다[2]. 최근 몇 년 사이에 급격히 증가함을 알 수 있다. 특히 2009년의 시설용량 159 GW은 2005년의 59 GW의 약 세 배로 급성장하였다. 2009년에 31.7%의 성장을 이루어 2001년 이래 최고의 성장이다. 또한 82개 국가에서 발전설비를 설치하고 있으며 2009년에 49개 국가가 설비를 증설한 가장 보편화된 재생에너지이다. 그러나 대부분의 설비는 미국과 중국에 집중되어 있으며 2009년 기준으로 전체 설비의 38.4%를 차지하고 있다. 추가로 인도, 독일 및 스페인 을 포함하면 전체의 72.4%를 차지하여 일부 나라에 집중되어 있다. 그 외에 새로이 부상하는 시장으로 한국, 터키, 브라질, 뉴질랜드, 그리스, 호주, 멕시코 및 폴란드 등이 있다.

표 1.4 국내 신재생에너지 자원 잠재량

에너지 자원	잠재량, TOE
태양열	8.71억
태양광	5.85억
지열	2.37억
풍력	0.34억
수력	0.21억
조류 및 조력	0.03억
바이오매스	0.02억
합 계	17.51억

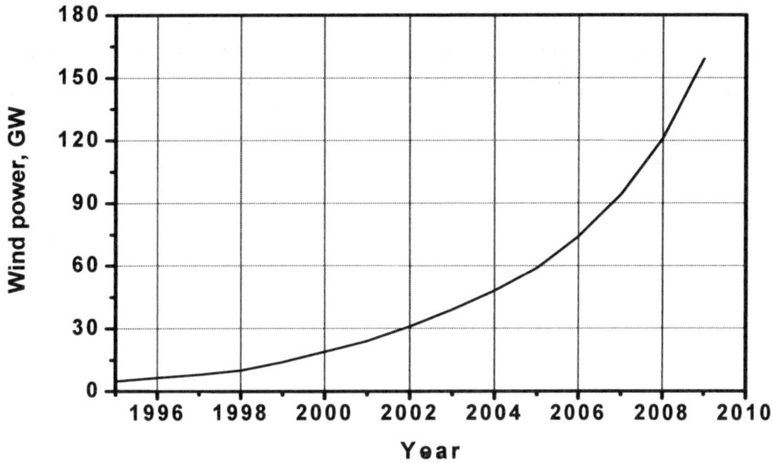

그림 1.7 누적 세계풍력발전설비용량 변화 [2]

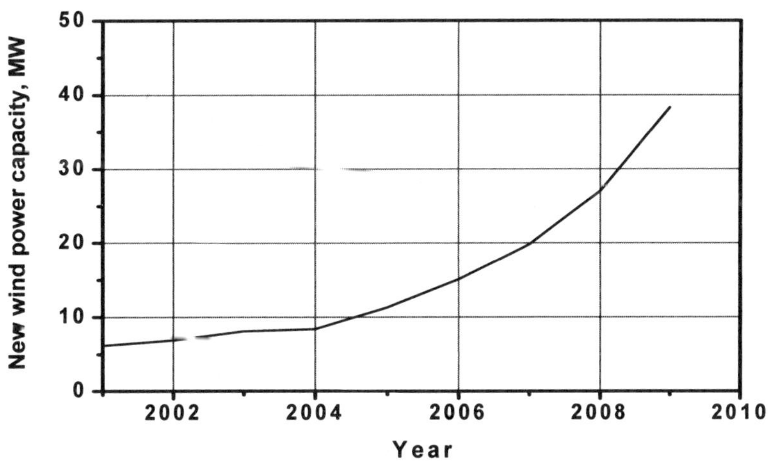

그림 1.8 2001~2009에 새로이 설치된 세계풍력발전설비용량 [2]

그림 1.8은 매년 새로이 설치되는 세계풍력발전설비용량을 보여주며, 2008년에 27 GW가 설치되고 2009년에는 38.3 GW가 새로이 설치되어 2008년의 설치량에 비하여 약 42%의 증가를 나타내고 있다. 특히 아시아 시장은 최근 설치시설의 40.4%를 차지하여 북미(28.4%)와 유럽(27.3%)을 앞서는 최대 시장으로 부각되고 있다. 2008년의 금융위기에도 불구하고 풍력발전시장은 매우 급격하게 성장하고 있

표 1.5 2009년 기준 주요 해상풍력발전설비 용량 변화 [2]

국 가	해상풍력설비 용량 MW	2009년 설치시설 MW	성장률, %
영국	688	104	18.1
덴마크	663.6	237	55.6
네덜란드	247.0	0	0
스웨덴	164.0	30	22.4
독일	72.0	60	500
벨기에	30.0	0	0
핀란드	30.0	0	0
아일랜드	25.0	0	0
중국	23.0	21	1050
스페인	10.0	0	0
합 계	**1952.6**	**452.0**	**30.5**

어 앞으로 전망이 더욱 밝다는 것을 알 수 있다. 한편 풍력산업에 종사하는 고용도 증가하여 2005년에 23.5만 명에서 2009년 현재 약 55만 명이며 2012년에는 백만 명을 초과할 것으로 예상되고 있다.

한편 표 1.5에 의하면 풍력발전설비의 해상 설치가 점점 증가하고 있으나 해상 설치는 고가의 설치비용과 유지보수의 어려움이 있고, 주로 영국, 덴마크, 스웨덴 등 유럽 국가들이 해상에 설치하고 있다. 해상풍력은 전체 풍력발전의 1.2%를 차지하는 약 2 GW로 2009년에는 454 MW 규모의 새로운 해상풍력발전설비가 설치되어 약 30%의 성장을 이루었다. 주요 신규 해상풍력발전단지는 덴마크, 영국, 독일, 스웨덴 및 중국에 설치되었으며, 특히 유럽 외의 지역으로 처음 중구 상하이 근해에 약 21 MW의 해상풍력발전단지가 형성되었다.

1.3 풍속 분포도

풍력터빈의 출력은 풍속의 3제곱에 비례하므로 바람의 속도가 매우 중요한 요소다. 그러나 바람은 항상 같은 속도와 방향으로 불지 않고, 계절, 날씨, 지형 및 높이 등의 영향을 받는다. 따라서 풍력터빈을 설치하기 전에 설치 예정 장소에 부는 바람의 속도를 미리 측정하고, 자료를 통계학적으로 처리하여 특정 속도의 바람이 부는 확률을 구하는 것이 중요하다. 이절에서는 통계학에 나오는 기본적인 용어를 소개하고 풍속의 변화를 확률을 사용하여 나타내는 방법에 대하여 살펴보고자 한다.

가장 기본적인 용어는 측정한 많은 값들의 평균값(average, arithmetic mean)으로 다음과 같다.

$$V_m = \frac{1}{n}\sum_{i=1}^{n} V_i \tag{1.1}$$

여기서 V_i는 측정된 풍속이며, n은 측정값의 개수이다.

또 중앙값(median)은 측정한 값을 크기 순서대로 나열을 하였을 때 중앙에 위치한 값이다. 만약 측정한 횟수가 홀수이면 중앙에 오는 순번 값이 중앙값이며, 측정 횟수가 짝수이면 중앙에 위치한 두 값의 사이가 중앙값이다.

측정 자료의 평균과 중앙값 외에 전체 자료가 평균값으로부터 변화하는 현상을 나타내는 값이 표준편차(standard deviation)이며 다음과 같다.

$$\sigma = \sqrt{\frac{1}{n-1}\sum_{i=1}^{n}(V_i - V_m)^2} \tag{1.2}$$

식 1.1과 1.2는 통계학에서 평균값과 표준편차를 계산하기 위하여 일반적으로 사용되는 공식이다. 그러나 풍속은 특정 기간 동안 특정 풍속이 반복하여 측정되기 때문에 다음과 같은 식을 사용하여 평균값과 표준편차를 구한다.

$$V_m = \frac{1}{n}\sum_{i=1}^{k} m_i V_i \tag{1.3}$$

$$\sigma = \sqrt{\frac{1}{n-1}\left(\sum_{i=1}^{k} m_i (V_i - V_m)^2\right)} = \sqrt{\frac{1}{n-1}\left(\sum_{i=1}^{k} m_i V_i^2 - \frac{1}{n}\left(\sum_{i=1}^{k} m_i V_i\right)^2\right)} \tag{1.4}$$

여기서 m_i는 V_i 값이 나타나는 횟수이며 k는 측정된 서로 다른 풍속의 개수를 나타낸다.

예 제 1-1

주어진 기간 동안 측정한 풍속이 6 m/s 19회, 7 m/s 54회, 8 m/s 42회였다. 이 측정값에 대한 평균 및 표준편차를 구하라.

❖ 풀이 : 먼저 식 1.3을 사용하여 평균값을 구한다.

$$V_m = \frac{1}{n}\sum_{i=1}^{k} m_i V_i = \frac{1}{(19+54+42)}(6\times 19 + 7\times 54 + 8\times 42)$$

$$= 7.2\ m/s$$

표준편차는 식 1.4를 이용하여 다음과 같다.

$$\sigma = \sqrt{\frac{1}{n-1}\left(\sum_{i=1}^{k} m_i V_i^2 - \frac{1}{n}\left(\sum_{i=1}^{k} m_i V_i\right)^2\right)}$$

$$= \left\{\frac{1}{114}\left[19\times 6^2 + 54\times 7^2 + 42\times 8^2 - \frac{1}{115}(19\times 6 + 54\times 7 + 42\times 8)^2\right]\right\}^{1/2}$$

$$= \left[\frac{1}{114}(6018 - 5961.6)\right]^{1/2} = 0.703\ m/s$$

풍속은 보통 정수로 나타내며 정수를 기준으로 1 m/s의 간격으로 다음 정수에 대하여 측정한다. 따라서 전체 측정 횟수(n)에서 특정 속도 V_i가 나타날 횟수(m_i)는 다음과 같이 확률로 나타낸다.

$$p(V_i) = \frac{m_i}{n} \tag{1.5}$$

또한 각 확률의 합을 나타내는 누적확률을 식 1.6과 같은 함수로 나타내며 특정 풍속보다 작거나 같은 풍속이 나타날 확률을 의미한다. 전체 확률의 합은 1이 되며 식 1.7과 같다.

$$F(V_i) = \sum_{j=1}^{i} p(V_j) \tag{1.6}$$

$$F(\infty) = \sum_{i=1}^{k} p(V_i) = 1 \tag{1.7}$$

예 제 1-2

일정기간 동안 측정한 풍속이 표 1.6과 같을 때 확률과 누적확률을 구하라.

❖ 풀이 : 표 1.6에서 풍속을 측정한 전체 횟수는 다음과 같다.

n = 15+42+76+51+27 = 211

따라서 우선 식 1.5를 사용하여 각 풍속에 대한 확률을 구한다. 만약 풍속 2 m/s에 대하여 구하면 다음과 같다.

표 1.6 풍속 측정 결과

풍속(V_i), m/s	0	1	2	3	4	5	6
횟수(m_i)	0	0	15	42	76	51	27

표 1.7 예제 1-2의 결과표

풍속, m/s V_i	횟수 m_i	확률 $p(V_i)$	누적확률 $F(V_i)$
0	0	0	0
1	0	0	0
2	15	0.071	0.071
3	42	0.199	0.270
4	76	0.360	0.630
5	51	0.242	0.872
6	27	0.128	1.000

$$p(2) = \frac{m_i}{n} = \frac{15}{211} = 0.071$$

같은 방법으로 모든 풍속에 대하여 확률을 구하면 표 1.7과 같다. 또한 누적확률은 식 1.6을 이용하여 각 풍속의 확률을 합산한다.

일반적으로 측정된 풍속은 연속적이지 않고 표 1.6~1.7과 같이 풍속은 정수 값으로 나타내며 일정한 풍속 간격(예 : $\Delta V = 1\ m/s$)을 사용한다. 따라서 식 1.5를 이용하여 구한 확률도 그림 1.9와 같이 연속적이지 않다. 그러나 많은 경우에 연속함수로 나타내면 편리하기 때문에 확률($p(V_i)$)을 연속함수인 밀도함수($f(V)$)라 하는 함수로 나타내며, 식 1.7은 다음과 같이 나타낼 수 있다.

$$F(\infty) = \int_0^\infty f(V)dV = 1 \tag{1.8}$$

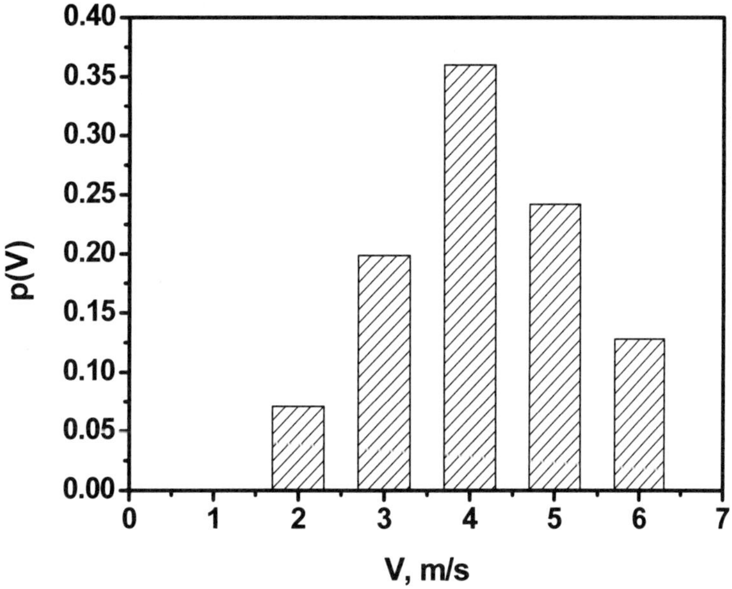

그림 1.9 예제 1.2에서 구한 각 풍속에 대한 확률

또한 식 1.6 누적확률함수도 다음과 같다.

$$F(V) = \int_0^V f(x)dx \tag{1.9}$$

1.3.1 풍속 분포도

바람은 태양의 이동과 계절에 따라서 주로 변화기 때문에 보통 1년을 주기로 하여 되풀이 된다고 가정할 수 있다. 따라서 1년간 지역의 바람의 속도 및 방향 등을 측정하여 지역의 바람의 분포도를 작성하면, 이 분포를 이용하여 연 중 특정 속도의 바람이 얼마동안 지속될지를 알 수 있다. 특정 지역을 제외하면 대부분의 지역에서 측정한 바람 속도에 대한 확률분포도는 Weibull 확률분포와 유사하므로 Weibull 확률분포를 사용하며 다음과 같다.

$$f(V) = \left(\frac{k}{c}\right)\left(\frac{V}{c}\right)^{k-1}\exp(-(V/c)^k) \quad (\text{분률/m/s}) \tag{1.10}$$

여기서 V(m/s)는 선택한 시간동안 바람의 속도이고, c는 바람의 평균속도와 관계된 척도계수(scale factor)로 m/s의 단위를 가진다. c 값이 크면 속도가 빠른 바람이 부는 확률이 높다. k는 형상계수(shape factor)로 바람의 속도분포의 편차와 관련이 있다.

보통 1년을 기간으로 바람에 대한 자료를 측정하므로 함수 $f(V)$의 의미는 1년(8760시간) 중에서 바람의 속도가 V와 $V+\Delta V$에 분포될 총시간이다. 따라서 함수가 가지는 단위는 시간/년/m/s로 시간과 년은 같은 시간의 단위이므로 분률/m/s의 의미를 가진다.

$$f(V)=\frac{\text{바람의 속도가 }V\text{와 }V+\Delta V\text{ 사이에 분포할 총시간}/1\text{년}(8760\text{시간})}{\Delta V} \tag{1.11}$$

따라서 식 1.10을 전체 속도 분포에 대하여 적분하면 다음과 같다.

$$\int_0^{\infty} f(V)dV = 1 \tag{1.12}$$

Weibull 확률분포함수는 c와 k 값에 따라서 분포도 형상이 약간씩 변한다. 많은 경우 측정한 바람에 대한 k가 1.0과 3.0 사이가 되며, 보통 k=2.0인 경우가 많으며 특히 k=2.0인 경우를 Rayleigh 분포라 한다. k = 1.0이면 식 1.10은 식 1.13과 같은 지수함수가 되며, k>3.0이면 분포도는 종형(bell-shaped)에 가까워진다.

$$f(V)=\left(\frac{1}{c}\right)\exp(-V/c) \quad (\text{분률/m/s}) \tag{1.13}$$

예 제 1-3

바람의 속도가 0 ~ 20 m/s 범위이며, c = 7m/s인 경우 k의 값 1.5, 2.0, 2.5, 3.0에 대하여 Weibull 속도확률분포를 구하라. 속도 구간 (ΔV)은 1 m/s로 한다.

표 1.8 Weibull 속도확률분포

속도구간 m/s	중간속도 m/s	$f(V)$			
		k = 1.5	k = 2.0	k = 2.5	k = 3.0
0 ~ 1	0.5	0.0562	0.0203	0.0068	0.0022
1 ~ 2	1.5	0.0898	0.0585	0.0347	0.0195
2 ~ 3	2.5	0.1034	0.0898	0.0706	0.0522
3 ~ 4	3.5	0.1064	0.1113	0.1058	0.0946
4 ~ 5	4.5	0.1026	0.1215	0.1322	0.1358
5 ~ 6	5.5	0.0947	0.1211	0.1439	0.1629
6 ~ 7	6.5	0.0844	0.1120	0.1392	0.1659
7 ~ 8	7.5	0.0732	0.0971	0.1207	0.1438
8 ~ 9	8.5	0.0630	0.0794	0.0941	0.1055
9 ~ 10	9.5	0.0514	0.0615	0.0661	0.0648
10 ~ 11	10.5	0.0418	0.0452	0.0417	0.0330
11 ~ 12	11.5	0.0334	0.0316	0.0237	0.0137
12 ~ 13	12.5	0.0263	0.0210	0.0120	0.0046
13 ~ 14	13.5	0.0204	0.0134	0.0055	0.0012
14 ~ 15	14.5	0.0156	0.0081	0.0022	0.0003
15 ~ 16	15.5	0.0118	0.0047	0.0008	0.00004
16 ~ 17	16.5	0.0088	0.0026	0.0003	0.00000
17 ~ 18	17.5	0.0065	0.0014	0.00007	0.00000
18 ~ 19	18.5	0.0047	0.0007	0.00002	0.00000
19 ~ 20	19.5	0.0034	0.0003	0.00000	0.00000
		1.0	1.0	1.0	1.0

❖ 풀이 : 식 1.10을 사용하여 1 m/s의 속도 구간에 대하여 값을 구한다. 먼저 속도 0 ~ 1 m/s에서 중간 속도 0.5 m/s를 식 1.1에 대입하면 다음과 같다.

$$f(V) = (\frac{k}{c})(\frac{V}{c})^{k-1}\exp(-(V/c)^k) = (\frac{1.5}{7})(\frac{0.5}{7})^{1.5-1}\exp(-(0.5/7)^{1.5})$$

$$= 0.0562 \quad (\text{분률/m/s})$$

위와 같이 모든 속도구간에 대하여 계산한 결과는 표1.8과 같다.

그림 1.10은 식 1.10을 이용하여 다양한 k 값에 대하여 계산한 결과인 표 1.8의 값을 보여준다. k 값이 크면 분포도가 특정 속도 주위로 좁아져 종형이 된다. 즉 보다 일정한 속도의 바람이 분다고 할 수 있다. 풍력터빈 제작사는 보통 Rayleigh (k=2.0) 속도확률분포를 이용한 성능에 대한 자료를 제공한다.

그림 1.11은 k=2.0 일 때 c가 7 ~ 20 m/s 범위의 값에 대한 Weibull 속도확률분포의 변화를 나타낸다. c 값이 증가할수록 분포도는 폭이 넓어지면서 중심이 풍속이 높은 쪽으로 이동한다. 즉 c 값이 클수록 바람의 속도가 균일하며, 고속의 바람이 부는 확률이 높다는 의미이다.

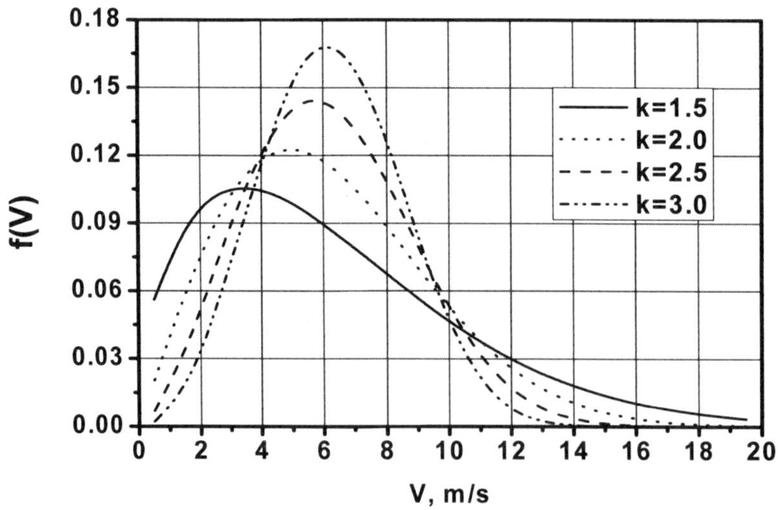

그림 1.10 c = 7 m/s일 때 k 값과 Weibull 속도확률분포의 변화

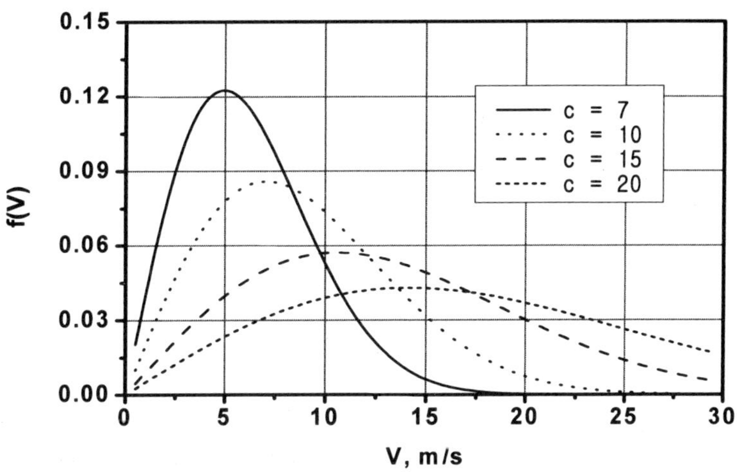

그림 1.11 k=2.0일 때 c 값과 Weibull 속도확률분포의 변화

바람의 속도를 측정한 자료를 이용하여 Weibull 속도분포함수는 다음과 같이 구한다. 먼저 보통 1년 (8760시간) 동안 측정한 자료를 이용하면 평균속도 V_m는 식 1.14를 이용하여 구한다.

$$V_m = \int_0^\infty f(V) V dV \tag{1.14}$$

평균속도가 계산되면 k에 대한 식 1.15에 대입하면 형상계수를 구할 수 있다.

$$k = \left[\frac{\sigma}{V_m} \right]^{-1.086} \tag{1.15}$$

여기서 σ는 풍속의 표준편차이다.

대부분의 풍력터빈 설치장소에서 예상되는 c와 k 값의 범위에 대하여 평균풍속과 척도계수는 식 1.16과 같은 감마함수로 나타낼 수 있다. 따라서 척도계수 c는 식 1.15에서 구한 형상계수와 평균풍속을 식 1.16에 대입하여 구할 수 있다. 또한 $1 \le k \le 3$에서 감마함수(Γ) 값은 1.0 ~ 0.893 사이이다.

$$c = V_m / \Gamma(1 + \frac{1}{k}) \tag{1.16}$$

특별히 k = 2.0인 경우 감마함수(Γ) 값은 약 0.886이므로 식 1.16은 식 1.17과 같이 간략하게 나타낼 수 있으며, 어느 정도의 정확도 범위에서 사용할 수 있는 가장 간단한 식이다

$$c = \frac{1}{0.886} \times V_m \tag{1.17}$$

대부분의 경우 풍력터빈 설치 장소에서 바람의 평균속도를 알기 때문에 식 1.17을 사용하면 k = 2.0인 Rayleigh 속도확률분포는 다음과 같이 간략하게 나타낼 수 있다.

$$f(V) = \frac{2V}{c^2}\exp[-(V/c)^2] = \frac{2V}{(V_m/0.886)^2}\exp[-(0.886 \times V/V_m)^2] \tag{1.18}$$

예 제 1-4

예제 1-3과 같은 바람의 상태에서 평균속도(V_m)를 구하라.

❖ 풀이 : c = 7 m/s이며, k 가 1.5, 2.0, 2.5, 3.0이므로, 각각의 k에 대하여 V_m을 구한다. 우선 식 1.14와 같이 표 1.8에 주어진 각 속도구간에서 중간속도와 확률($f(V)$)을 곱하여 전부 합하면 된다.

k = 1.5인 경우 : $V_m = \int_0^\infty f(V)VdV$ = 6.14 m/s

또한 식 1.16을 이용하여 각각의 k 값에 대하여 구할 수 있다.

k = 1.5인 경우 :

표 1.9 V_m 계산 결과 종합

k 값	V_m, m/s		
	식 1.14 이용	식 1.16 이용	식 1.17 이용
k = 1.5	6.14	6.32	–
k = 2.0	6.20	6.20	6.3
k = 2.5	6.21	6.21	–
k = 3.0	6.25	6.25	–

$$
\begin{aligned}
V_m &= c\,\Gamma(1+\frac{1}{k}) \\
&= 7.0 \times \Gamma(1+\frac{1}{1.5}) \\
&= 7.0 \times \Gamma(1.667) \\
&= 7.0 \times 0.903 \\
&= 6.32\ \text{m/s}
\end{aligned}
$$

k = 2.0인 경우는 특별히 식 1.17을 사용하여 구할 수 있다.
이들을 종합하면 표 1.9와 같다.

예 제 1-5

표 1.10의 처음 두 열은 풍력터빈 설치 후보지에서 1년 동안 풍속을 측정하여 자료를 정리한 결과다. 이 결과를 이용하여 평균풍속, 형상계수 및 척도계수를 구하고 속도확률분포도를 그려라.

표 1.10 풍속 측정 결과

풍속, m/s	시간, hr m_i	확률, $f(V)$	$f(V)\times V$	$m_i(V-V_m)^2$
0.5	54	0.01	0.00	3202
1.5	146	0.02	0.03	6554
2.5	353	0.04	0.10	11469
3.5	487	0.06	0.19	10758
4.5	617	0.07	0.32	8447
5.5	747	0.09	0.47	5446
6.5	844	0.10	0.63	2439
7.5	950	0.11	0.81	466
8.5	949	0.11	0.92	85
9.5	940	0.11	1.02	1589
10.5	801	0.09	0.96	4237
11.5	702	0.08	0.92	7645
12.5	486	0.06	0.69	8986
13.5	302	0.03	0.47	8483
14.5	175	0.02	0.29	6946
15.5	85	0.01	0.15	4530
16.5	52	0.01	0.10	3582
17.5	32	0.00	0.06	2768
18.5	22	0.00	0.05	2334
19.5	12	0.00	0.03	1532
20.5	4	0.00	0.01	605
합 계	**8,760**	**1**	**8.2 m/s**	**102102**

❖ 풀이 : 평균풍속은 식 1.14를 이용하여 구한다. 식 1.14의 적분기호 내부에 있는 $f(V)\times V$ 항은 각 풍속에 대하여 표 1.10과 같이 구한다. 따라서 평균 풍속은 이 들의 합계로 8.2 m/s이다.

$$V_m = \sum f(V)\times V = 8.2\ m/s$$

평균 풍속이 얻어졌으므로 표준편차는 식 1.4를 사용하여 다음과 같이 구한다.

$$\sigma = \sqrt{\frac{1}{n-1}\left(\sum_{i=1}^{k} m_i (V_i - V_m)^2\right)} = \left(\frac{102102}{8759}\right)^{0.5} = 3.41\ m/s$$

형상계수는 식 1.15를 이용하여 구한다.

$$k = \left[\frac{\sigma}{V_m}\right]^{-1.086} = \left[\frac{3.41}{8.2}\right]^{-1.086} = 2.593$$

척도계수는 식 1.16과 감마함수를 이용하여 구한다.

$$\Gamma(1+\frac{1}{k}) = \Gamma(1+\frac{1}{2.593}) = \Gamma(1.386) = 0.888$$

$$c = V_m / \Gamma(1+\frac{1}{k}) = \frac{8.2}{0.888} = 9.23\ m/s$$

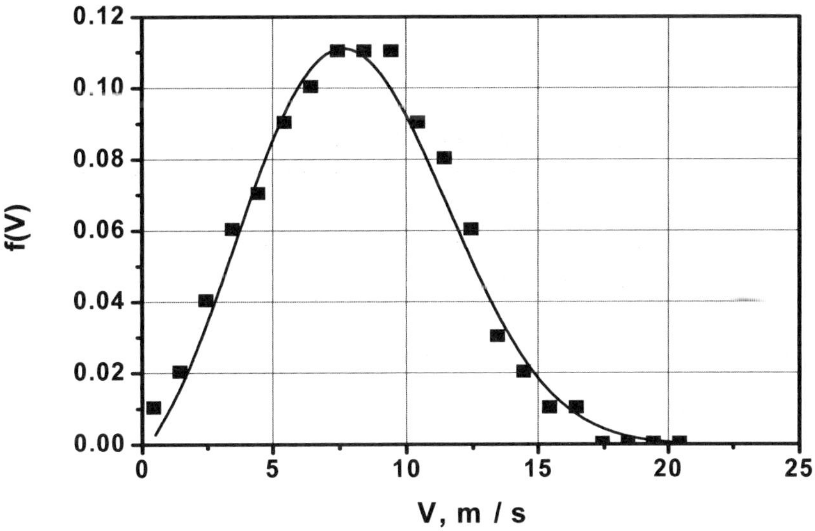

그림 1.12 Weibull 속도확률분포와 측정값의 비교

따라서 표 1.10에 있는 풍속자료는 다음과 같은 Weibull 속도확률분포로 나타낼 수 있다.

$$f(V)=\left(\frac{k}{c}\right)\left(\frac{V}{c}\right)^{k-1}\exp(-(V/c)^k)=0.28\left(\frac{V}{9.23}\right)^{1.59}\exp(-(V/9.23)^{2.59})$$

그림 1.12는 표 1.10의 측정 풍속자료를 이용하여 구한 Weibull 속도확률분포와 측정 풍속의 비교를 나타낸다. 측정 풍속과 매우 유사하게 속도확률분포를 나타내고 있다.

1.3.2 풍속에 대한 고도의 영향

공기도 적지만 점성을 가지고 있고, 지표에는 많은 장애물이 있기 때문에 지표 가까이에서는 풍속이 느려지는 속도 분포를 가진다. 즉 지표에서 높이 올라 갈수록 풍속은 커지기 때문에 타워의 높이를 높게 한다. 풍속과 높이의 관계는 대략 다음과 같은 관계를 갖는다.

$$V_o = V_i\left(\frac{h_o}{h_i}\right)^{\gamma} \tag{1.19}$$

표 1.11 지표의 형상에 따른 γ 값[3]

지표의 형상	γ
호수, 바다, 평평하고 단단한 지면	0.1
풀의 높이가 약 30cm 정도인 초원지역	0.15
키 큰 농작물, 울타리, 관목이 있는 지역	0.2
나무가 무성한 시골지역	0.25
약간의 관목 및 나무가 있는 작은 도시지역	0.3
큰 건물이 있는 도시지역	0.4

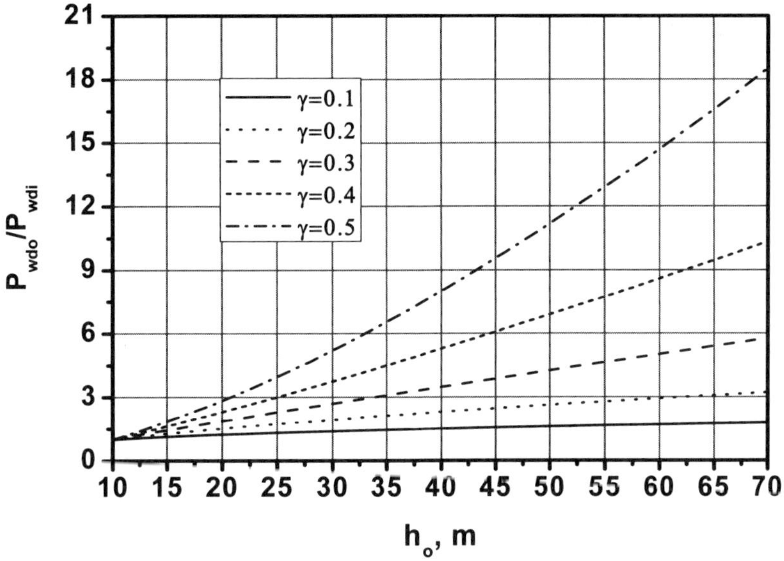

그림 1.13 타워 높이와 출력 밀도 비 관계

여기서 V_i는 높이가 h_i인 곳의 속도이고, V_o는 높이가 h_o인 곳의 속도이다. 지수 γ는 물이나 얼음 표면과 같이 매우 평평한 곳에서는 0.1 정도이고, 매우 거친 지표에서는 0.5 정도이다. 보통은 1/7(=0.143) 정도를 사용한다. 대표적인 γ에 대한 값은 표 1.11과 같다.

한편 출력밀도는 속도의 3제곱에 비례하므로 식 1.19를 이용하면 출력밀도는 높이 비의 3γ승에 비례한다. 따라서 같은 조건에서 타워의 높이가 출력에 미치는 영향을 나타내는 출력밀도 비는 식 1.20과 같다. 식 1.20을 이용하여 처음 높이가 10 m에서 높이를 70 m 까지 변할 때 출력밀도의 변화는 그림 1.13과 같다. 타워의 높이가 높을수록 출력밀도는 3γ승에 비례하므로 크게 증가하였다. 특히 지표가 거친곳 즉 지수γ 가 0.3~0.5 범위에서는 출력밀도 차이가 더욱 크게 나타났고, γ =0.1 인 경우에는 높이의 영향은 매우 적다. 따라서 풍력터빈의 타워 높이를 가능한 높게 설치한다.

$$\frac{P_{wdo}}{P_{wdi}} = \left(\frac{h_o}{h_i}\right)^{3\gamma} \tag{1.20}$$

1.4 바람장미(Wind Rose)

바람장미는 측정한 바람에 대한 자료를 바람의 방향과 특정한 방향으로 부는 바람의 빈도, 속도 및 풍력밀도 등을 동시에 나타내는 그림으로 원을 보통 8 ~ 16 등분하여 나타낸다. 만약 바람의 방향을 30° 간격으로 나타낸다면 원을 12등분하며 그림 1.14와 같다. 각 등분에는 3개의 왜지(wedge)가 그려져 있고 각 왜지는 다음과 같은 자료를 나타낸다.

각 부분에서 제일 바깥에 있는 왜지는 그 방향에 부는 바람의 확률, $f(V)$을 나타낸다. 두 번째 왜지는 그 방향에 부는 바람의 풍균 속도와 확률을 곱하여 전체 값의 백분율, $f(V)V/\sum(f(V)V)$로 나타내었다. 따라서 특정 방향의 바람이 전체 평균풍속에 미치는 영향을 쉽게 알 수 있다. 제일 안쪽에 있는 왜지는 특정한 바람이 부는 확률에 같은 방향의 풍속의 세제곱을 곱하여 백분율로 나타내었다. 즉 특정한 방향의 바람으로부터 얻을 수 있는 출력밀도의 백분율을 나타낸다. 바람으로부터 얻을 수 있는 출력은 풍속의 세제곱에 비례하므로 이 왜지는 사용 가능한 풍력에너지를 나타낸다. 그러므로 제일 안쪽에 있는 왜지는 바람장미가 나타내는 대표적인 자료로 바람장미를 통하여 풍력터빈을 설치할 방향을 직접 알 수 있다. 즉 제일 안쪽에 있는 왜지가 가장 긴 방향으로 풍력터빈을 설치하면 최대의 출력을 얻을 수 있다.

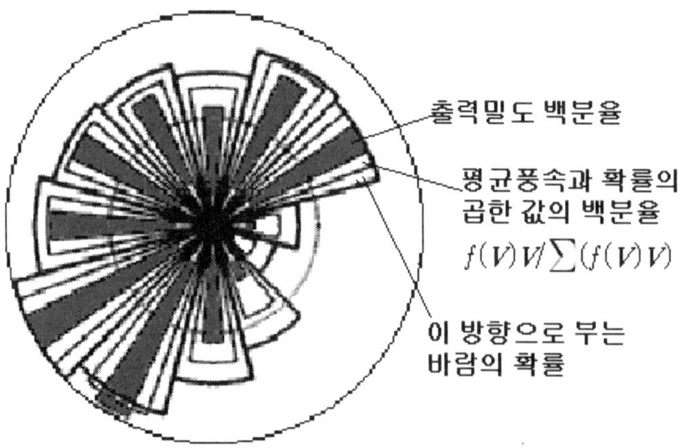

그림 1.14 바람장미

1.5 전국풍력자원지도

적도에서 위도 30° 구간에는 무역풍, 위도 30° 에서 60° 구간에는 편서풍 그리고 극지방에는 극동풍이 분다. 우리나라는 위도에 따르면 북위 30° 와 60° 사이에 편서풍이 부는 지역에 위치한다. 그러나 우리나라와 같이 산이 많고 바다로 둘러싸인 반도로 이루어진 지역에서는 산과 바다의 영향이 매우 크기 때문에 지역마다 풍속이 다르고 풍향도 계절에 따라서 다르다. 풍속과 풍향은 풍력발전에서 고려할 가장 중요한 요소이며 가장 기초가 되는 자료이므로 기상청은 2007년 기상관측 자료를 이용하여 전국풍력자원지도[4]를 작성하였다. 그러나 기상 관측소가 대부분 평지에 위치하여 정확도가 다소 떨어졌다.

이런 단점을 보안하여 2009년에 보다 정확하고 해상도(1 km)가 높은 풍력자원지도를 제작하여 발표하였다. 이 자료는 기상청 산하 연구소인 기상연구소 웹사이트(http://resources.nimr.go.kr/)에서 누구나 이용할 수 있어서 우리나라 재생에너지 발전에 큰 기여를 할 것으로 예상된다. 풍력자원지도에는 다양한 형태의 자료가 포함되어 있으며, 우선 풍속에 대하여 최대풍속과 연평균과 월별 평균풍속도가 있다. 또한 주풍향 분포, 주풍향 비율, 풍력 발전에 유용한 5 m/s 이상 풍속비율, 5 m/s 이상 주풍향 분포, 및 5 m/s 이상 주풍향 비율 등을 포함하고 있다.

그림 1.15는 연평균풍속이며 해안과 산악지역을 제외하면 대부분 5m/s 이하의 바람이 불고 있다는 것을 나타내고 있다. 해안도 서해안보다 남해안과 제주도 지역에 부는 바람의 풍속이 크다. 산은 고도가 높은 태백산맥에 풍속이 큰 바람이 분포하고 있다. 그림 1.16은 우리나라에 불고 있는 바람의 풍향을 나타내고 있다. 남해안과 제주도의 일부를 제외하면 북서풍이 분다는 것을 알 수 있다.

또한 2003 ~ 2007년 5년 동안 자료를 이용하여 제작된 지역별 통계를 통하여 원하는 지역의 정확한 자료를 구할 수 있다. 예를 들면 표 1.12는 울산-경남 동해안 지역 내의 여러 곳의 풍속을 나타낸다. 풍속을 10 m, 50 m, 80 m 높이에서 측정하였으며, 계절별 평균풍속과 주풍향에 대한 자료도 포함되어 있다. 표 1.14는 같은 지역에서 5 m/s 이상의 바람에 대한 빈도, 방향 및 최대풍속 등을 나타내고 있다. 따라서 원하는 지역에 대한 풍속 및 풍향 자료를 쉽게 이용할 수 있다. 특히 표 1.13 자료를 살펴보면 울산 간절곶에서 5 m/s 이상의 풍속이 주풍향으로 부는 빈도는 8.9%로 매우 저조하여 풍력발전에 적합하지 않음을 알 수 있다.

따라서 풍속 및 풍향에 대한 자료를 이용하여 풍력터빈의 설치 장소를 보다 쉽고 정확하게 선정할 수 있다.

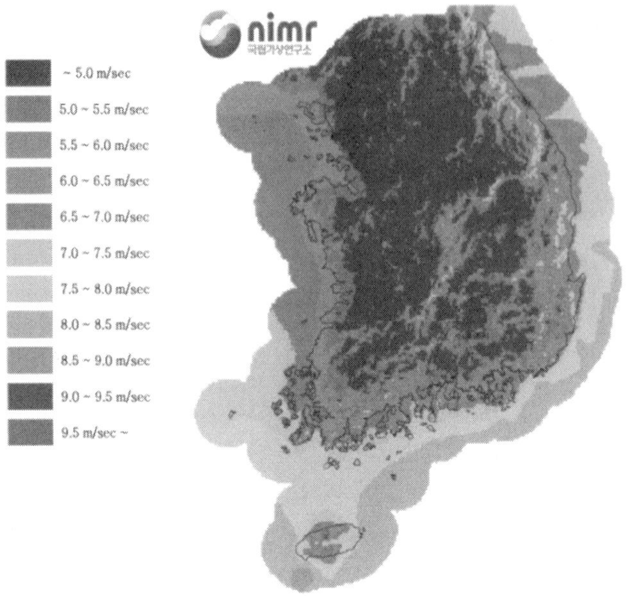

그림 1.15 연풍균풍속지도[4]

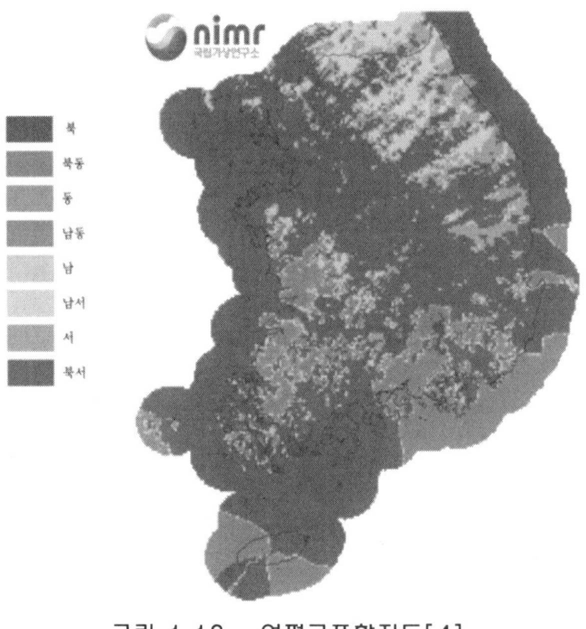

그림 1.16 연평균풍향지도[4]

표 1.12 울산 - 경남 동해안 지역 풍속 및 주풍향[4]

지점번호	지 명	10 m 고도풍속	50 m 고도풍속	80 m 고도풍속	50 m				80 m			
					봄	여름	가을	겨울	봄	여름	가을	겨울
152	울산	2.2	3.3	3.9	3.5	3.2	3.1	4.1	4.1	3.7	3.7	4.1
905	양산	2.2	3.3	3.9	3.5	3.6	3.3	3.0	4.0	4.1	3.9	3.5
924	간절곶	3.2	4.3	4.9	4.9	4.1	4.3	3.8	5.4	4.7	4.9	4.4
943	공단	3.1	4.3	4.9	4.3	4.0	4.3	4.5	4.9	4.6	4.9	5.0

표 1.13 울산 - 경남 동해안 지역 5 m/s 이상 풍속 및 주풍향 빈도[4]

지점번호	지 명	80 m 고도 평균풍속	5 m/s 이상 비율 (%)	주풍향	주풍향 빈도 (%)	5 m/s 이상 주풍향 빈도(%)	최대순간풍속
152	울산	3.9	22.2	북서	20.2	6.2	60.0
905	양산	3.9	25.1	북	21.9	5.9	43.3
924	간절곶	4.9	42.0	북	24.8	8.9	39.0
943	공단	4.9	46.9	북	35.2	15.6	29.1

울산(151)	연평균 풍속	5m/s이상 비율	최대순간 풍속	주 풍향	주풍향 발생빈도	
					전체풍속	5m/s이상 풍속
	4.7m/s	39.4%	26.0m/s	북	64.4%	22.7%

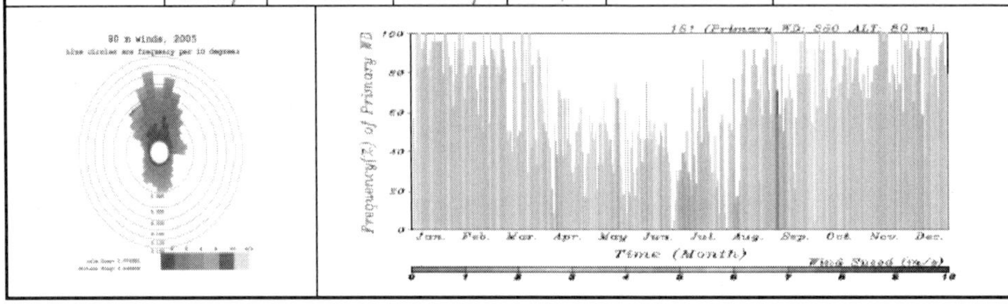

그림 1.17 울산의 바람장미와 일별 주풍향의 빈도 및 풍속 비교[4]

풍력자원지도보고서는 지역별 측정 자료를 이용하여 바람장미와 일별 부는 주풍향 발생빈도와 주풍향 바람세기 그래프를 담고 있다. 그림 1.17은 울산지역에 대한 자료를 보여주며, 주풍향과 풍속 등을 시각적으로 쉽게 알 수 있다.

Chapter 2. 풍력터빈 개요

풍력을 이용하여 최초로 상업용 전기를 생산한 사람은 Charles F. Brush(1849-1929)로 1886년 미국 오하이오주 북부도시 크리브랜드(Cleveland)에 건설하여 15년간 사용하였다. 그림 2.1은 J. Scientific American에 등재된 자세한 자료다[1]. 타워의 높이는 18.1m이고 로터의 직경은 17.1 m이다. 비슷한 시기인 1887년 7월에 영국의 J. Blyth 교수가 비슷한 실험을 실시하고 1891년에 영국에서 특허를 받았다. Blyth 교수가 제작한 풍차는 날개 길이가 9.9 m이고, 천을 사용하였다.

유럽에서는 덴마크에서 풍력이 많이 이용되었으며, 덴마크의 에디슨으로 불리는 포울라 코우르 (Poul la Cour, 1846-1908) 에 의하여 1891년에 풍력발전 실험이 실시되고 1903년에 발전회사가 설립되었다. 당시에 덴마크에서는 20 ~ 35 kW급의 풍력발전기가 약 120개 정도 설치되어 전력을 공급했다.

그림 2.1 C. Brush가 건설한 최초의 풍력터빈 [1.2]

그림 2.2 P. Cour가 건설한 초기의 풍력터빈 [1.2]

그림 2.3 초기의 소규모 풍력터빈

그림 2.3과 같이 초기에 사용된 대부분의 풍력터빈은 수 킬로와트(kW)급의 소형으로 대부분 비행기 프로펠러를 변형시켜 날개를 제작하여 바람의 항력으로 날개를 회전시켜서 지금의 풍력터빈의 날개 형상과 완전히 다르다. 주로 미국 중서부지역의 농부들에게 공급되어 불을 밝히고 배터리를 충전하여 라디오나 소형 가전제품에 사용되었다.

보다 현대적인 풍력발전은 1970년대 석유위기를 겪으면서 본격적으로 개발되기 시작되었다. 풍력터빈의 출력 규모가 점점 커지면서 바람의 항력 대신에 비행기와 같이 날개의 양력을 이용하여 회전하는 대형 풍력터빈이 건설되기 시작하였다. 따라서 날개의 전체적인 형상과 단면도 비행기 날개와 유사하며 초기의 소형 풍력터빈과는 작동원리, 형상 및 규모에서 완전히 다르게 발전하여 현재에는 수 메가와트(MW)급의 규모로 발전하였다(그림 2.4). 또한 타워의 향상도 격자형에서 원통형으로 변하였으며, 타워의 높이도 출력의 증가로 지상 100 m에 이른다.

지금은 미국 및 유럽 등에서 대규모로 풍력발전단지를 육상과 해상(그림 2.5)에 설치하여, 태양광발전과 함께 매우 활발히 이용되고 있다. 풍력은 무한정의 청정에너지로 태양광발전과 달리 밤이나 흐린 날에도 바람이 불면 항상 작동이 가능한 장점이 있다. 또한 작동에 많은 인력이 필요하지 않는 무인 및 원격 작동이 가능한 장점도 있다.

그림 2.4 강원도 매봉산에 설치된 대규모 풍력발전단지

그림 2.5 덴마크 해안에 설치된 대규모 해상풍력발전단지(Middelgrunden)

2.1 풍력터빈 개요

풍력발전은 그림 2.6과 같이 바람이 가지고 있는 운동에너지를 이용하여 전기에너지를 얻는 방식이다. 바람이 풍력터빈의 날개를 회전 시키면 날개에 부착되어 있는 축이 회전하여서 바람의 운동에너지가 기계에너지로 변환된다. 또 이 회전축에 연결된 발전기가 회전하면서 최종적으로 전기에너지를 얻고, 이 전기를 전력계통에 연결할 수 있도록 여러 컨버터 장치를 거쳐서 전력계통에 연결하여 각 가정과 산업체에 공급된다. 따라서 바람의 속도가 매우 중요한 요소이며, 또한 가능한 일정 한 방향으로 지속적으로 부는 바람이 바람직하다.

풍력터빈은 바람과 날개 사이여 발생하는 힘의 이용 방식에 따라서 항력을 이용하는 항력형(Drag type)과 양력을 이용하는 양력형(Lift type)이 있다. 옛 부터 사용해온 풍차(그림 2.1-2)와 대부분의 소형 풍력터빈(그림 2.3)은 항력형이다. 요즘 상업적으로 사용되는 대형 풍력터빈(그림 2.4-5)은 양력형이다. 또한 터빈의 회전축과 불어오는 바람과 이루는 각도에 따라서 수직축 풍력터빈과 수평축 풍력터빈으로 분류한다. 수평축 풍력터빈(그림 2.7)도 바람이 터빈날개가 나셀의 앞에서 먼저 바람을 맞는 맞바람형(Upwind type)과 날개가 나셀의 뒤에 설치되어 바람이 나셀을 먼저 스치고 날개를 맞는 뒷바람형(Downwind type)이 있다. 대부분의 풍력터빈은 수평축 풍력터빈이며 또한 맞바람형이다.

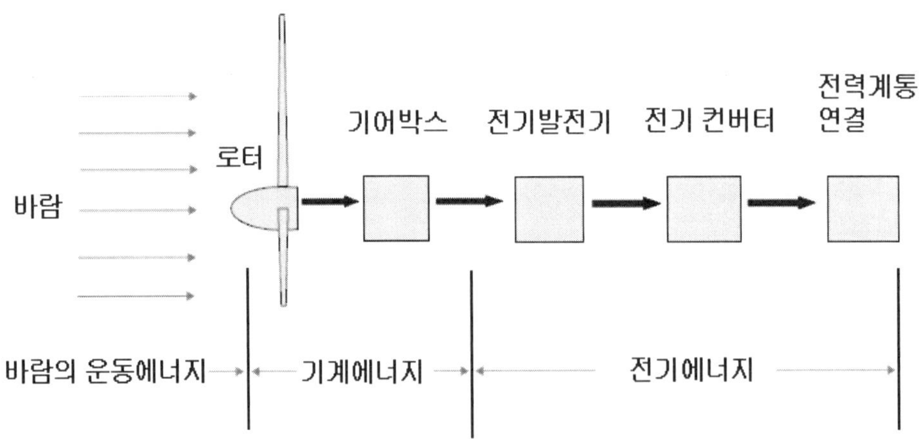

그림 2.6 풍력발전 과정

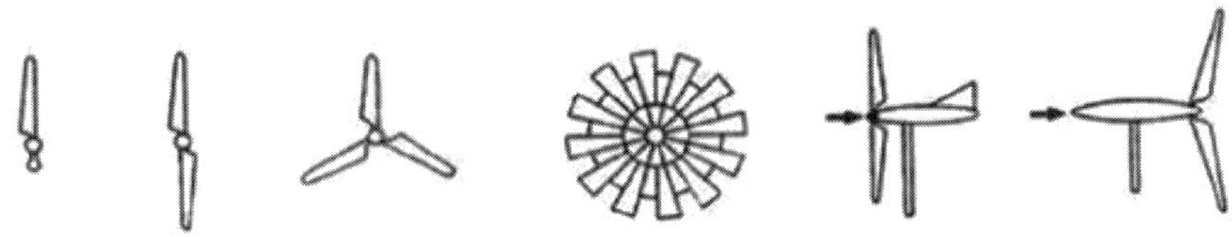

1익 터빈 2익 터빈 3익 터빈 다익 터빈 맞바람형 뒷바람형

그림 2.7 수평축 풍력터빈

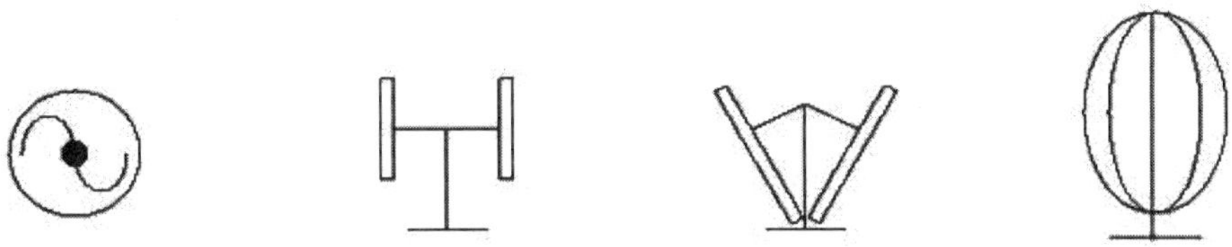

Savonius Girohill(H-Bar) Darrieus

그림 2.8 수직축 풍력터빈

그림 2.9 수직축 풍력터빈의 대표적 형태인 Darrieus

그림 2.8과 같은 수직축 풍력터빈은 날개의 회전축이 바람의 방향에 대해 수직인 경우로 그림 2.9와 같은 Darrieus 형태가 대표적이다. 이 방식은 상용화된 대형 시스템이 없다. 그림과 같이 발전기와 그 외 모든 장비가 지상에 설치되고, 바람의 방향에 관계없이 운전이 가능한 장점이 있다. 그러나 시스템의 종합 효율이 낮고, 스스로 기동을 시작할 수 없기 때문에 시동 토크가 필요하다. 또한 베어링 등의 분해 시 날개 시스템 전체를 분해하는 단점이 있고, 넓은 전용 면적이 필요하다.

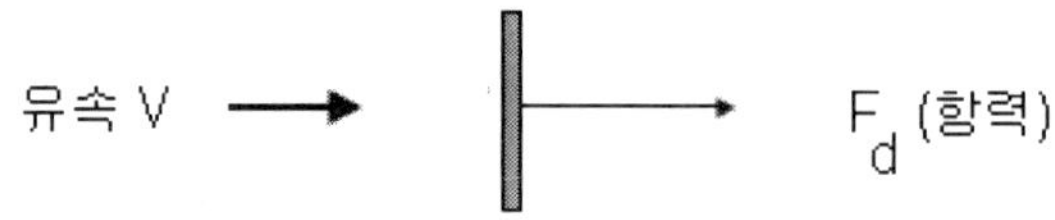

a) 최대 항력만 발생(양력=0)

b) 최소 항력만 발생(양력=0)

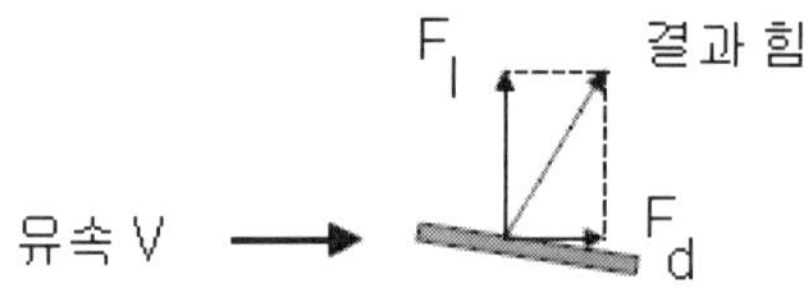

c) 큰 양력과 작은 항력 발생

그림 2.10 항력과 양력의 발생

유체와 연관이 있는 힘에는 압력, 부력, 항력 및 양력이 있다. 압력과 부력은 중력이 있는 곳에서 존재하는 힘으로 압력은 유체의 깊이에 따라서 변하며, 부력은 유체와 물체의 밀도 차이에서 발생하는 힘이다. 압력과 부력은 물체나 유체의 이동이 없는 정적인 상태에서도 작용하는 힘이다. 그러나 양력과 항력은 유체나 물체의 이동에 의하여 발생하는 힘으로 풍력터빈의 회전과 매우 관련이 깊다. 그림 2.10은 물체 주위로 바람이 불면서 발생하는 항력과 양력을 나타낸다. 그림 2.10의 a)와 같이 바람의 방향에 물체가 수직이면 양력은 발생하지 않고 최대 항력이 발생한다. 그림 2.10의 b)에서는 양력은 발생하지 않고 물체의 표면에서 마찰에 의하여 최소 항력만 발생한다. 그림 2.10의 c)와 같이 물체가 약간 기울어져 있으면 양력과 항력이 동시에 발생하며 발생하는 힘의 크기는 물체의 기울어진 각도에 따라서 다르다.

식 2.1과 2.2는 양력과 항력을 나타내며 모두 속도의 제곱과 면적에 비례한다. 식에서 C_l과 C_d는 양력계수 및 항력계수 이다.

$$F_l = \frac{1}{2}\rho A C_l V^2 \tag{2.1}$$

$$F_d = \frac{1}{2}\rho A C_d V^2 \tag{2.2}$$

바람이 세게 부는 날 우산을 쓰고 걸으면 바람에 밀려서 앞으로 걸어가기 힘들다. 또한 그림 2.11과 같이 반구형의 컵이 달여 있는 풍속계도 비슷하게 풍속에 따라서 회전속도가 다르다. 이 힘은 바람의 항력에 의한 것으로 예를 들면 풍속계의 반구형 컵 내부에서 항력계수는 1.33이며, 반대로 외부에서는 0.34로 항력계수의 차이가 크다. 전통적으로 많이 사용된 풍차는 바람의 힘으로 날개를 밀어서 즉 항력을 이용하여 토크를 발생시켜 축을 기점으로 터빈 날개를 회전시킨다. 출력은 토크와 로터 회전속도의 곱이며, 또한 토크는 날개의 면적에 비례한다. 따라서 출력은 날개의 면적의 비례하므로 면적을 크게 하기 위하여 날개의 수자를 늘여서 날개의 면적이 날개가 회전하면서 그리는 면적의 최대 80%까지 차지한다. 그러나 날개의 회전속도가 풍속보다 클 수 없기 때문에 출력이 제한적이다. 항력을 이용한 풍차는 날개 면적을 넓게 하여 많은 항력을 얻을 수 있으나 한편 바람의 흐름을 방해하여 날개의 뒤쪽에서 발생하는 소용돌이 때문에 출력이 감소하고 에너지 변환 효율이 낮다.

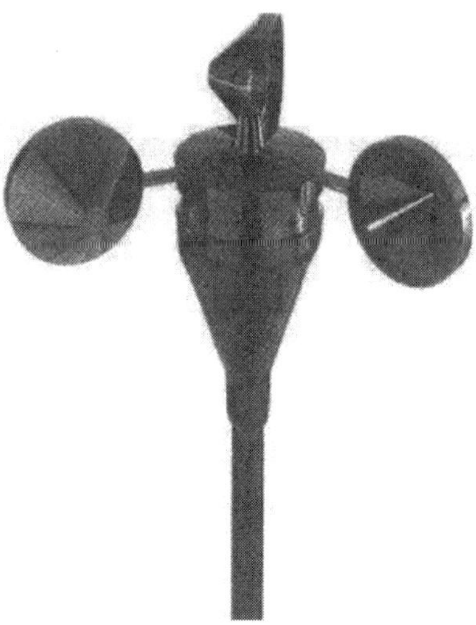

그림 2.11 항력을 이용하는 풍속계와 소규모 풍차의 모습

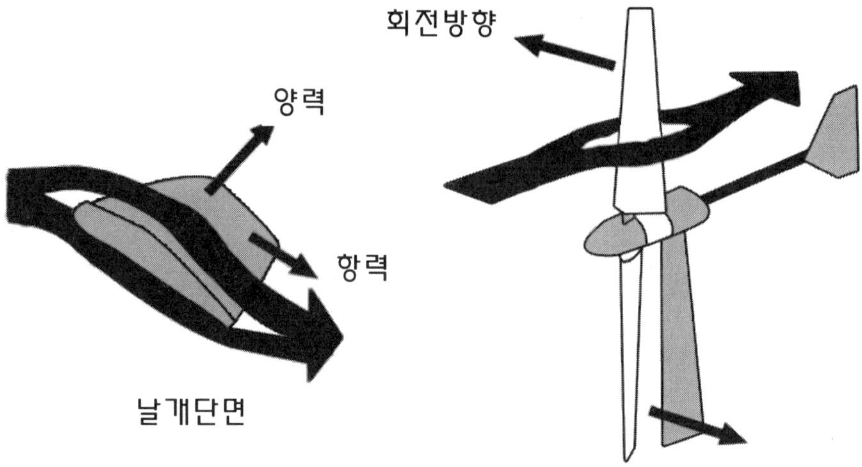

그림 2.12 풍력터빈의 회전 원리

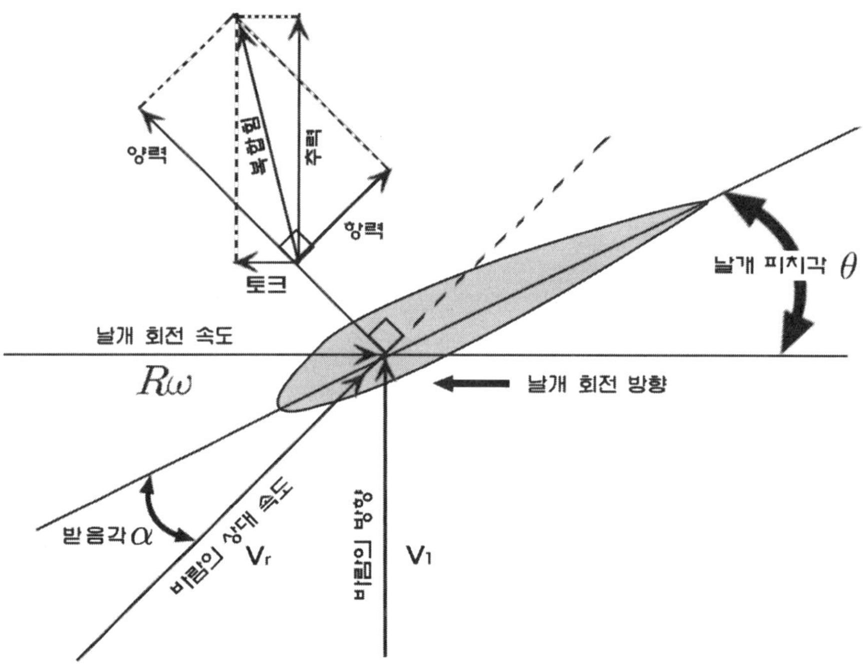

그림 2.13 풍력터빈의 단면에 작용하는 바람의 속도 및 각종 힘의 방향

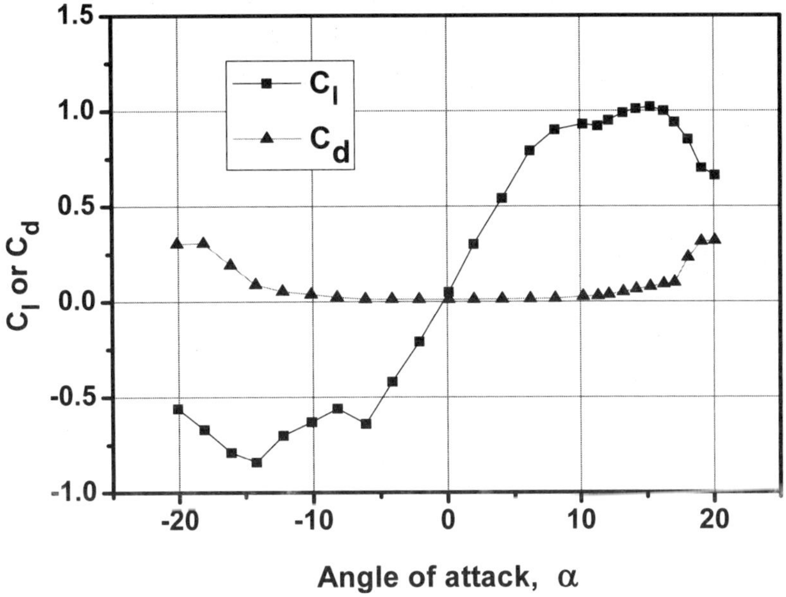

그림 2.14 S809 날개 형상의 받음각에 대한 양력계수 및 항력계수 변화[4]

그러나 현대의 풍력터빈은 터빈 주위를 흐르는 공기에 의何如 형성되는 양력에 의하여 회전한다. 양력이 날개의 회전에 필요한 토크를 발생하는 힘이다. 따라서 터빈 날개 단면의 형상이 그림 2.12와 같이 비행기 날개의 단면과 유사하다. 날개의 윗면을 따라서 흐르는 바람은 아랫면을 따라서 흐르는 바람보다 속도가 빠르다. 그러므로 베르누이 정리에서 날개 윗면의 압력은 아랫면에 작용하는 압력보다 작기 때문에 터빈 날개의 윗면과 아래면 사이에 압력 차이가 발생한다. 이 압력의 차이가 양력이며 그림 2.13에서 이 양력은 바람의 상대속도 방향과 수직으로 작용한다. 양력은 날개의 면적과 회전 속도의 함수다. 따라서 날개의 반경이 증가하면 날개의 회전속도($R\omega$)와 양력을 증가시켜서 토크가 증가한다. 항력을 이용하는 방법보다 양력을 이용하면 터빈 날개가 회전하면서 형성하는 면적이 같을 경우에 풍력에너지를 약 2배 정도 효과적으로 추출할 수 있고, 날개 단위 면적당 추출하는 에너지는 약 50배 이상이다.

그림 2.14는 그림 2.13과 같은 많은 날개 단면형상 중에서 S809 날개형상에 대한 바람의 받음각(접근각)과 양력계수와 항력계수의 변화를 나타낸다. 받음각이 -15 ~ 15° 에서는 항력계수는 거의 영에 가깝고, 변화도 매우 적다. 그러나 양력계수의

변화는 매우 크다. 받음각이 음인 경우 양력계수는 항력계수보다 작어서 날개의 회전이 발생할 수 없고, 받음각이 양인 경우는 양력계수가 항력계수보다 크기 때문에 날개는 회전할 수 있다. 받음각이 0 ~ 15° 사이에서 양력은 계속 증가하여 최댓값에 도달하고 다시 감소한다.

2.2 풍력터빈의 구성 요소

수평축 풍력터빈은 바람 방향과 축 방향을 일치 시키는 요우잉(yawing) 시스템이 필요하며, 발전에 관련된 모든 설비가 높은 타워 위에 설치되는 단점이 있다. 그러나 대부분의 상용 풍력터빈은 가장 안정적이고 상대적으로 효율이 높은 수평축을 많이 사용하고 있다. 따라서 수평축 풍력터빈에 대한 시스템 구성 요소에 대하여 살펴본다.

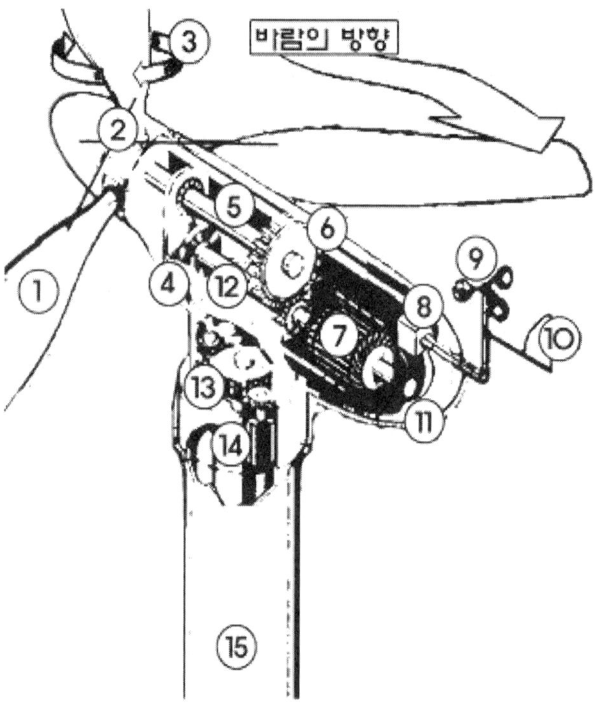

① 날개
② 로터
③ 날개의 피치
④ 브레이크
⑤ 저속축
⑥ 기어상자
⑦ 발전기
⑧ 터빈 콘트롤러
⑨ 풍속계
⑩ 풍향계
⑪ 나셀
⑫ 고속축
⑬ 요우잉 기어
⑭ 요우잉 모터
⑮ 타워

그림 2.15 수평축 풍력터빈의 주요 구성 부품[5]

풍력터빈은 바람으로부터 운동에너지를 추출하여 기계에너지로 변환하고 최종적으로 전기에너지로 변환하기 때문에 각 에너지를 얻거나 변환하는 과정에 다양한 장치들이 필요하고, 또한 전체 풍력터빈을 제어하는 장치 등이 있다. 수평축 풍력터빈의 구성은 그림 2.15와 같으며, 외형상 풍력터빈은 크게 로터(rotor), 나셀(nacelle), 및 타워(tower)로 구성되어 있다.

로터(②, rotor)는 보통 3개의 날개(①, blade)를 회전축에 연결하는 허브(hub), 허브를 보호하는 덥게 및 날개로 구성되어 있다. 허브의 세 면에는 날개가 부착되고 한 면은 저속 회전축(⑤)과 연결되어 있어서 바람의 운동에너지를 추출하여 기계적인 축일로 변환하는 매우 핵심적인 부품이다. 따라서 로터에 부착된 날개의 최적설계가 풍력터빈의 성능을 결정한다. 날개는 1 ~ 3개를 선택할 수 있으나 보통 3개를 많이 사용하며, 날개는 가벼우면서 내식성이 있고 높은 강도를 가지는 복합재료로 제작된다. 로터에 연결된 저속 회전축은 10 ~ 60 rpm으로 회전하며, 기어장치(⑥, gear box)에 연결된다.

그림 2.16 로터 허브와 허브에 날개를 연결하는 과정

그림 2.17 수평축 풍력터빈에 사용되는 날개 및 날개 내부 모습

그림 2.18 허브와 기어박스를 연결하는 저속 회전축

그림 2.19 기어박스의 외형 및 내부

그림 2.20
증속기어 없이 허브와
발전기가 직접 연결된
직접구동형

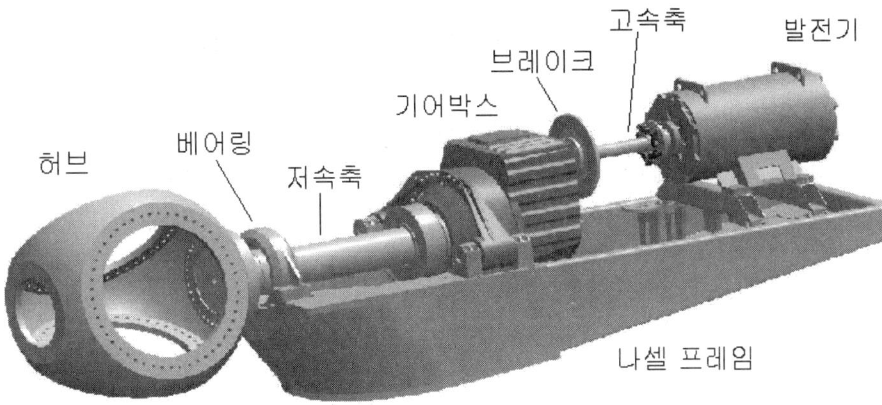

그림 2.21 수평축 풍력터빈의 동력전달 장치 배치

로터에서 얻은 기계에너지에 의하여 회전하는 축의 회전수가 낮기 때문에 그림 2.19와 같은 증속기어를 사용하여 회전수를 높이는 증속과정이 필요하다. 수평축 풍력터빈는 증속기어를 사용하여 증속하는 간접구동형(geared type)과 로터 회전축을 직접 발전기에 연결하는 직접구동형(gearless type)으로 분류된다(그림 2.20). 간접구동형은 로터에 연결된 낮은 회전수(10 ~ 60 rpm)의 저속 회전축(⑤, low-speed shaft)과 높은 회전수(1500 ~ 1800 rpm)의 유도발전기(⑦, induction generator) 사이를 기어장치를 이용하여 연결한 형태로 발전기의 정속회전으로 경제성이 높고 품질이 좋은 전기를 생산하는 장점이 있다. 따라서 대부분의 상용 풍력 터빈에 많이 적용되고 있다. 그러나 기어는 고비용이며 중량이 무겁기 때문에 직접 구동형은 기어를 사용하지 않고, 로터에서 동력이 직접 발전기에 연결되는 방법으로 기어 제작비용의 절감이 있으나 발전기가 대형이고 고가인 점이 단점이다.

그림 2.21은 실제 날개가 설치되어 회전력을 얻는 허브에서 전기를 발전하는 발전기까지 기어장치를 포함하는 동력전달 장치의 배치를 나타낸다. 저속 회전축을 지지하는 베어링과 기어장치는 날개가 받는 추력을 지지할 수 있도록 설계되어야하며, 또한 나셀 프레임은 타워의 꼭대기에 연결되어 바람으로부터 받는 모든 추력을 타워에 전달한다. 그림 2.22는 다양한 형태의 동력전달 장치의 배치를 보여준다. a)의 경우는 두 개의 베어링이 긴 저속 회전축을 지지하여 기어박스에는 큰 추력이 작용하지 않으며, b)의 경우는 뒤에 있는 베어링이 기어박스와 일체형으로 기어박스가

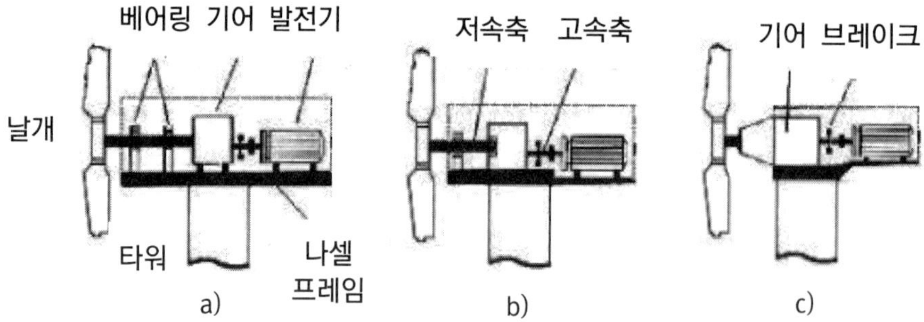

그림 2.22 동력전달 장치 배치 형태[6]

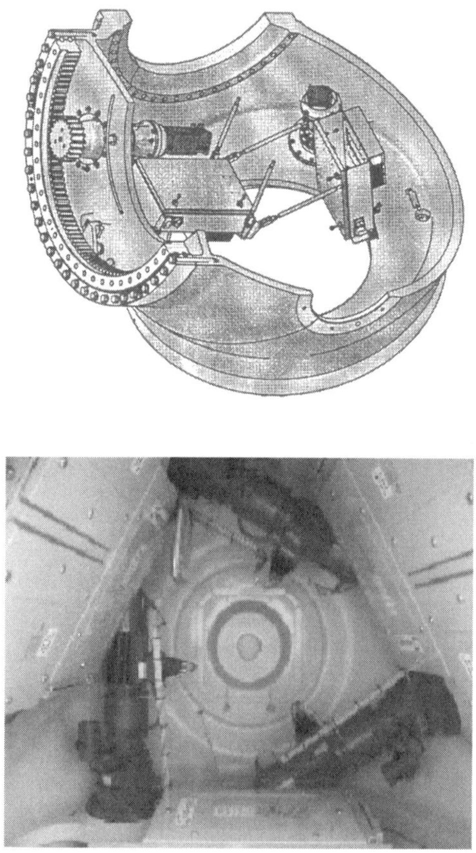

그림 2.23 허브의 내부에 설치된 날개 피치각 구동장치의 기어와 모터

그림 2.24 기어박스와 고속 회전축 연결부에 설치된 디스크 브레이크

나셀 프레임에 직접 고정되어 있다. c)의 경우는 허브를 지지하는 베어링이 전부 기어박스와 일체형으로 되어있어 저속축의 길이는 짧으나 기어박스에 많은 추력이 작용할 수 있다. 그림 2.20과 같이 기어장치가 없는 직접구동형은 축 바로 다음에 발전기가 위치하여 나셀의 길이가 매우 작다.

피치각 구동장치(③, ⑧)는 로터날개의 각도를 조정하는 장치로 이를 통해 풍력터빈의 성능을 조절한다. 그 외에 피치각 조절은 로터를 회전시키기 위하여 필요한 기동토크를 얻고, 정격 풍속 이상에서 정격 출력을 유지하고, 로터의 회전을 정지 시킬 경우 등 여러 조건에서 사용한다. 그림 2.23과 같이 로터 허브에 기어장치, 베어링 및 구동 모터가 설치되어 컨트롤러에서 받은 신호로 모터가 작동하여 피치각을 조절한다.

기계적 브레이크(④, mechanical brake)는 그림 2.24와 같이 보통 고속 축에 설치되고 유압을 사용하여 마찰패드가 브레이크 디스크를 압박하여 회전축을 정지 시킨다.

기계적 브레이크는 강풍이 불거나, 시스템의 이상 시 보수점검을 위하여 로터를 정지시키기 위하여 사용된다. 경우에 따라서는 저속 회전축에도 사용되고, 한편 요우잉 시스템에도 그림 2.25와 같이 디스크 브레이크가 설치되어 항상 바람의 방향과 회전축이 동일하게 유지하도록 한다.

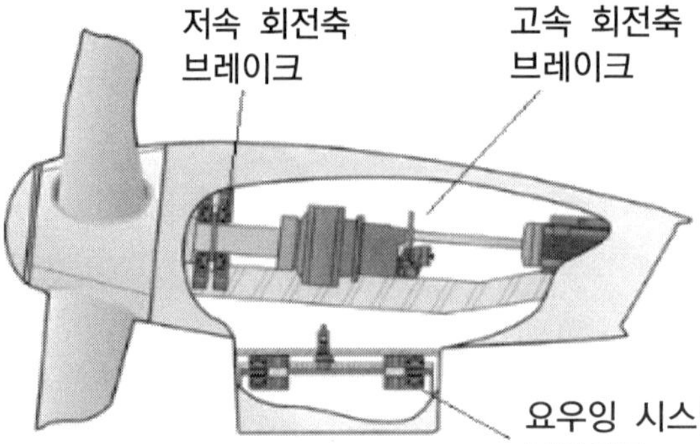

그림 2.25 저속 및 고속 회전축과 요우잉 시스템에 설치되는 디스크 브레이크

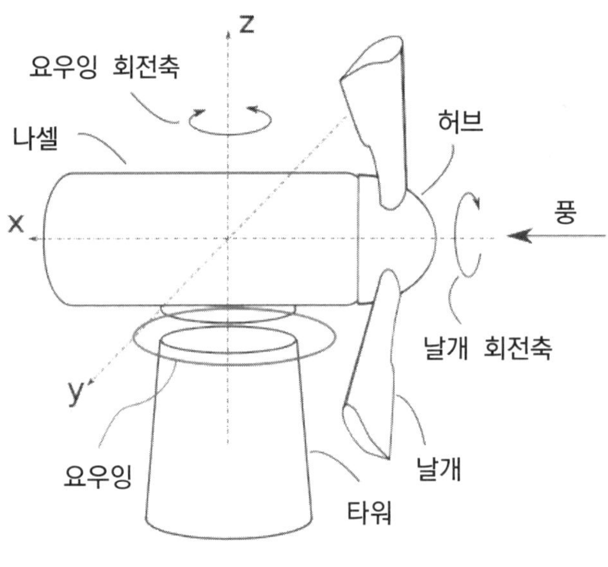

그림 2.26 로터 회전축과 요우잉 회전축 관계

그림 2.26과 같이 풍향의 변화로 풍향과 로터의 회전면이 이루는 각이 수직이 되지 않고 허용 범위 각(yaw error)을 벗어나면 로터의 방향을 조정하는 장치가 요우잉 시스템(⑬, ⑭, yawing system)이다. 모든 대형 수평축 발전기에 사용되며 나셀과 타워의 연결부에 설치되어 있다. 요우잉 시스템은 베어링, 구동 모터, 기어 및 브

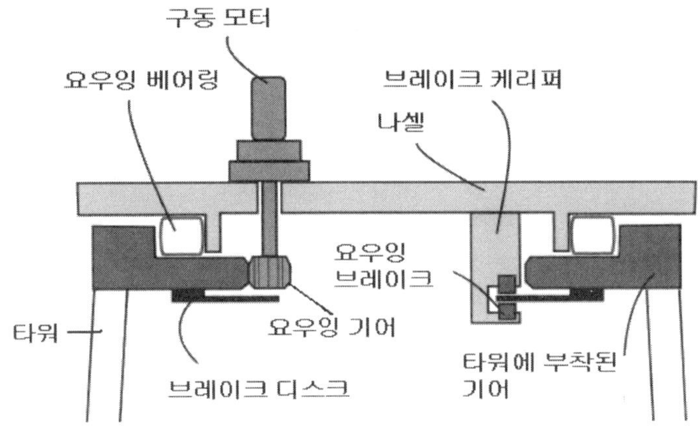

그림 2.27 요우잉 시스템 개략도

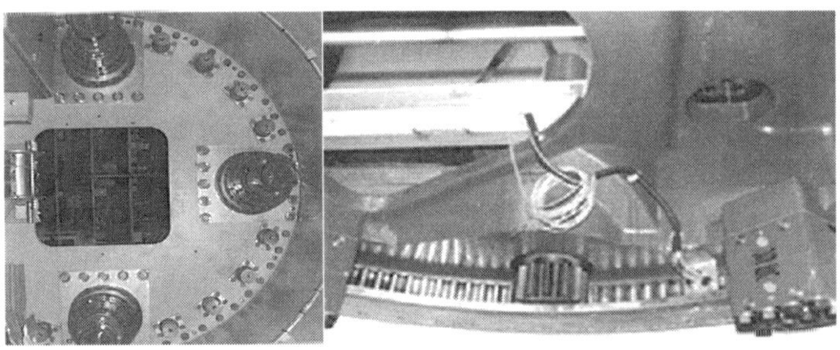

그림 2.28 나셀에 설치된 구동 모터 및 요우잉 시스템의 기어장치

레이크 등으로 구성되며, 그림 2.25 ~ 2.28과 같이 나셀 프레임에 기어가 설치된 구동모터가 장착되어 타워의 상부에 설치된 기어와 맞물려서 나셀을 회전시킨다. 만약 로터의 회전면과 풍향이 수직이 되지 않으면 풍력터빈의 효율이 떨어지며, 로터의 진동과 피로하중이 증가하는 현상이 발생한다. 또한 긴급 상황 시 로터의 방향을 변환시켜 로터의 회전속도를 줄이기도 한다. 이 장치는 전기적 제어장치에 의하여 구동된다.

컨트롤러(⑧, controller), 풍속계(⑨, anemometer) 및 풍향계(⑩, wind vane)는 바람의 속도와 방향을 실시간으로 측정하여 풍력터빈의 작동을 조절하는 중요한 역할을 한다. 풍속계에서 측정한 풍속을 이용하여 터빈의 피치 각을 조정하고, 또한 풍향계에서 측정한 바람의 방향에 대한 자료를 이용하여 요우잉 시스템에서 구동장치를 작동시켜서 터빈의 날개와 바람의 방향이 일치하도록 조정한다.

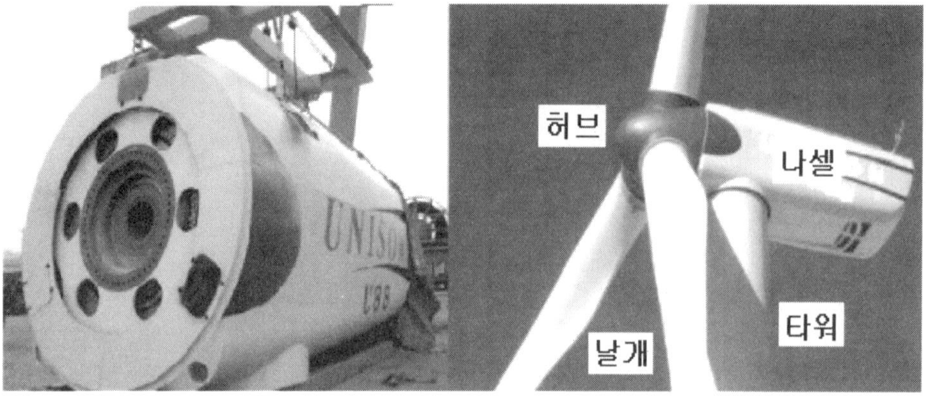

그림 2.29 완전히 조립된 나셀과 로터가 부착되어 타워에 설치된 모습

그림 2.30 원통형 및 격자형 타워

그림 2.29와 같이 나셀(⑪, nacelle)은 로터에 의해 얻어진 기계에너지를 전기에너지로 변환시키는데 필요한 모든 장비들이 들어 있는 상자와 같은 케이스를 의미한다. 내부에 나셀 프레임이 있어 모든 설비는 프레임 위에 설치되고 나셀은 그림 2.29와 같이 타워의 상부에 장착된다. 나셀에는 저속 및 고속 회전축, 증속기어(⑥, gear box), 기계적 브레이크(④, mechanical brake), 요우잉 시스템(⑬, ⑭, yawing system), 컨트롤러, 공조기 및 발전기(⑦) 등이 들어 있다.

그림 2.31 타워의 기초에 설치된 변압기와 타워 내부에 설치된 사다리 및 전선

타워(⑮, tower)는 풍력터빈을 지지해 주는 구조물로써 그림 2.30과 같이 원통형 및 격자형 등이 있으며 최근에는 대부분 원통향이 사용된다. 수평축 풍력터빈의 경우 바람의 저항을 지지하면서 시상에서 일정한 높이에 로터와 나셀을 위치시키는 역할을 하는 중요한 구조물이다. 로터와 나셀의 하중을 지지해야 하므로 대형 터빈에는 원통형 타워가 사용되며, 내부에 발전시스템의 유지 및 보수에 필요한 장치들인 엘리베이터나 사다리와 생성된 전기를 송전하기 위하여 전력선 등이 설치된다(그림 2.31). 수직축 풍력터빈은 타워 구조물을 회전축으로 사용한다. 지표면에서 발생하는 난기류를 피하기 위하여 타워의 높이는 가능한 높은 것이 좋으나, 제작비용과 구조물의 진동 등의 문제로 제한된다. 수평축 풍력터빈의 타워 높이는 보통 날개 직경과 비슷한 높이를 가지며, 중형이나 대형의 경우 타워 높이는 적어도 60 ~ 100 m이다.

다양한 부품으로 구성된 풍력터빈은 보통 20년 이상 동안 사용되도록 설계, 제작 및 인증을 받는다. 그러나 운영 중에 부품의 고장이 발생하면 수리하기에 대단히 어려운 경우가 종종 있을 수 있다. 물리적으로 규모가 크고 중량이 무겁기 때문이며 또한 풍력터빈이 설치되는 곳이 산이나 바다 등 오지이기 때문에 부품의 수송도 만만치 않다. 따라서 각 부품의 고장 발생률에 많은 관심을 가지게 된다. 그림 2.32는

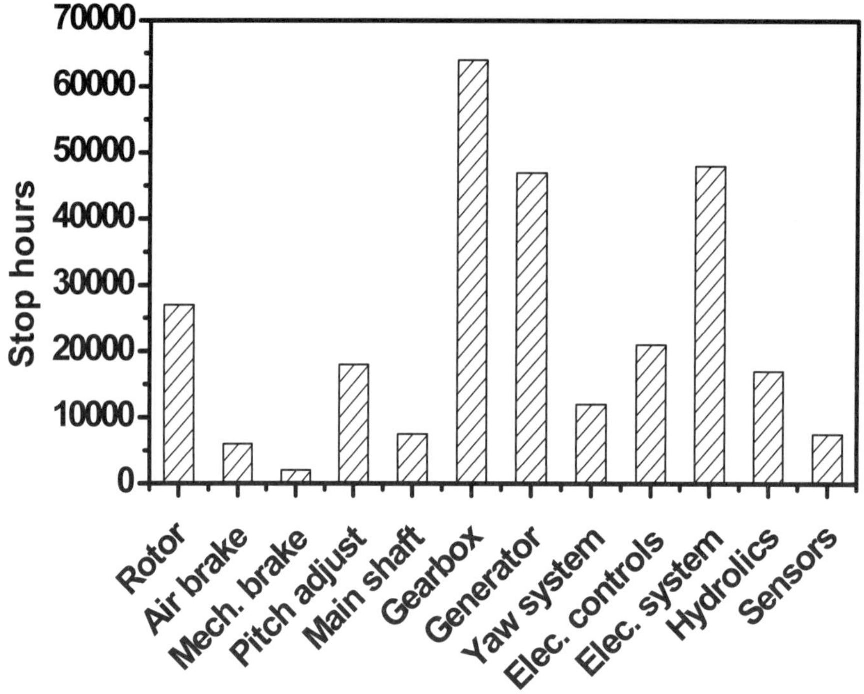

그림 2.32 2003-2007년 독일에서 운영된 풍력터빈 부품의 누적 고장시간[7]

2003 ~ 2007년 사이에 독일에서 운영된 풍력터빈에서 발생한 각 부품별 누적 고장시간을 나타낸다[7]. 기어박스가 가장 고장이 많고, 다음으로 발전기 및 전기 시스템이다. 이런 종류의 구성품은 모두 타워 위에 있는 나셀에 설치되어 있기 때문에 수리에도 많은 비용이 들 수 있다. 브레이크나 축 등은 상대적으로 고장이 적다. 따라서 신뢰도가 높은 부품을 사용하는 것이 매우 중요하다. 앞에서 설명된 것과 같이 풍력터빈은 많은 부품으로 구성되어 있으며, 각 부품이 차지하는 원가 구성도 다르다. 제작회사에 따라서 차이는 있으나 표 2.1은 3.0 MW 규모의 풍력터빈의 건설에 필요한 2002년 기준 초기투자비를 나타낸다. 비용을 크게 분류하면 바람의 운동에너지를 기계에너지로 변환하는 로터는 21.5%, 모든 기계 및 전기장치가 들어 있는 나셀은 40.4%, 타워는 15%, 기타 현장에 설치와 수송에 필요한 비용이 23.1%로 구성되어 있다. 세분하면 주요 부품 중에서 날개, 타워, 증속기어, 컨트롤 시스템, 단조품(축, 피칭 및 요우잉 기어, 플랜지 등) 및 발전기 등의 원가 비중이 크다. 특히 날개와 타워는 구조적으로 클 뿐만 아니라 부품 값도 매우 높은 부품이다.

표 2.1 풍력터빈에 사용되는 부품의 원가 구성비[8]

주요 구성	부품 명칭	각 부품별 비용 (2002년), $	구성비, %
로 터	날개 3개	494,250	14.9
	로터 허브	88,623	2.7
	피칭 시스템	118,870	3.6
	허브 노즈콘	8,127	0.3
	소 계	**709,870**	**21.5**
나 셀	저속 회전축	72,247	2.2
	메인 베어링	53,450	1.6
	기어박스	362,320	11.0
	브레이크 장치	5,968	0.2
	발전기	195,000	5.9
	풍력터빈 제어 전기장치	237,000	7.2
	요우잉 시스템	70,198	2.1
	메인 프레임	87,218	2.6
	프레폼 및 레일	22,231	0.7
	전기장치	120,000	3.6
	유압 및 냉각 장치	36,000	1.1
	나셀 커버	38,461	1.2
	제어, 안전 및 모니터링	35,000	1.1
	소 계	**1,335,093**	**40.4**
타 워	타워	426,560	12.9
	기초	70,184	2.1
	소 계	**496,744**	**15.0**
설 치	수송비	253,470	7.7
	도로 및 기타 건설비	136,710	4.1
	조립 및 설치비	81,005	2.4
	전기 설비	224,430	6.8
	현장 설계 및 허가 취득	69,876	2.1
	소 계	**765,491**	**23.1**
합 계		**3,307,310**	**100**

2.3 풍력터빈과 환경

풍력터빈의 설치로 주위에 미치는 영향은 소음, 조류 및 박쥐의 충돌 및 시각적 영향 등을 고려할 수 있다. 시각적 영향은 매우 주관적이므로 정확하게 표시되기 어렵다. 그러나 소음은 측정하여 수치로 표시할 수 있으며 사람의 청력에 영향을 미치는 크기가 규정되어 있다. 소리의 크기(L_p, sound pressure level)를 나타내는 단위는 dB(데시벨, decibel)이며 기준 압력(p_{ref})과 측정 위치에서 음원의 압력(p_s)의 비에 자연로그를 치하여 다음과 같이 나타낸다. 따라서 압력이 두 배로 증가하여도 소리의 크기는 6 dB의 차이만 있다. 또한 3 dB가 사람이 구별할 수 있는 최소의 소리 크기 간격이다. 기준압력은 (p_{ref})은 $2 \times 10^{-5} pa$이다.

$$L_p = 10 \times \log \frac{p_s^2}{p_{ref}^2} \quad \text{(dB)} \tag{2.3}$$

소음은 풍력터빈의 기어와 같은 기계 장치와 터빈 날개의 회전에 의하여 발생한다. 기계 설비에서 발생하는 소음은 연속적이고 소음의 크기가 작다. 그러나 터빈의 날개에서 발생하는 소음은 풍속과 출력에 따라서 소음의 크기가 변하며 기계 장치에서

표 2.2 대표적인 소음의 크기[9]

음원의 형태	거리, m	소리의 크기, dB
고통을 느낌		130 ~ 140
배 고동	30	130
제트엔진	61	120
기차	30	70
진공청소기	3	70
숲에 부는 바람	12	55
10 kW 풍력터빈	37	57
	100	55
대형 변압기	61	55
300 kW 풍력터빈	150	45
조용한 방		20

발생하는 소음보다 상대적으로 크다. 따라서 주위에 상당한 영향을 미친다. 날개에서 발생하는 소음은 풍속과 출력 외에 날개 끝의 속도, 형상, 두께, 날개 수 및 표면처리 등에 영향을 받는다. 날개 끝 속도의 크기가 소음의 크기에 결정적인 영향을 미쳐서, 날개의 길이가 길거나 또는 회전속도가 빠르면 큰 소음을 발생한다.
또한 날개 수는 적을수록 큰 소음을 발생한다. 한편 풍력터빈으로부터 같은 거리이면 소음은 터빈의 앞보다 뒷면에서 크게 들린다. 음압은 음원에서 멀어지면 거리의 제곱에 반비례하기 때문에 음원과 측정 지점과의 거리는 매우 중요한 요소이다. 따라서 보통 풍력터빈 제조사는 터빈으로부터 위치 변화에 따른 소음의 크기를 나타낸다. 여러 가지 종류의 소음에 대한 크기는 표 2.2와 같다.

풍력터빈의 날개는 매우 크며 회전속도가 빠르기 때문에 새와 박쥐 등이 날개에 충돌하면 치명적인 상처를 입거나 목숨을 잃는다. 1980년대에는 상당한 수의 새들이 희생되었다. 특히 격자형 타워를 사용한 곳에서는 새들이 타워에 둥지를 만들기 위하여 접근하여 특히 많이 희생되었다. 한편 터빈 전면을 지나는 새는 바람에 빨려서 날개와 충돌할 수 있다.

경우에 따라서는 타워의 진동에 의하여 발생하는 소리에 유인되어 타워에 충돌하는 경우도 보고되었다. 그러나 최근에는 날개가 대형화되고 회전속도가 느려져서 새들의 충돌이 현저히 줄어들었으며, 타워도 격자형 보다 원통형 타워를 사용하여 많은 진전이 있었다. 또한 철새의 이동경로나 새들의 대량서식지 및 산란을 하는 곳을 피하여 설치 장소를 선정하면 피해를 최소화할 수 있다.

미관적 관점에서 똑 같은 풍력터빈을 같은 간격으로 정렬되게 설치하는 것보다 출력에 미치는 영향을 최소화하면서 다양한 패턴으로 설치하면 보는 사람들의 시각을 덜 자극할 수 있다. 또한 가능하면 주위의 경관을 해치지 않게 설치하는 것도 풍력발전에 대한 좋은 여론을 형성하는데 도움이 될 수 있다.

2.4 국내외 풍력발전 현황

국내의 바람자원은 제주도를 중심으로 동해안의 경상북도 영덕, 서해안의 새만금 지역 및 강원도에 태백시 및 대관령 지역에 주로 분포하여, 이곳을 중심으로 풍력단지가 개발되어 있다. 제주도 북제주군 행원단지는 평균 풍속이 7.1 m/s로 매우 양호하며, 여타 제주도 지역도 6.0 m/s 내외의 우수한 풍속을 지니고 있다. 경상북도 영덕군의 경우 해안에 인접한 해발 200 m의 산 능선에서 평균 풍속이 6.6 m/s로 양호한 조건을 가지고 있다. 한편 강원도 태백시 매봉산 능선에서도 7.6 m/s의 아주 우수한 풍속이 측정되었다. 현재 스페인의 악스오나 윈드파워사가 건설 중인 경북 영양군 맹동산 지역은 해발 800 m 능선으로 평균 풍속이 5.7 m/s이다.

국내 최초의 풍력시설은 1975년에 한국과학원의 주도로 경기도 화성군 엇섬에 설치된 2 kW급 풍력터빈이다(현재 철거됨). 그 후 1990년대부터 여로 곳에 설치되기 시작하였으며 특히 지난 10년 동안 풍력단지가 개발되어 여러 대의 풍력터빈이 한 곳에 집중적으로 설치되었다. 2009년 말 현재 약 348 MW가 보급되어 있으며, 대표적인 풍력터빈 설치 현황을 종합하면 표 2.3과 같다.

최근 국내의 많은 기업이 풍력산업에 참여하기 시작하였다. 특히 발전기를 생산하는 기업과 대형조선사 등 중공업에 이미 참여하고 있는 기업들이 적극적으로 풍력발

표 2.3 국내 주요 풍력발전 시설

설치년도	용량 (kW)	대수	제작사	설치 장소	주관기관
1975.1	2	1	한국과학원	경기도 화성시 엇섬	한국과학원
1998.2 ~ 2003.8	600 660 225 750	2 7 1 5	NEG-MICON, VESTAS	제주도 북제주군 행원리	제주도청
2003.9	660	4	VESTAS	강원도 대관령	강원도청
2002.11 ~ 2004.5	750 850	6 4	NEG-MICON	전라북도 군산	전북도청
2004.3	1,500	4	NEG-MICON	제주도 북제주군 한경면	남부발전
2005.3	1,650	24	VESTAS	경북 영덕군 창포리	영덕풍력발전
2004.12 ~ 2008.10	850	8	VESTAS	강원도 태백시 매봉산	태백시청
2006.10	2	49	VESTAS	강원도 대관령	(주) 강원풍력발전
2008.12 ~ 2011	1,500	26 (104예정)	악시오나 윈드파워	경북 양양군 석보면 맹동산	(주) 악시오나 에너지 코리아

전기 제작에 참여하고 있다. 유럽의 기업에 비교하여 원천기술이 부족한 국내 기업은 해외의 전문기업을 인수하여 시작하는 경우도 있으며, 또한 국내에는 배에 들어가는 대형 단조품을 제작하던 기업들을 중심으로 터빈축, 프랜지, 베어링 등의 단조품을 생산하여 해외의 대형 풍력터빈 제조사에 납품하는 기업들도 많이 있다. 풍력발전 사업에 참여하고 있는 국내의 대표적인 기업은 표 2.4와 같다.

해외 여러 나라가 설치하고 있는 규모는 국내의 규모와 비교할 수 없을 정도이며, 매년 큰 폭으로 증가하고 있다. 시설 규모는 미국, 독일, 스페인, 중국, 인도의 순으로 미국의 시설용량은 35,159 MW이며 특히 중국의 설비 증가율은 매우 높다. 그러나 덴마크의 경우 시설 용량의 변화가 거의 없으며, 전체 사용 전기의 19.1%를 풍력으로 충당하고 있다. 특징적인 점은 유럽 국가는 풍력발전설비를 육지보다 해상에 많이 설치하고 있다는 사실이다. 표 2.5는 주요국의 시설용량과 전체 발전량에서 풍력발전이 차지하는 비율을 나타낸다.

표 2.4 풍력발전에 참여하고 있는 국내 주요 기업

기업명	생산 제품
현대중공업	풍력터빈 시스템 (1.65 ~ 2.5 MW)
대우중공업	풍력터빈 시스템
삼성중공업	풍력터빈 시스템
두산중공업	풍력터빈 시스템
효성중공업	풍력터빈 시스템 (2.0 MW)
유니슨	풍력터빈 시스템 (0.75, 1.0 MW)
태웅	터빈축, 프랜지 등 단조품
평산	터빈축, 프랜지 등 단조품, 기어박스
현진소재	터빈축, 프랜지 등 단조품
용현BM	터빈축, 프랜지 등 단조품
동국 S&C	타워
KM	날개

표 2.5 국가별 풍력발전 시설용량과 발전비율[10]

국 가	시설용량, MW			2008년 비율, % =풍력/전체전력
	2007년	2008년	2009년	
미국	16,818	25,170	35,159	1.3
독일	22,247	23,903	25,777	6.6
스페인	15,145	16,754	19,149	11.1
중국	6,050	12,210	25,104	0.4
인도	8,000	9,645	10,925	1.9 (2007년)
이탈리아	2,726	3,736	4,850	1.4
프랑스	2,454	3,404	4,410	1.1
영국	2,389	3,241	4,070	2.0
덴마크	3,129	3,180	3,465	19.1
한국	192	278	348	

Chapter 3. 풍력터빈 공기역학 및 출력

속도 V_1로 부는 바람이 가지는 운동에너지는 식 3.1과 같다. 한편 풍력터빈은 이 바람의 운동에너지를 이용하여 회전하며, 바람은 풍력터빈을 통과하면서 운동에너지의 일부를 잃고 속도가 저속($V_2 < V_1$)이 된다. 이 때 바람이 가지는 운동에너지는 식 3.2와 같고, 두 운동에너지의 차이는 식 3.3이다.

$$\dot{KE}_1 = \frac{V_1^2}{2} \quad \text{(W/kg)} \tag{3.1}$$

$$\dot{KE}_2 = \frac{V_2^2}{2} \quad \text{(W/kg)} \tag{3.2}$$

$$\Delta \dot{KE} = \frac{1}{2}(V_1^2 - V_2^2) \quad \text{(W/kg)} \tag{3.3}$$

식 3.3은 바람의 운동에너지를 추출하기 위하여 사용된 풍력터빈의 회전축이 얻는 출력을 나타낸다. 또한 바람이 가지는 운동에너지가 전부 풍력터빈의 날개를 회전시키는데 소진되면 바람의 속도는 0이($V_2 = 0$) 된다. 이와 같이 바람의 속도가 0이 되는 경우는 극한 상항으로 이 때 발생한 운동에너지 변화는 풍력터빈이 얻을 수 있는 최대출력으로 엑서지(Φ_w)라 하며 식 3.4와 같다. 그러나 실제 바람의 속도는 감소하지만 0이 되는 경우는 발생하지 않는다.

$$\Phi_w = \Delta \dot{KE} = \frac{1}{2} V_1^2 \quad \text{(W/kg)} \tag{3.4}$$

식 3.1 ~ 3.4는 운동에너지를 추출하는 장치의 형태를 전혀 고려하지 않고 단지 바람의 속도 변화로 생긴 바람의 운동에너지의 변화를 나타낸다. 바람의 운동에너지의 변화로 풍력터빈의 날개에 작용하는 힘과 출력을 구하기 위하여 여러 가지 모델이 사용되고 있으며, 그 중 기초적인 모델은 1차원 운동량이론(1-D momentum theory), 각운동량이론(angular momentum theory) 및 날개요소 운동량이론(blade element momentum theory) 등이 있다.

3.1 1차원 운동량이론(1-D axial momentum theory)

1차원 운동량이론은 풍력터빈의 날개를 회전하지 않는 디스크로 가정하고, 질량 보존의 법칙, 운동량이론과 베르누이 방정식(Bernoulli's equation)에 기초하였다. 따라서 디스크는 날개가 무수히 많은 경우로 에너지 손실 없이 단순히 바람으로부터 에너지만 뽑아내는 장치로 간주된다. 이 모델은 1차원으로 단지 터빈의 축방향과 일치한 바람의 진행방향에서 속도 및 압력의 변화를 고려하였으며, 날개의 회전 운동에서 발생하는 원주방향의 속도 및 날개에 작용하는 토크는 전혀 고려되지 않았다. 바람은 정상상태, 비압축성, 비점성 및 회전이 없는 유체로 가정하였다. 한편 디스크면에 작용하는 압력은 균일하고, 터빈에서 상당한 거리의 전방과 후방에서 바람의 정압은 대기압과 같다고 가정하였다.

베르누이 방정식은 외부에서 유체에 일을 가하거나, 유체가 외부로 일하지 않으면 유체의 운동에너지, 위치에너지 및 정압으로 이루어진 총에너지는 항상 일정함을 의미한다.

$$\frac{1}{2}\rho V^2 + p + \rho g h = \text{일정} \tag{3.5}$$

그림 3.1은 바람이 풍력터빈을 통과하는 동안 바람의 흐름을 나타낸다. 먼저 터빈에 접근하는 바람은 진행 방향에 위치한 터빈으로 인하여 점점 감속되므로 질량보존의 법칙에 의하여 차지하는 단면적이 넓어진다. 또한 터빈을 통과하기 전이기 때문에 한 일은 없고, 단지 바람의 속도가 점점 감소되므로 식 3.5에서 위치에너지의 변화는 없으므로 바람 속도의 감소는 바람의 정압(static pressure)의 증가로 나타나며 터빈의 직 전방에서 바람의 정압은 대기압보다 크다. 그림 3.2는 이 과정 동안의 압력과 속도의 변화를 나타낸다.

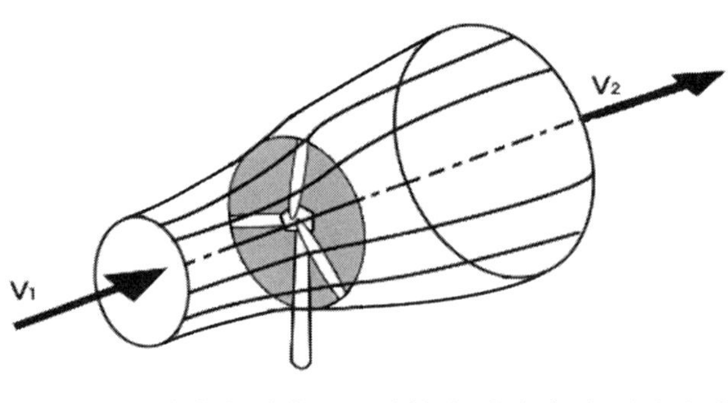

그림 3.1 풍력터빈 날개를 통과하기 전과 후의 바람의 유선 모양

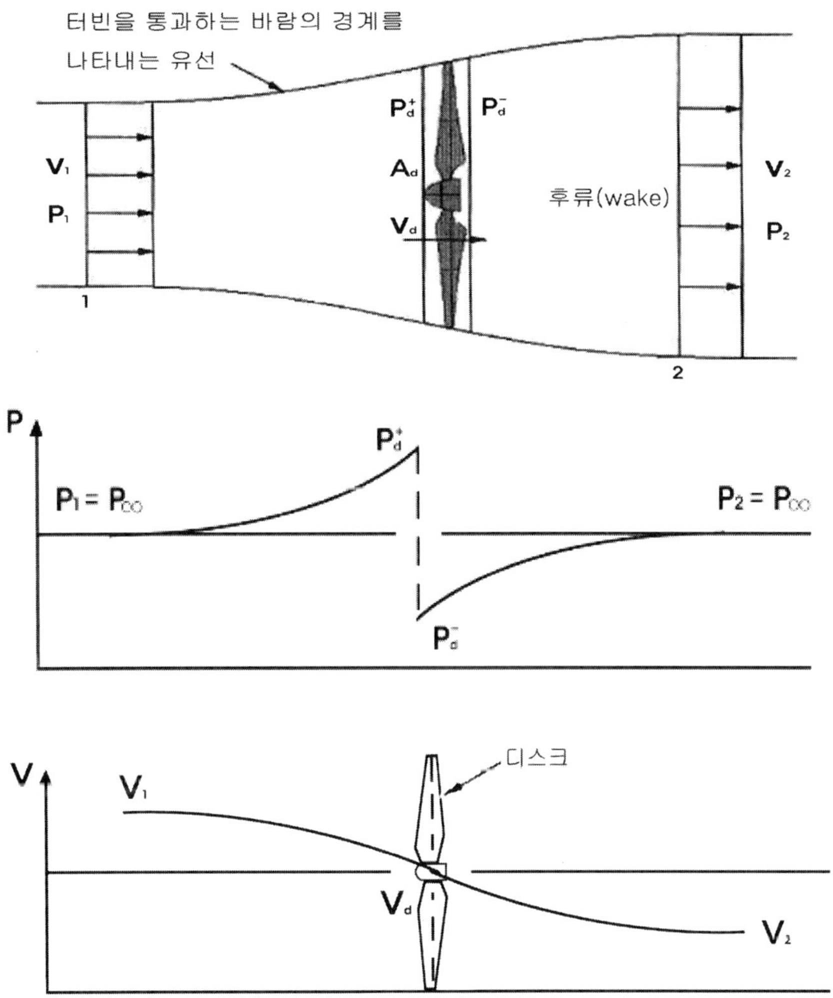

그림 3.2 디스크 주위에서 검사체적과 바람의 속도 및 압력분포

바람이 디스크로 가정한 터빈 날개를 통과하면서 바람 속도의 변화는 없다. 즉 질량보존의 법칙에 의하여 날개 앞면과 뒷면에서 바람의 속도는 동일하다. 그러나 그림 3.2와 같이 터빈이 얻은 출력으로 인하여 바람의 정압은 급격히 감소하여 터빈 후방에서 바람의 정압은 대기압보다 낮다. 디스크 후방에서 바람의 흐름을 후류(wake)라 하며, 후류에서 바람의 속도는 계속하여 감소하며 바람의 정압이 대기압과

같게 될 때까지 바람의 속도는 감소한다. 또한 공기의 질량유량은 일정하나 공기의 속도가 감소하기 때문에 후류의 단면적이 더욱 넓게($A_2 > A_1$) 된다. 결과적으로 바람의 정압은 대기압으로 회복되고 단지 바람의 속도만 감소하여($V_1 \rightarrow V_2$) 운동에너지의 감소가 발생한다. 즉 풍력터빈은 바람의 운동에너지 감소를 이용하여 회전한다.

질량보존의 법칙을 이용하면 날개를 통과하는 공기의 질량유량은 다음과 같다.

$$\dot{m} = \rho A_1 V_1 = \rho A_d V_d = \rho A_2 V_2 \quad (\mathrm{kg/s}) \tag{3.6}$$

식에서 ρ는 공기의 밀도(kg/m^3), A는 공기 흐름의 단면적, 아래 첨자 1은 풍력터빈 전방, d는 풍력터빈, 2는 풍력터빈 후방을 의미한다.

한편 공기의 밀도는 온도, 압력의 함수로 공기를 이상기체라 가정하면 이상기체 상태방정식으로부터 다음과 같다.

$$\rho = \frac{1}{0.287} \times \frac{p}{T} \quad (kg/m^3) \tag{3.7}$$

여기서 p는 공기의 압력(kPa), T는 공기의 절대온도(K)이다. 예를 들어 대기압(101 kPa)과 15℃(288 K) 상태에서 공기의 밀도는 1.222 kg/m^3이다. 또한 고도에 따라서 공기의 온도와 압력이 변하므로 공기밀도도 변한다. 따라서 해수면에서 6,000 m까지는 다음을 식을 사용하여 공기의 밀도를 구한다.

$$\rho = \rho_o \exp[-1.194 \times 10^{-4} H_m] \quad (kg/m^3) \tag{3.8}$$

여기서 ρ_o는 해수면에서 공기의 밀도이며, H_m는 고도를 나타낸다.

디스크 전방에서 디스크까지 사이에서 바람의 속도변화를 나타내기 위하여 축방향 속도 변화인자(axial induction or interference factor, a)를 다음과 같이 정의한다.

$$a \equiv \frac{V}{V_1} \tag{3.9}$$

식 3.9를 이용하면 디스크에서 바람의 속도는 다음과 같다.

$$V_d = V_1 - V = V_1(1-a) \quad \text{or} \quad a = \frac{V_1 - V_d}{V_1} \tag{3.10}$$

디스크를 통과하는 바람에 의하여 디스크에 가해지는 힘은 바람의 운동량의 변화로 식 3.10을 이용하면 다음과 같다.

$$\begin{aligned} F &= \dot{m}(V_1 - V_2) \\ &= \rho A_d V_d (V_1 - V_2) \\ &= \rho(1-a) V_1 (V_1 - V_2) A_d \end{aligned} \tag{3.11}$$

식 3.11에서 힘은 디스크 전방과 후방의 바람 속도의 함수이다. 속도 V_1은 쉽게 얻을 수 있으나 속도 V_2는 출력에 따라서 변하는 값이므로 식 3.9를 사용하여 식 3.11을 V_1과 a의 함수로 나타내는 것이 편리하다.

같은 힘을 나타내는 또 다른 표현 즉 디스크에 작용하는 힘은 디스크 앞면과 뒷면에 작용하는 압력 차이로부터 다음과 같다.

$$F = (p_d^+ - p_d^-) A_d \tag{3.12}$$

베르누이 방정식 3.5를 디스크 선년에 흐르는 바람에 적용하면 다음과 같다.

$$\frac{1}{2}\rho V_1^2 + p_1 = \frac{1}{2}\rho V_d^2 + p_d^+ \tag{3.13}$$

같은 방법으로 후면에 적용하면 다음과 같다.

$$\frac{1}{2}\rho V_2^2 + p_2 = \frac{1}{2}\rho V_d^2 + p_d^- \tag{3.14}$$

식 3.13에서 식 3.14를 빼면 다음과 같은 압력 차이에 대한 식을 얻는다.

$$p_d^+ - p_d^- = \frac{1}{2}\rho(V_1^2 - V_2^2) \tag{3.15}$$

식 3.15를 식 3.12에 대입하고 식 3.11과 같게 하면 다음과 같은 속도에 대한 관계식을 얻을 수 있다.

$$\frac{1}{2}\rho(V_1{}^2 - V_2^2) = \rho(1-a)V_1(V_1 - V_2) \tag{3.16}$$

$$V_2 = (1-2a)V_1 \quad \text{또는} \quad a = \frac{V_1 - V_2}{2V_1} \tag{3.17}$$

따라서 식 3.17을 식 3.11에 대입하면 디스크에 작용하는 힘은 터빈 전방의 바람 속도의 함수로 다음과 같다.

$$F = \dot{m}(V_1 - V_2) = \rho A_d V_d (V_1 - V_2) = 2\rho A_d V_1^2 a(1-a) \tag{3.18}$$

한편 바람에서 추출할 수 있는 풍력터빈의 출력은 식 3.18의 힘에 풍속을 곱하여 다음과 같다.

$$P_w = FV_d = 2\rho A_d V_1^3 a(1-a)^2 \tag{3.19}$$

바람이 가지는 운동에너지가 풍력터빈의 날개를 회전시키는데 전부 소진 된다면 터빈의 후방에서 바람의 속도는 영이($V_2 = 0$) 된다. 이 때 발생한 운동에너지의 변화는 식 3.4와 같으며 액서지(Φ_w)이다. 이 값에 질량을 곱한 값이 바람으로부터 얻을 수 있는 최대출력이다. 이 최대출력과 실제 출력의 비를 출력계수(C_p, power coefficient)라 하며 다음과 같다.

$$C_p = \frac{P_w}{\rho A_d V_1 \Phi_w} = \frac{2\rho A_d V_1^3 a(1-a)^2}{\rho A_d V_1 \times (1/2) V_1^2} = 4a(1-a)^2 \tag{3.20}$$

출력계수를 사용하여 식 3.19를 다시 정리하면 식 3.21과 같다.

$$P_w = \frac{1}{2} C_p (\rho A_d V_1^3) = \frac{1}{2} C_p (\rho \pi R^2 V_1^3) \quad \text{(w)} \tag{3.21}$$

식 3.21에서 R은 로터 날개의 반경이다.

식 3.21로부터 출력에 영향을 미치는 내용을 정리하면 다음과 같다.

- 출력은 바람 속도의 3제곱에 비례한다. 즉 바람의 속도가 2배가 되면 출력은 8배로 증가한다.
- 출력은 온도와 고도에 따라서 변하는 공기의 밀도에 비례한다.
- 출력은 날개 반경의 제곱에 비례한다. 즉 반경이 10% 증가하면 출력은 21% 증가한다.
- 출력은 속도의 함수인 C_p에 비례한다.

식 3.21에서 같은 바람의 속도와 로터 날개 반경에 대하여 출력계수의 최댓값에서 출력이 최대가 된다. 따라서 출력계수의 최댓값을 구하기 위하여 식 3.20을 a에 대하여 미분하면 다음과 같다.

$$\frac{dC_p}{da} = 0 = (1-a)(1-3a) \tag{3.22}$$

식 3.22에서 출력계수는 $a = 1/3$에서 최댓값을 가지며 이 때 최대 $C_p = 16/27 \approx 0.593$이다. 즉 불어오는 바람이 가지는 운동에너지의 59.3%(=16/27)를 출력으로 얻을 수 있으며, 이 값을 Betz계수라 한다. 따라서 최대 출력계수를 이용하면 최대 출력은 다음과 같다.

$$P_{w,\max} = (\frac{16}{27})(\dot{m})(\frac{V_1^2}{2}) = \frac{8}{27}(\rho\pi R^2)V_1^3 \tag{3.23}$$

식 3.23은 속도 V_1으로 부는 바람을 이용하여 풍력터빈의 축에서 얻을 수 있는 이론적 최대출력이다. 한편 바람이 전혀 불지 않으면 풍력터빈의 날개가 돌지 않기 때문에 전력을 생산하지 못한다. 또한 날개가 무한히 빠른 속도로 회전하면 공기의 흐름을 막기 때문에 전력을 생산하지 못한다.

출력계수에 대하여 자세히 살펴보기 위하여 식 3.20에 식 3.17을 대입하면 출력계수는 속도의 함수로 다음과 같이 나타낼 수 있다.

$$C_p = \frac{1}{2}[1-(\frac{V_2}{V_1})^2][1+(\frac{V_2}{V_1})] \tag{3.24}$$

식 3.24를 이용하여 속도비와 출력계수(C_p)의 관계를 나타내면 그림 3.3과 같다. 출력은 출력계수에 비례하므로 그림 3.3은 출력과 속도비의 관계로 해석할 수 있다. $V_2/V_1 = 1(a=0)$이면 즉 터빈의 면 전방과 후방의 바람 속도가 같으면 출력이 없으며, 속도비(V_2/V_1)가 작아지면 출력은 점점 증가하여 최고점인 0.593에 이른 후 감소한다. 만약 V_2/V_1 = 0($a=0.5$)이면 출력계수는 0.5이나, 실제 바람이 풍력터빈의 날개를 통과하지 못하였기 때문에 출력은 얻을 수 없다. 따라서 식 3.24는 $a > 0.5$이면 더 이상 유효하지 않다.

또한 출력계수가 최대가 되는 $a = 1/3$의 의미는 a를 나타내는 식 3.17을 이용하면 식 3.25와 같으며 식을 풀면 식 3.26과 같은 속도 비를 얻는다.

$$a = \frac{V_1 - V_2}{2V_1} = \frac{1}{3} \tag{3.25}$$

$$V_2 = \frac{1}{3}V_1 \tag{3.26}$$

즉 날개 후방에서 바람의 속도가 입구속도의 1/3이 될 때 최대의 출력을 얻을 수 있으며 이 때 출력계수가 0.593으로 최댓값이다. 또한 질량보전의 법칙을 이용하면 이때 터빈 후류의 단면적은 터빈 전방의 단면적의 3배가 되고, 터빈이 만드는 면적의 2배가 된다. 따라서 풍력발전단지에서 풍력터빈의 간격은 최소한 터빈 직경의 2배 이상을 유지해야한다.

만약 주어진 풍속(V_1)에서 이론적 최대출력에 로터의 효율(η_r), 축을 통하여 에너지가 전달되는 축계통의 기계적 효율(η_t)과 발전기의 효율(η_g)을 곱하여 이론적 최대 전기에너지는 다음과 같다.

$$P_e = 0.593(\frac{1}{2}\rho\pi R^2 V_1^3)\eta_r\eta_t\eta_g = 0.931(\rho R^2 V_1^3)\eta_r\eta_t\eta_g \quad \text{(W)} \tag{3.27}$$

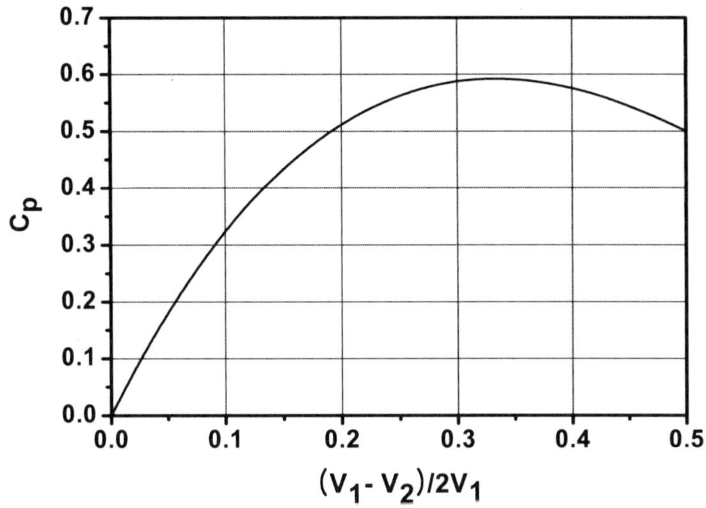

그림 3.3 속도비와 출력계수의 관계

예 제 3-1

풍속이 7 m/s이고, 로터 반경이 10 m 이며, 공기 밀도는 1.225 kg/m^3이다. 아래의 효율을 이용하여 풍력터빈의 이론적 최대 전기에너지를 계산하라.

$$\eta_r = 90\%,\ \eta_t = 98\%,\ \eta_g = 80\%$$

❖ 풀이 : 식 3.27을 이용하며, 주어진 자료를 대입하면 다음과 같다.

$$P_e = 0.931(\rho R^2 V_1^3)\eta_r\eta_t\eta_g = 0.931 \times 1.225 \times 10^2 \times 7^3 \times 0.9 \times 0.98 \times 0.8$$

$$= 27.6\ kW$$

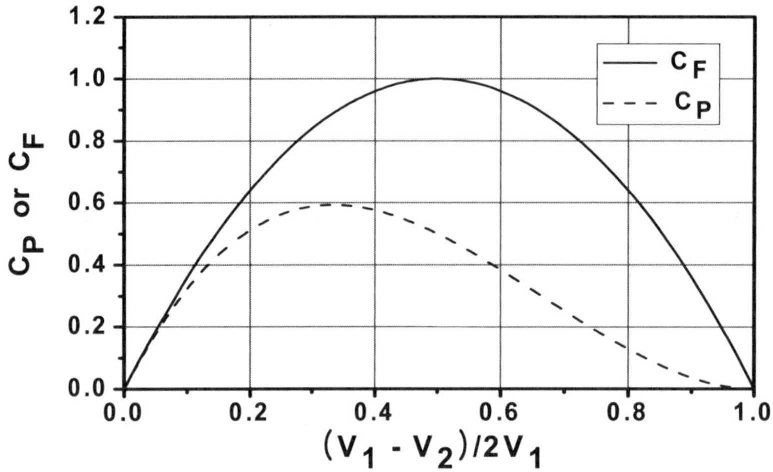

그림 3.4 출력계수 및 추력계수의 속도비와 관계

바람에 의하여 풍력터빈의 날개에 작용하는 힘은 식 3.18과 같다. 이 식을 출력계수와 유사하게 무차원으로 나타내면 다음과 같고 추력계수라 한다.

$$C_F = \frac{F}{\frac{1}{2}\rho A_d V_1^2} = \frac{2\rho A_d V_1^2 a(1-a)}{\frac{1}{2}\rho A_d V_1^2} = 4a(1-a) \qquad (3.28)$$

따라서 터빈에 작용하는 힘 즉 추력도 속도비의 함수로 식 3.28과 같다. 그림 3.4는 전체 a에 대하여 출력계수와 추력계수의 변화를 나타낸다. 출력계수와 같이 추력계수 또한 $a > 0.5$인 경우에는 유효하지 않다. 터빈에 작용하는 힘도 V_2가 감소할수록 점점 증가하여 최댓값 1.0에 도달한다.

3.2 풍력터빈 출력밀도

풍력터빈에서 얻을 수 있는 출력에 대한 앞에서 소개 되었다. 즉 식 3.4는 주어진 풍속에서 얻을 수 있는 엑서지(Φ_w)이며, 식 3.23은 주어진 풍속에서 얻을 수 있는 이론적 최대출력이다. 출력은 풍속의 3제곱에 비례하지만 바람은 항상 같은 속도로 불지 않는 단점이 있다.

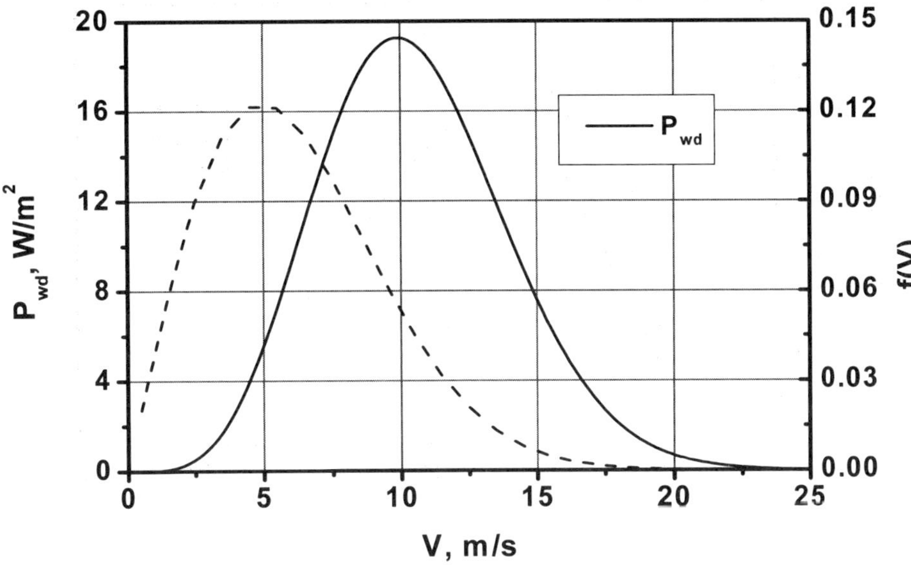

그림 3.5 c = 7m/s와 k=2에서 풍속과 속도확률분포($f(V)$)와 출력밀도(P_{wd}) 관계

따라서 각 풍속에서 얻을 수 있는 출력에 제1장에서 설명된 Weibull 속도확률분포에 나타난 빈도수를 곱하면 각 풍속에서 얻는 출력의 분포를 얻을 수 있다. 출력분포는 속도가 크면 출력이 높기 때문에 Weibull 속도확률분포와 조금 다른 형태를 가진다. 한편 각 풍속에서 단위 면적당 얻을 수 있는 출력을 출력밀도라 하며, 각 풍속에서 출력밀도는 다음과 같이 나타낼 수 있다.

$$P_{wd} = P_w f(V_1)/A_d = \frac{1}{2} C_p \rho V_1^3 f(V_1) \quad (W/m^2) \tag{3.29}$$

식 3.29에서 출력계수(C_p)가 1일이 되면 각 풍속에서 얻을 수 있는 단위 면적당 엑서지(Φ_{wd})이며 다음과 같이 나타낼 수 있다.

$$\Phi_{wd} = \Phi_w f(V_1)/A_d = \frac{1}{2} \rho V_1^3 f(V_1) \quad (W/m^2) \tag{3.30}$$

형상계수(k)가 2이고, c=7 m/s 일 때 속도확률분포를 이용하여 식 3.29로부터 출력밀도를 계산하면 그림 3.5와 같다. 그림 3.5에서 점선으로 나타낸 Weibull 속도확률

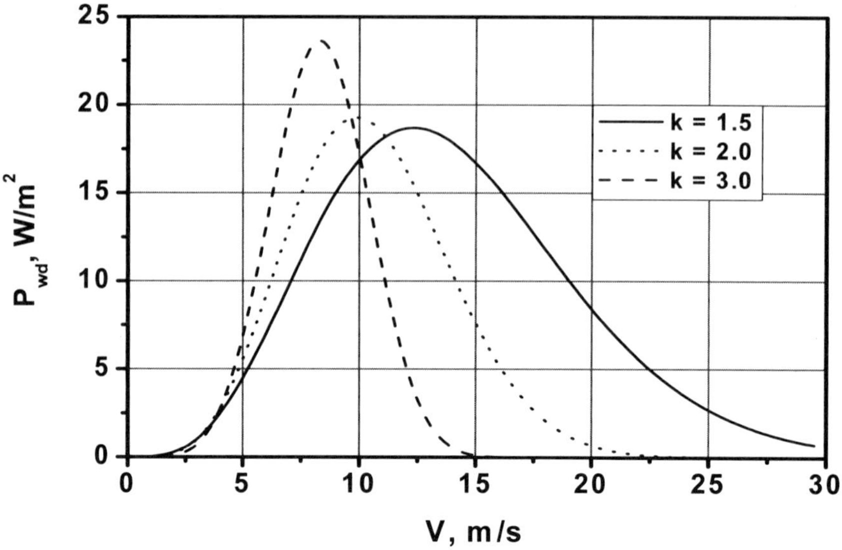

그림 3.6 c= 7m/s 일 때 k 값과 출력밀도(P_{wd}) 관계

분포와 비교하면 출력밀도분포는 속도의 3제곱에 비례하므로 속도가 크면 출력이 높기 때문에 조금 다른 형태를 가진다. 즉 풍속이 약 5 m/s에서 최대 빈도를 가지나 최대 출력밀도는 풍속이 약 10 m/s에서 발생한다. 이 출력밀도는 주어진 바람의 속도에서 얻을 수 있는 이론적 최대 출력밀도다. 따라서 실제는 이보다 적은 출력을 얻는다.

또 중요한 사실은 그림 3.5에서 평균 풍속(5 m/s)보다 큰 속도 영역에서 대부분의 출력밀도가 존재한다는 점이다. 풍속이 3 ~ 5 m/s보다 낮은 영역에서는 출력밀도가 매우 적고, 풍속이 20 m/s 이상에서도 출력밀도가 매우 적다. 그러므로 이러한 풍속 범위에서는 풍력터빈을 작동시키지 않으며, 보통 풍속이 3 ~ 20 m/s 범위에서 발전을 한다. 이와 같이 풍력터빈이 작동을 시작하는 풍속을 시동풍속(cut in wind speed)이라 하며, 작동을 멈추는 풍속을 정지풍속(cut out wind speed)이라 한다.

그림 3.6은 c = 7 m/s일 때 k가 1.5 ~ 3.0 사이에 있을 경우의 출력밀도의 분포를 나타낸다. 그림 1.10에 주어져 있는 것과 같이 k 값이 변하면 속도확률분포의형태가 변하므로, k 값에 따라서 출력밀도분포도 변한다. k가 증가할수록 출력밀도분포는 종형에 가까워지고, 최대 출력밀도는 점점 낮은 속도에서 발생한다. 한편 k값이

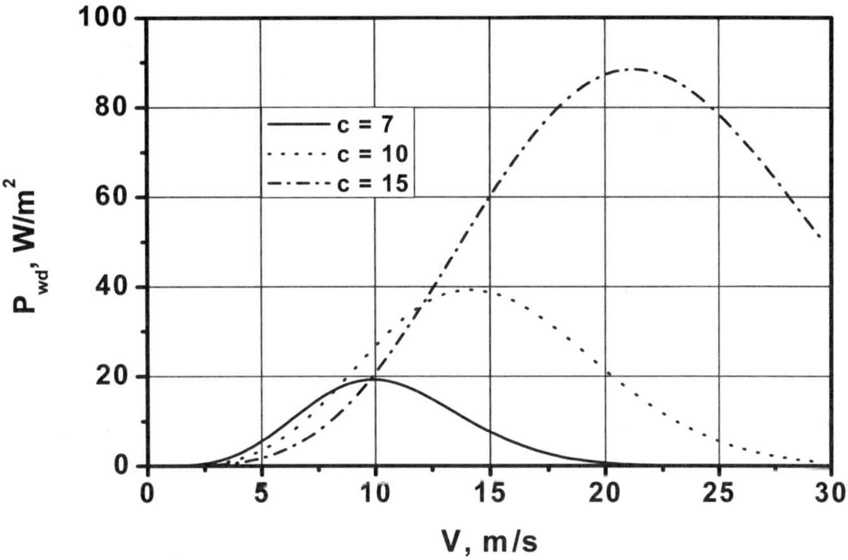

그림 3.7 k=2 일 때 c 값과 출력밀도(P_{wd}) 관계

작으면 넓은 속도 분포에서 출력이 발생한다.

그림 3.7은 k=2일 때, c 값이 7, 10, 15 m/s로 변할 때 출력밀도분포의 변화를 나타낸다. 그림 1.11과 같이 c 값이 증가하면 풍속이 증가하므로, 풍속의 3제곱에 비례하는 출력은 당연히 증가한다. 따라서 c 값이 증가할수록 최대 출력밀도는 증가하고, 전체 출력도 증가한다. c 값이 감소할수록 최대 출력밀도는 저속에서 발생한다.

한편 그림 3.7에서 출력밀도곡선의 아래 면적은 총 출력밀도이며, 이 총 출력밀도는 각 속도에서 구한 출력밀도를 합하여 구하며 다음과 같다.

$$P_{wdt} = \int \frac{1}{2} C_p \rho V_1^3 f(V_1) dV \quad (W/m^2) \tag{3.31}$$

식 3.31에 로터날개가 차지하는 면적을 곱하여 총 출력을 구한다.

$$P_{wt} = A_d P_{wdt} = (\pi R^2) \int \frac{1}{2} C_p \rho V_1^3 f(V_1) dV \quad \text{(W)} \tag{3.32}$$

예제 3-2

표 3.1과 같은 풍속과 빈도수를 가지는 환경에서 최대 출력밀도와 출력을 구하라. 로터 날개 반경은 10 m이다.

❖ 풀이 : 최대 출력밀도는 출력계수(C_p)가 0.593인 경우로 이 값을 식 3.31에 대입하여 표 3.1에 주어진 각각의 속도에 대하여 계산한다. 공기의 밀도는 1.225 kg/m^3을 사용하여, 풍속이 4 ~ 5 m/s 구간에서 4.5 m/s의 속도를 이용하여 계산하면 다음과 같다.

$$P_{wd} = P_w f(V_1)/A_d = \frac{1}{2} C_p \rho V_1^3 f(V_1) = \frac{1}{2} \times 0.593 \times 1.225 \times 4.5^3 \times 0.0762$$
$$= 2.512 \ W/m^2$$

한편 출력은 출력밀도에 로터 날개가 회전하면서 점유하는 면적을 곱하면 되며, 날개 반지름이 10 m이므로 다음과 같다.

$$P_w = A_d \times P_{wd} = \pi R^2 P_{wd} = \pi \times 10^2 \times 2.512$$
$$= 0.788 \ kW$$

위와 같은 방법으로 모든 속도분포에 대하여 출력을 계산하면 표 3.1과 같고, 이 출력을 합하면 풍력터빈이 생성하는 총 출력이다.

$$P_{wt} = \sum P_w = 86,861.4 \ W$$

만약 이 풍력터빈에 효율($\eta_r = 90\%$, $\eta_t = 98\%$, $\eta_g = 80\%$)을 고려하면 실제 발생하는 출력(전력)은 다음과 같다.

$$P_e = P_{wt} \eta_r \eta_t \eta_g = 86,861.4 \times 0.9 \times 0.98 \times 0.8$$

$$= 61,289.4 \ W$$

이 값이 풍력터빈이 생산할 수 있는 출력이다.

표 3.1 풍속과 빈도수에 대한 자료

풍 속 (m/s)	중간풍속	빈도수 $f(V)$	최대 출력밀도 (W/m^2)	출 력 (W)
0–1	0.5	0.0069	0.0003	0.09
1–2	1.5	0.2426	0.296	92.9
2–3	2.5	0.0485	0.274	86.0
3–4	3.5	0.0624	0.968	304.0
4–5	4.5	0.0762	2.512	788.8
5–6	5.5	0.0832	5.007	1,572.2
6–7	6.5	0.0693	6.884	2,161.6
7–8	7.5	0.0624	9.522	2,990.0
8–9	8.5	0.0589	13.083	4,108.1
9–10	9.5	0.0554	17.180	5,592.3
10–11	10.5	0.0347	14.529	4,562.1
11–12	11.5	0.0277	15.238	4,784.7
12–13	12.5	0.0208	14.694	4,613.9
13–14	13.5	0.0139	12.370	3,884.1
14–15	14.5	0.1178	130.440	40,958.2
15–16	15.5	0.0069	9.294	2,918.3
16–17	16.5	0.0049	7.962	2,500.1
17–18	17.5	0.0055	10.662	3,347.9
18–19	18.5	0.0014	3.206	1,006.7
19이상	19.5	0.0007	1.877	589.4
합 계		1.0	276.0	86,861.4

만약 이 풍력터빈이 일 년에 4,000시간 작동을 한다면, 위 출력에 시간을 곱하면 연간 총 발전량을 구할 수 있다.

$$P_e = 61,289.4 \times 4,000 = 245.16\ MWh/year$$

3.3 각운동량이론(angular momentum theory)

1차원 운동량이론(1-D momentum theory)에서 디스크는 회전하지 않는 것으로 가정하였기 때문에 바람은 회전하지 않고 직진하며, 단지 바람의 축방향의 압력과 속도의 변화만 고려되었다. 그러므로 터빈의 운영에 중요한 인자인 터빈의 회전속도가 출력 계산에 전혀 고려되지 않았으므로 출력계수는 모든 터빈 회전수에 대하여 일정한 (Betz계수) 0.593이다. 따라서 얻어진 출력은 디스크 앞면과 뒤면 사이에 발생하는 압력 차이 즉 바람이 잃은 축방향의 운동량이며 로터가 얻을 수 있는 이상적인 값이다.

그러나 각운동량이론(angular momentum theory)에서는 디스크가 Ω의 각속도로 회전하므로 반작용의 원리에 의하여 디스크를 통과한 바람은 디스크와 같은 크기의 토크를 가지나 반대 방향으로 회전한다. 즉 그림 3.8과 같이 디스크 전면에서 바람은 회전운동 없이 직진하여 원주방향의 속도는 없다. 그러나 회전하는 디스크를 통과 하면서 이 디스크의 후류는 디스크와 반대 방향으로 회전한다. 따라서 후류에서 바람은 축방향과 원주방향의 속도를 가진다. 터빈의 날개에서 발생하는 토크로 인하여 바람에서 기계적 에너지를 끌어내지만 이 반작용으로 후류에서 발생한 바람의 회전은 유용한 에너지의 손실로 간주된다. 즉 이 관계를 열역학적으로 살펴보면 다음과 같다.

$$P = T \times \Omega = KE_1 - KE_2 - KE_{r2} \tag{3.33}$$

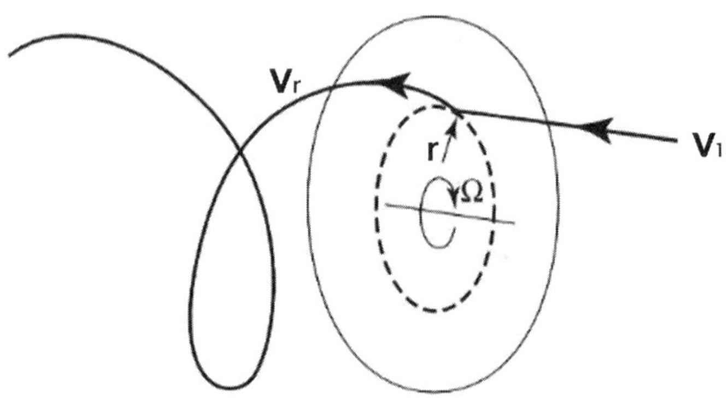

그림 3.8 회전하는 디스크를 통과하는 바람의 흐름

여기서 P는 터빈의 출력, T는 토크, Ω는 각속도, KE_1은 바람의 초기 운동에너지, KE_2는 터빈의 후류에서 바람의 축방향 운동에너지, KE_{r2}는 후류에서 바람의 회전 운동에너지이다.

식 3.33에서 터빈의 출력은 터빈의 전면과 후면에서 바람의 운동에너지 차이이며, 특히 후류에서 바람의 회전에 의한 회전 운동에너지(KE_{r2})로 인하여 출력은 더욱 감소한다. 즉 이 후류에서 바람은 회전하기 위하여 회전 운동에너지(KE_{r2})를 이용하기 때문에 바람의 회전이 없는 경우보다 터빈에서 출력을 감소시킨다. 한편 출력은 날개에 발생하는 토크에 각속도를 곱한 것으로 토크가 크면 후류의 각운동량이 증가하며 따라서 후류의 회전 운동에너지가 증가한다. 따라서 같은 바람의 초기 운동에너지에서 더 큰 출력을 얻기 위해서는 토크는 작으면서 터빈의 각속도(Ω)를 증가 시켜야한다.

디스크의 회전을 고려하는 이 모델에서는 바람이 잃은 운동에너지는 디스크의 회전과 디스크 후방에서 바람의 회전에 이용되었다. 바람을 회전하게 하는 원주방향의 속도는 디스크의 반경에 따라서 다르기 때문에 그림 3.9와 같이 디스크의 반경 r에서 두께 dr의 크기를 가지는 환형 고리에 대하여 토크를 계산한다. 이 환형 고리 면적에 작용하는 토크는 바람의 각 운동량 변화와 같으며 후류에서 바람의 각속도 변화를 ω로 하면 다음과 같이 수식으로 나타난다.

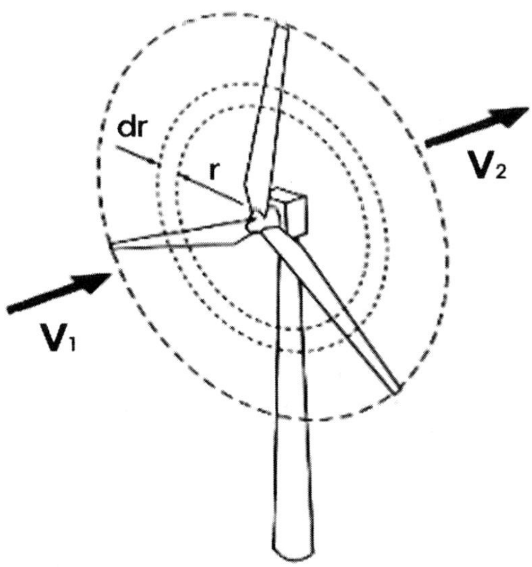

그림 3.9
날개가 회전하면서 형성하는 디스크의 반경이 r에서 환형 고리 모델

토크 = 바람의 질량유량 x 원주속도 변화 x 반경

$$dT = d\dot{m}(\omega r)r = (\rho V_d 2\pi r dr)(\omega r)r \tag{3.34}$$

축방향의 속도변화를 나타내는 $a(= V/V_1)$와 유사하게 각속도변화인자(angular induction factor)를 나타내는 관계식을 다음과 같이 정의한다.

$$a' \equiv \omega/2\Omega \tag{3.35}$$

또한 디스크에서 바람의 속도는 축방향 속도변화인자를 나타내는 식3.10을 이용하면 디스크가 가지는 토크는 다음과 같다.

$$\begin{aligned} dT &= d\dot{m}(\omega r)r = (\rho V_d 2\pi r dr)(\omega r)r \\ &= \rho V_1(1-a)(2\pi r dr)2a'\Omega r^2 \\ &= 4a'(1-a)\frac{1}{2}\rho V_1 \Omega r^2(2\pi r dr) \end{aligned} \tag{3.36}$$

또한 날개 끝 속도비와 같이 반경 r에서 속도비(날개 국소 속도비)를 다음과 같이 나타낼 수 있다.

$$\lambda_r = \frac{\Omega r}{V_1} = \frac{r}{R}\lambda \tag{3.37}$$

이 식을 이용하면 토크는 다음과 같다.

$$\begin{aligned} dT &= 4a'(1-a)\frac{1}{2}\rho V_1 \Omega r^2(2\pi r dr) \\ &= 4a'(1-a)\frac{1}{2}\rho V_1^2 \lambda_r r(2\pi r dr) \end{aligned} \tag{3.38}$$

따라서 각 환형고리에 발생하는 출력은 토크에 날개의 회전속도를 곱하여 다음과 같다.

$$\begin{aligned} dP &= dT \times \Omega \\ &= 4a'(1-a)\frac{1}{2}\rho V_1^2 \lambda_r r(2\pi r dr)\Omega \end{aligned} \tag{3.39}$$

식 3.39에 날개 국소 속도비를 나타내는 식 3.37을 이용하면 다음과 같다.

$$dP = 4a'(1-a)\lambda_r^2 (\frac{1}{2}\rho V_1^3 2\pi r dr) \tag{3.40}$$

또 식 3.40에 날개 끝 속도비(λ)를 이용하면 다음과 같은 식으로 나타난다.

$$\begin{aligned} dP &= 4a'(1-a)\lambda_r^2 (\frac{1}{2}\rho V_1^3 2\pi r dr) \\ &= (\frac{1}{2}\rho V_1^3 A_d)\frac{8}{\lambda^2}a'(1-a)\lambda_r^3 d\lambda_r \end{aligned} \tag{3.41}$$

따라서 환형 고리에 발생하는 출력은 바람의 속도(V_1), 축방향과 반경방향의 속도변화인자(a, a') 및 날개 국소 속도비(λ_r)의 함수이다. 또한 이때의 출력계수는 다음과 같다.

$$\begin{aligned} dC_p &= \frac{dP}{\frac{1}{2}\rho V_1^3 A_d} \\ &= \frac{1}{(1/2)\rho V_1^3 A_d}[(\frac{1}{2}\rho V_1^3 A_d)\frac{8}{\lambda^2}a'(1-a)\lambda_r^3] d\lambda_r \\ &= \frac{8}{\lambda^2}a'(1-a)\lambda_r^3 d\lambda_r \end{aligned} \tag{3.42}$$

따라서 디스크 후방에서 바람의 회전을 고려하는 경우 터빈의 출력계수는 다음과 같다.

$$C_p = \frac{8}{\lambda^2}\int_0^{\lambda} a^{'}(1-a)\lambda_r^3 d\lambda_r \tag{3.43}$$

이 식을 적분하기 위하여 $a, a^{'}, \lambda_r$의 관계를 나타내는 관계식이 필요하다.

앞 절에서 1차원 운동량이론을 이용하여 구한 출력계수의 최댓값은 Betz계수로 0.593의 일정한 값이었다. 각 운동량이론을 이용한 경우의 최대 출력계수는 식 3.43이 최댓값을 가지는 경우로 적분기호 안에 있는 $a^{'}(1-a)\lambda_r^3$이 최댓값을 가져야한다. 따라서 이 값을 식 3.44와 같이 나타내고 최댓값을 가지는 $a, a^{'}, \lambda_r$의 관계식을 구하여 식 3.43에 대입하여 최대 출력계수를 구한다.

$$L = a^{'}(1-a)\lambda_r^3 \tag{3.44}$$

식 3.44에 포함된 $a, a^{'}, \lambda_r$의 관계식을 구하기 위여서는 이 변수들이 포함되는 디스크에 작용하는 힘을 각 운동량이론을 이용하여 구한다.

그림 3.2와 같이 터빈 날개를 포함하는 검사체적에서 날개 전면과 후면에 작용하는 압력 차이는 회전하는 터빈이 얻은 토크로 인하여 발생하였다. 그림 3.8과 같이 터빈의 전면에서 바람은 회전하지 않고 직진하며, 후면에서는 축방향의 속도와 회전하는 ω의 각속도가 있다. 따라서 검사체적에 베르누이 방정식 대신에 에너지 방정식을 적용하고, 토크에 대한 식 3.34를 대입하면 다음과 같다.

$$\begin{aligned} p_d^+ + \frac{1}{2}\rho V_d^2 &= p_d^- + \frac{1}{2}\rho(V_d^2 + \omega^2 r^2) + \frac{dT\Omega}{V_d 2\pi r dr} \\ &= p_d^- + \frac{1}{2}\rho(V_d^2 + \omega^2 r^2) + \rho\omega r^2\Omega \end{aligned} \tag{3.45}$$

식 3.45에서 압력의 차이는 바람의 각운동량 변화로 나타났다. 따라서 터빈에 작용하는 힘은 다음과 같다.

$$dF = (p_d^+ - p_d^-)2\pi r dr$$
$$= \rho(\Omega + \frac{\omega}{2})\omega r^2 2\pi r dr \tag{3.46}$$

식 3.46에 식 3.35를 대입하여 정리하면 각 운동량이론으로부터 유도된 식은 다음과 같다.

$$dF = 4a'(1+a')\frac{1}{2}\rho\Omega^2 r^2 2\pi r dr \tag{3.47}$$

1차원 운동량이론을 이용하여 터빈에 작용하는 힘을 나타내는 식 3.18을 디스크 전체 면적이 아닌 환형 고리에 작용하는 힘으로 변형하면 다음과 같다.

$$dF = 2\rho V_1^2 a(1-a)dA_d = 4a(1-a)\frac{1}{2}\rho V_1^2 2\pi r dr \tag{3.48}$$

식 3.47과 3.48에서 힘의 크기는 같기 때문에 다음의 관계식을 얻는다.

$$4a'(1+a')\frac{1}{2}\rho\Omega^2 r^2 2\pi r dr = 4a(1-a)\frac{1}{2}\rho V_1^2 2\pi r dr \tag{3.49}$$

이 식을 식 3.37을 이용하여 정리하면 다음과 같다.

$$\frac{a(1-a)}{a'(1+a')} = \frac{(\Omega r)^2}{V_1^2} = \lambda_r^2 \tag{3.50}$$

식 3.50에서 a'을 구하면 다음과 같다.

$$a' = \frac{1}{2}[\sqrt{1+\frac{4a(1-a)}{\lambda_r^2}} - 1] \tag{3.51}$$

식 3.51을 식 3.44에 대입하면 출력계수를 나타내는 식의 적분기호 안에 있는 값은 다음과 같다.

$$L = a^{'}(1-a)\lambda_r^3 = \frac{(1-a)\lambda_r^3}{2}[\sqrt{1+\frac{4a(1-a)}{\lambda_r^2}}-1] \tag{3.52}$$

식 3.52이 최댓값을 가지면 출력계수가 최댓값을 가지므로 최댓값을 가지는 경우의 관계식을 다음과 같이 구한다.

$$\frac{dL}{da} = 0 = \sqrt{1+\frac{4a(1-a)}{\lambda_r^2}} - \frac{\lambda_r^2 - 8a^2 + 10a - 2}{\lambda_r^2} \tag{3.53}$$

식 3.53을 정리하면 출력계수가 최댓값을 가지는 경우에 대하여 다음의 관계식을 얻는다.

$$\lambda_r^2 = \frac{(a-1)(4a-1)^2}{3a-1} \tag{3.54}$$

따라서 식 3.51과 3.54를 출력계수에 대한 식 3.43에 대입하면 다음과 같다.

$$\begin{aligned} C_p &= \frac{8}{\lambda^2}\int_0^{\lambda} a^{'}(1-a)\lambda_r^3 d\lambda_r \\ &= \frac{8}{\lambda^2}\int_{a_1}^{a_2}[\frac{(1-3a)(1-a)}{(4a-1)}\frac{(1-a)(1-4a)^2}{(1-3a)}\frac{3(4a-1)(1-2a)^2}{(1-3a)^2}]da \\ &= \frac{24}{\lambda^2}\int_{a_1}^{a_2}[\frac{(1-a)(1-2a)(1-4a)}{(1-3a)}]^2 da \end{aligned} \tag{3.55}$$

식 3.55에서 a_1과 a_2는 날개의 반경이 0과 R 에서 날개 끝 속도비에 대응하는 값으로, 출력계수가 최댓값 일 때 a와 λ_r의 관계를 나타내는 식 3.54에서 a_1과 a_2를 구한다. 우선 a_1은 반경이 영에 해당하는 경우로 식 3.54는 다음과 같다.

$$\lambda_r^2 = \frac{(a_1-1)(4a_1-1)^2}{3a_1-1} = 0 \tag{3.56}$$

이식을 풀면 $a_1 = 0.25$이다. 한편 a_2는 반경이 R인 경우로 식 3.54는 다음과 같다.

$$\lambda^2 = \frac{(a_2-1)(4a_2-1)^2}{3a_2-1} \tag{3.57}$$

따라서 식 3.57에서 a_2를 수치해석으로 구한다.

식 3.58의 관계식을 정의하여 식 3.55를 적분하면 식 3.59와 같다.

$$x \equiv 1 - 3a \tag{3.58}$$

$$\begin{aligned} C_p &= -\frac{8}{\lambda^2}\int_{0.25}^{x=1-3a_2}\left[\frac{(2+x)(1+2x)(4x-1)}{x}\right]^2 dx \\ &= \frac{8}{729\lambda^2}\left[\frac{64}{5}x^5 + 72x^4 + 124x^3 + 38x^2 - 63x - 12(\ln x) - \frac{4}{x}\right]_{x=1-3a_2}^{0.25} \end{aligned} \tag{3.59}$$

식 3.59는 각 운동량이론을 이용하여 터빈의 최대 출력을 구하는 식이다. 출력은 날개 끝 속도비의 함수로 식 3.59를 풀기 위하여 먼저 λ 값을 정하여 식 3.57에서 a_2를 구하고, 이 값을 식 3.59에 대입하면 주어진 λ에 대한 최대 출력계수를 계산할 수 있다.

표 3.2는 주어진 λ에 대하여 식 3.57을 이용하여 a_2를 구하고 이 값을 사용하여 식 3.59에서 출력계수를 구한 결과이다. 또한 그림 3.10은 표 3.2의 출력계수를 1차원 운동량이론에서 구한 Betz계수와 비교한 그림이다. 1차원 운동량이론은 터빈의 회전을 고려하지 않았으므로 Betz계수는 터빈의 회전속도에 무관하게 일정한 값이나, 각 운동량이론에서 구한 출력은 터빈 회전속도의 함수로 속도가 빠를수록 Betz계수에 접근하는 것을 알 수 있다. 즉 식 3.33에서 후류의 회전운동이 두 경우의 차이이며, 각속도가 느리면 출력계수의 차이가 많은 것을 알 수 있다. 그러므로 터빈의 회전수를 증가시키면 큰 출력을 얻을 수 있다.

표 3.2 주어진 날개 끝 속도비에 대한 터빈 출력계수

λ	a_2	C_p
0.2	0.2746	0.1463
0.5	0.2983	0.2894
0.7	0.3080	0.3518
1.0	0.3170	0.4155
1.5	0.3245	0.4772
2.0	0.3279	0.5112
2.5	0.3297	0.5319
3.0	0.3307	0.5454
4.0	0.3318	0.5615
5.0	0.3324	0.5704
7.5	0.3329	0.5808
10	0.3330	0.5853

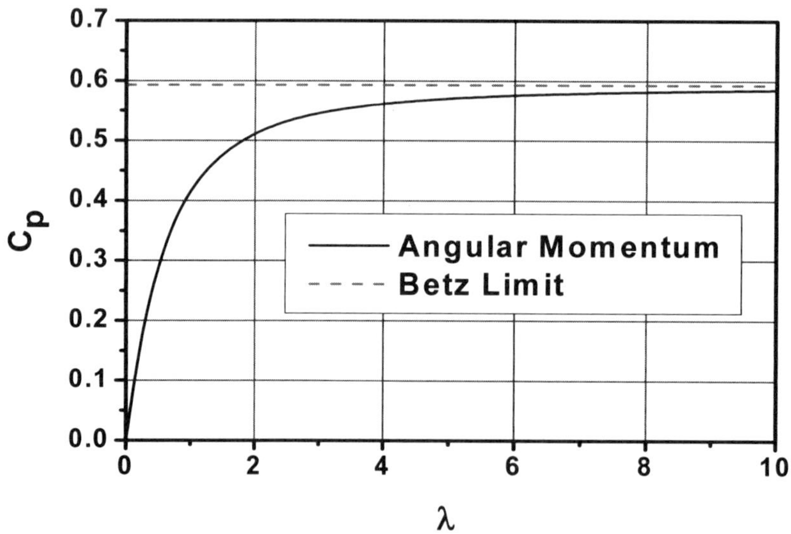

그림 3.10 각 운동량이론에서 구한 출력계수와 Betz계수 비교

3.4 날개요소 운동량이론(Blade element momentum theory)

앞 절에서 논의된 두 운동량이론은 터빈의 날개를 단순히 디스크로 가정하였으므로 날개의 형상과 개수에 대하여 전혀 논의되지 않았다. 날개요소 운동량이론에서는 터빈의 날개를 더 이상 디스크로 가정하지 않고 그림 3.11과 같이 각속도 Ω로 회전하는 실제 터빈의 날개 형상을 이용한다. 그러나 날개 길이 전체에 대하여 모델링을 하지 않고 날개를 길이에 따라 여러 조각으로 나누고, 각 날개의 조각은 이웃한 날개 조각에 어떤 영향도 미치지 않는 즉 서로 독립적 이라고 가정한다. 따라서 본 이론에서는 그림 3.11과 같이 반경 r에 위치한 두께 dr를 가지는 날개 조각에 작용하는 양력, 항력 및 토크 등을 계산하고, 단순히 합산하여 전체 값을 결정한다. 또한 축방향 운동량 및 각 운동량도 각 날개 조각에 대하여 계산한다.

날개요소 운동량이론에 대하여 설명에 앞서 풍력터빈에 사용되는 날개의 단면형상과 각 부분의 명칭을 살펴보면 그림 3.12와 같다. 날개의 최전면은 앞전(leading edge)이며, 날개의 상부면(suction side)과 하부면(pressure side)이 만나는 날개 끝부분을 뒷전(trailing edge)라 한다. 앞전을 형성하는 반경을 앞전반경(leading edge radius)이라 하며 바람은 앞전에서 나누어져 일부는 날개 윗면을 따르고 일부는 아랫면을 따라서 흐른 후 뒷전에서 다시 합쳐진다. 앞전과 뒷전 사이를 잇는 직선은 시위선(chord line)

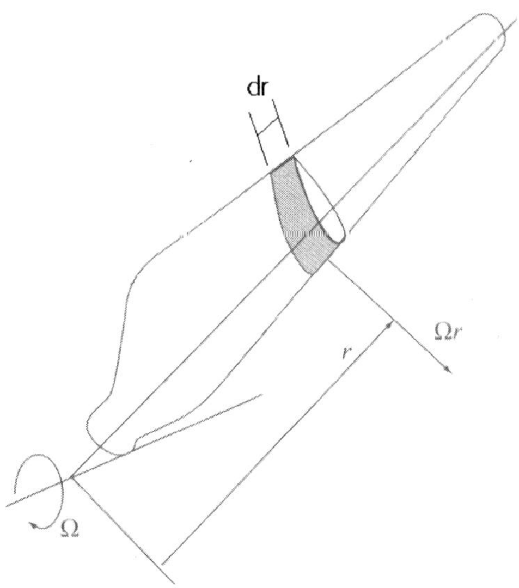

그림 3.11 날개요소 운동량이론에 사용된 날개 형상

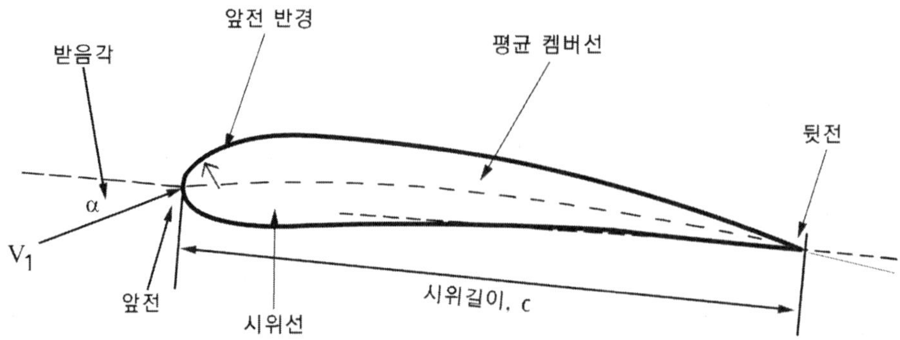

그림 3.12 날개요소에 대한 명칭

이며, 사이의 간격을 시위길이(chord length)라 한다. 평균 켐버선(average camber line)은 단면의 윗면과 아랫면의 중간지점을 연결한 선이다. 날개의 앞전에서 시위선과 바람의 방향이 이루는 각이 받음각(또는 접근각)이다.

날개요소 운동량이론은 날개의 형상을 고려하고 있으나, 이론에 적용하는 가정에 따라서 여러 가지로 나누어진다. 예를 들면 후류에서 바람의 회전을 고려하는 경우와 그렇지 않은 경우가 있고, 후류의 회전에서 발생하는 압력 감소 등의 포함 여부 등 다양하다. 따라서 우선 모든 것을 포함하는 일반적인 경우에 대하여 관계식을 유도하고, 가장 간단한 경우에 대한 수학적 계산을 통하여 가장 이상적은 터빈에 대한 날개의 형상을 구해본다.

3.4.1 날개요소 운동량이론 일반식

그림 3.11에서 반경 r에서 dr의 두께를 가지는 날개 요소에 작용하는 힘은 그림 3.13과 같이 양력과 항력이 있으며 바람의 상대속도의 함수이다. 바람의 상대속도는 그림 3.14와 같은 날개에 전면에서 바람의 속도와 날개의 회전으로 발생하는 바람의 회전속도의 벡터 합과 같다. 터빈이 토크를 얻어 회전하면서 반작용으로 바람의 각속도는 Ω에서 $\Omega+\omega$로 증가하므로 바람의 원주속도는 다음과 같다.

$$V_s = (\Omega + \omega/2)r = (\Omega + \Omega a')r = (1 + a')\Omega r \tag{3.60}$$

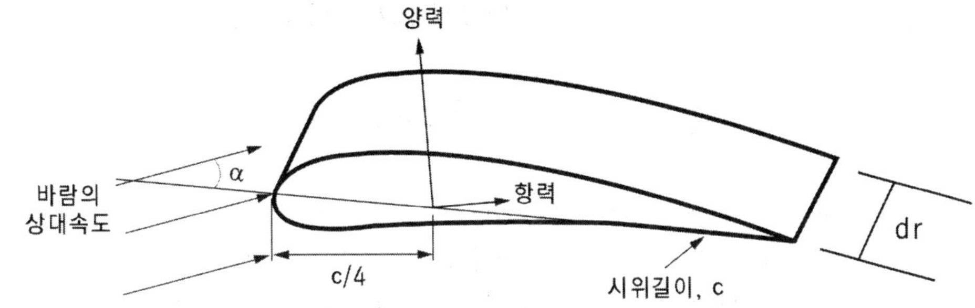

그림 3.13 두께 dr의 날개요소에 작용하는 양력과 항력

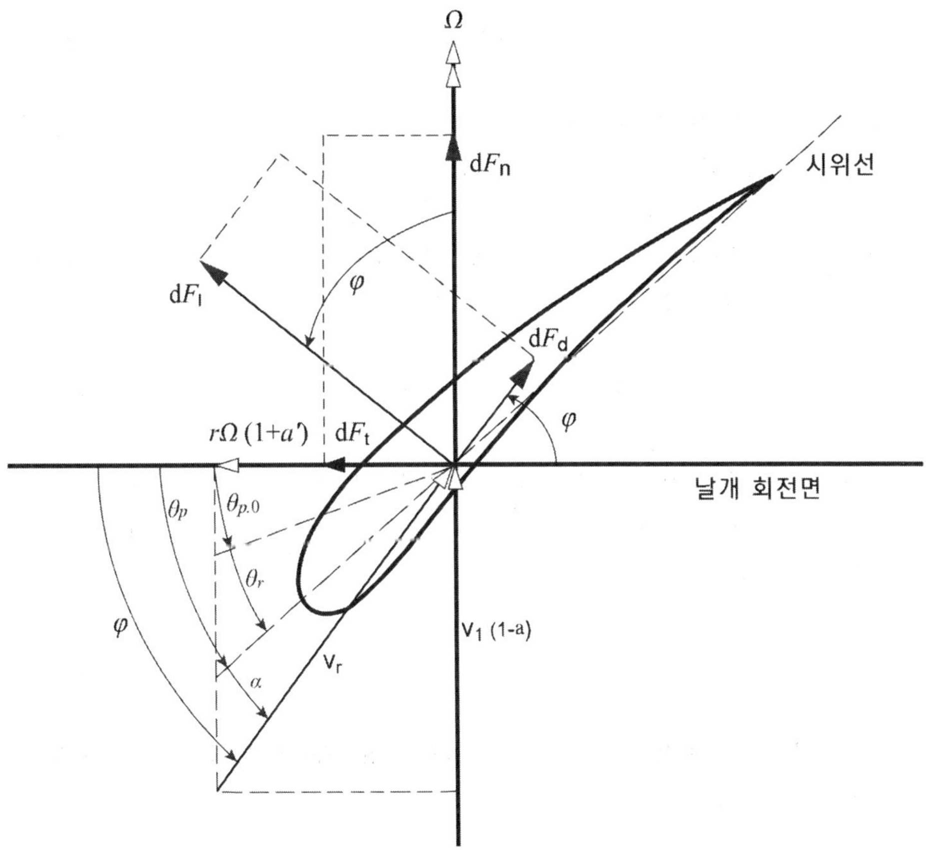

그림 3.14 날개요소의 형상과 관련된 명칭가 작용하는 힘의 관계

따라서 식 3.60을 이용하면 바람의 상대속도의 크기는 다음과 같다.

$$V_r = \sqrt{[V_1(1-a)]^2 + [(1+a')\Omega r]^2} \tag{3.61}$$

그림 3.13과 같이 날개에 작용하는 양력은 바람의 상대속도에 수직한 방향으로 작용하며, 항력은 바람의 상대속도에 평행하게 작용한다. 양력계수 및 항력계수를 사용하여 날개요소 dr에 작용하는 양력과 항력을 나타내면 식 3.62와 3.63과 같다.

$$dF_l = \frac{1}{2} C_l \rho V_r^2 c dr \tag{3.62}$$

$$dF_d = \frac{1}{2} C_d \rho V_r^2 c dr \tag{3.63}$$

한편 이 양력과 항력에 의하여 그림 3.14와 같이 날개가 회전하는 방향과 날개 회전면에 수직한 방향으로 날개에 작용하는 힘이 발생하며 이를 회전력(tangential force)과 추력(normal force)이라 한다. 그림에서 $V_1(1-a)$은 날개 전면에서 바람의 속도, V_r는 바람의 상대속도이다. 또한 바람의 상대속도는 식 3.61로 정의되나 그림 3.14에서 다음과 같은 관계를 가진다.

$$V_r = V_1(1-a)/\sin\varphi \tag{3.64}$$

θ_p는 날개의 피치각으로 날개의 회전면과 날개 시위선이 이루는 각, $\theta_{p,0}$는 날개 끝에서 피치각, θ_T는 날개의 비틀림각으로 날개의 피치각과 날개 끝에서 피치각의 차이로 다음과 같다.

$$\theta_T = \theta_p - \theta_{p,0} \tag{3.65}$$

α는 바람의 받음각 또는 접근각, φ는 바람의 상대속도와 날개 회전면이 이루는 각이며 다음과 같다.

$$\varphi = \theta_p + \alpha \tag{3.66}$$

따라서 식 3.62, 3.63 및 그림 3.14에 묘사된 정의를 이용하여 추력(F_n)과 회전력(F_t)을 나타내면 다음과 같다.

$$dF_n = dF_l\cos\varphi + dF_d\sin\varphi \tag{3.67}$$

$$dF_t = dF_l\sin\varphi - dF_d\cos\varphi \tag{3.68}$$

만약 터빈에 날개의 개수가 N이면 전체 날개에 작용하는 추력은 다음과 같다.

$$\begin{aligned} dF_n &= N(dF_l\cos\varphi + dF_d\sin\varphi) \\ &= N\frac{1}{2}\rho V_r^2(C_l\cos\varphi + C_d\sin\varphi)cdr \end{aligned} \tag{3.69}$$

또한 회전력에 의하여 터빈에 작용하는 토크는 다음과 같다.

$$\begin{aligned} dT &= NrdF_t \\ &= N\frac{1}{2}\rho V_r^2(C_l\sin\varphi - C_d\cos\varphi)crdr \end{aligned} \tag{3.70}$$

식 3.69와 3.70은 날개요소 이론에서 유도한 힘과 토크에 대한 중요한 관계식이다. 이 식에서 항력은 터빈의 토크를 감소시켜서 출력을 감소시키고, 반면 추력은 증가 시켜서 타워와 날개의 작용하는 힘은 증가하여 구조강도를 크게 설계하도록 한다. 또한 상대속도에 대한 식 3.64를 대입하면 식 3.69와 3.70은 다음과 같다.

$$\begin{aligned} dF_n &= N\frac{1}{2}\rho V_r^2(C_l\cos\varphi + C_d\sin\varphi)cdr \\ &= S_d\pi\rho[\frac{V_1(1-a)}{\sin\varphi}]^2(C_l\cos\varphi + C_d\sin\varphi)rdr \end{aligned} \tag{3.71}$$

$$dT = N\frac{1}{2}\rho V_r^2(C_l\sin\varphi - C_d\cos\varphi)crdr$$
$$= S_d\pi\rho[\frac{V_1(1-a)}{\sin\varphi}]^2(C_l\sin\varphi - C_d\cos\varphi)r^2dr \tag{3.72}$$

여기서 S_d는 전체 원주에서 날개의 시위길이가 차지하는 비율을 나타내며 날개 용적률이라 하며 다음과 같다.

$$S_d = Nc/2\pi r \tag{3.73}$$

한편 1차원 운동량이론에서 유도한 추력을 나타내는 식 3.48을 날개요소에 적용하면 다음과 같다.

$$dF = 4a(1-a)\frac{1}{2}\rho V_1^2 2\pi rdr$$
$$= \rho V_1^2 4a(1-a)\pi rdr \tag{3.74}$$

유사하게 각운동량이론에서 구한 토크에 대한 식 3.36을 날개요소에 적용하면 다음과 같다.

$$dT = 4a'(1-a)\frac{1}{2}\rho V_1\Omega r^2(2\pi rdr)$$
$$= 4a'(1-a)\rho V_1\pi\Omega r^3dr \tag{3.75}$$

식 3.74와 3.75는 운동량이론을 이용하여 구한 날개 요소에 작용하는 추력과 토크에 대한 식으로 두식 모두 바람의 속도 변화의 함수이다.

운동량이론을 이용하여 구한 힘과 토크에 대한 식과 날개요소 운동량이론을 이용하여 구한 식을 같게 하면 속도변화인자 a와 a'의 날개 형상에 따른 식을 구할 수 있다. 한편 날개의 형상에 따라 결정되는 항력계수는 실제 가능한 적은 값을 가지게 하므로 실제 a와 a'를 구하기 위여서 항력계수를 영($C_d \approx 0$)으로 가정하고 식을 유도한다. 따라서 식 3.72와 3.75를 같게 놓으면 다음과 같다.

$$S_d \pi \rho [\frac{V_1(1-a)}{\sin\varphi}]^2 (C_l \sin\varphi - C_d \cos\varphi) r^2 dr$$
$$= 4a'(1-a)\rho V_1 \pi \Omega r^3 dr \quad (3.76)$$

식 3.76을 정리하면 다음과 같다.

$$\frac{a'}{(1-a)} = \frac{S_d C_l}{4\lambda_r \sin\varphi} \quad (3.77)$$

또한 힘에 대한 식 3.71과 3.74를 같게 놓으면 다음과 같다.

$$S_d \pi \rho [\frac{V_1(1-a)}{\sin\varphi}]^2 (C_l \cos\varphi + C_d \sin\varphi) r dr = \rho V_1^2 4a(1-a)\pi r dr \quad (3.78)$$

식 3.78을 정리하면 다음과 같다.

$$\frac{a}{(1-a)} = \frac{S_d C_l \cos\varphi}{4\sin^2\varphi} \quad (3.79)$$

또한 식 3.79를 a에 대하여 풀면 다음의 관계식을 얻는다.

$$a = \frac{1}{1 + 4\sin^2\varphi / (S_d C_l \cos\varphi)} \quad (3.80)$$

식 3.79를 식 3.77로 나누면 다음의 관계식을 얻는다.

$$\frac{a}{a'} = \frac{S_d C_l \cos\varphi / 4\sin^2\varphi}{S_d C_l / 4\lambda_r \sin\varphi} = \lambda_r / \tan\varphi \quad (3.81)$$

그림 3.14에서 바람의 축방향 속도와 원주방향 속도는 다음과 같은 관계를 가진다.

$$\tan\varphi = \frac{V_1(1-a)}{\Omega r(1+a')} = \frac{(1-a)}{(1+a')\lambda_r} \tag{3.82}$$

식 3.82에 $(1-a)$에 대한 식 3.77을 대입하면 다음의 관계식을 얻는다.

$$\begin{aligned}\tan\varphi &= \frac{(1-a)}{(1+a')\lambda_r} \\ &= \frac{a'(4\lambda_r\sin\varphi/S_dC_l)}{(1+a')\lambda_r} = \frac{a'}{1+a'}\frac{4\sin\varphi}{S_dC_l}\end{aligned} \tag{3.83}$$

식 3.83을 정리하면 a'에 대한 다음의 관계식을 얻는다.

$$\frac{a'}{1+a'} = \frac{S_dC_l}{4\cos\varphi} \tag{3.84}$$

$$a' = \frac{1}{(4\cos\varphi/S_dC_l)-1} \tag{3.85}$$

식 3.82에 식 3.80과 식 3.85를 대입하여 정리하면 양력(C_l)과 바람의 상대속도각(φ)을 구할 수 있다.

$$\begin{aligned}\tan\varphi &= \frac{(1-a)}{(1+a')\lambda_r} \\ &= \frac{1-\dfrac{1}{[1+4\sin^2\varphi/(S_dC_l\cos\varphi)]}}{\lambda_r[1+\dfrac{1}{(4\cos\varphi/S_dC_l)-1}]}\end{aligned} \tag{3.86}$$

식 3.86을 정리하여 양력에 대하여 풀면 다음과 같다.

$$C_l = \frac{4\sin\varphi(\cos\varphi - \lambda_r \sin\varphi)}{S_d(\sin\varphi + \lambda_r \cos\varphi)} \tag{3.87}$$

날개요소에 작용하는 출력은 토크에 터빈의 회전속도를 곱하여 다음과 같다.

$$dP = \Omega dT \tag{3.88}$$

따라서 전체 날개에 대한 출력은 날개요소에 대한 출력을 합산하여 다음과 같다.

$$P = \int_{r_h}^{R} dP = \int_{r_h}^{R} \Omega dT \tag{3.89}$$

식 3.89에 토크에 대한 식 3.72를 대입하면 다음과 같다.

$$\begin{aligned} P &= \int_{r_h}^{R} \Omega S_d \pi \rho [\frac{V_1(1-a)}{\sin\varphi}]^2 (C_l \sin\varphi - C_d \cos\varphi) r^2 dr \\ &= \int_{\lambda_h}^{\lambda} \Omega S_d \pi \rho [\frac{V_1(1-a)}{\sin\varphi}]^2 (C_l \sin\varphi - C_d \cos\varphi)(\frac{V_1}{\Omega})^3 \lambda_r^2 dr \\ &= \frac{V_1^5}{\Omega^2} \int_{\lambda_h}^{\lambda} \pi \rho S_d C_l (1-a)^2 (1/\sin\varphi)[1-(C_d/C_l)\cot\varphi] \lambda_r^2 d\lambda_r \end{aligned} \tag{3.90}$$

식에서 λ_h는 날개가 로터에 연결된 허브(hub)에서 국부 날개 속도비이다.

식 3.79와 식 3.81을 식 3.90에 대입하기 위하여 다음과 같이 정리한다.

$$S_d C_l (1-a) = 4asin^2\varphi/\cos\varphi \tag{3.91}$$

$$a^{'} \lambda_r = atan\varphi \tag{3.92}$$

식 3.91과 3.92를 식 3.90에 대입하고 정리하면 출력에 대한 일반식은 다음과 같다.

$$P = \frac{V_1^5}{\Omega^2}\int_{\lambda_h}^{\lambda}\pi\rho S_d C_l(1-a)^2(1/\sin\varphi)[1-(C_d/C_l)\cot\varphi]\lambda_r^2 d\lambda_r$$
$$= \frac{4V_1^5}{\Omega^2}\int_{\lambda_h}^{\lambda}\pi\rho\lambda_r^3 a'(1-a)[1-(C_d/C_l)\cot\varphi]d\lambda_r \tag{3.93}$$

한편 출력계수는 식 3.93을 이용하면 다음과 같다.

$$C_p = \frac{P}{\frac{1}{2}\rho\pi R^2 V_1^3} = \frac{8}{\lambda^2}\int_{\lambda_h}^{\lambda}\lambda_r^3 a'(1-a)[1-(C_d/C_l)\cot\varphi]d\lambda_r \tag{3.94}$$

식 3.94는 날개요소 운동량이론에서 구한 출력계수로 만약 항력계수가 영이면 식은 각운동량이론에서 구한 식 3.43과 동일하다. 또한 식을 적분하기 위하여 a와 a'에 대한 값을 알아야한다.

바람의 상대속도각(φ)의 함수로 출력을 나타내는 다른 식은 출력을 나타내는 식 3.93에 주어진 다른 표현을 이용하면 다음과 같다.

$$C_p = \frac{P}{\frac{1}{2}\rho\pi R^2 V_1^3} = \frac{2}{\lambda^2}\int_{\lambda_h}^{\lambda}\frac{S_d C_l(1-a)^2}{\sin\varphi}[1-(C_d/C_l)\cot\varphi]\lambda_r^2 d\lambda_r \tag{3.95}$$

식 3.95에 있는 $S_d C_l(1-a)^2$ 항을 식 3.80과 식 3.87을 이용하여 유도한다. 우선 식 3.80을 이용하여 다음과 같은 식을 구한다.

$$(1-a)^2 = [\frac{4\sin^4\varphi}{S_d C_l\cos\varphi + 4\sin^2\varphi}]^2 \tag{3.96}$$

식 3.87을 다시 정리하면 다음의 관계식을 얻는다.

$$S_d C_l = \frac{4\sin\varphi(\cos\varphi - \lambda_r \sin\varphi)}{(\sin\varphi + \lambda_r \cos\varphi)} \tag{3.87}$$

식 3.87과 3.96을 식 3.95에 대입하고 정리하면 다음과 같은 출력에 대한 식을 얻는다.

$$\begin{aligned} C_p &= \frac{2}{\lambda^2}\int_{\lambda_h}^{\lambda} \frac{S_d C_l (1-a)^2}{\sin\varphi}[1-(C_d/C_l)\cot\varphi]\lambda_r^2 d\lambda_r \\ &= \frac{8}{\lambda^2}\int_{\lambda_h}^{\lambda} \sin^2\varphi(\cos\varphi - \lambda_r\sin\varphi)(\sin\varphi + \lambda_r\cos\varphi)[1-(C_d/C_l)\cot\varphi]\lambda_r^2 d\lambda_r \end{aligned} \tag{3.97}$$

일반적으로 식 3.97이 출력계수 계산에 많이 이용되며, 식 3.95와 3.97은 수치해석에 의하여 푼다. 만약 전체 날개 길이를 n개로 등분한다면 각 날개 요소에서 다음의 관계식이 성립된다.

$$\Delta\lambda_r = \lambda_{ri} - \lambda_{r(i-1)} = \lambda/n \tag{3.98}$$

따라서 식 3.97을 각 날개요소의 출력계수의 합으로 식 3.99와 같이 나타내면 식 3.97을 직접 적분하는 대신에 계산할 수 있다.

$$\begin{aligned} C_p &= \sum_{i=1}^{n}[\frac{8\Delta\lambda_r}{\lambda^2}]\sin^2\varphi_i(\cos\varphi_i - \lambda_{r_i}\sin\varphi_i)(\sin\varphi_i + \lambda_{r_i}\cos\varphi_i)[1-(C_d/C_l)\cot\varphi_i]\lambda_{ri}^2 \\ &= \frac{8}{\lambda n}\sum_{i=1}^{n}\sin^2\varphi_i(\cos\varphi_i - \lambda_{r_i}\sin\varphi_i)(\sin\varphi_i + \lambda_{r_i}\cos\varphi_i)[1-(C_d/C_l)\cot\varphi_i]\lambda_{ri}^2 \end{aligned} \tag{3.99}$$

3.4.2 후류에서 회전이 없는 경우 이상적 날개 형상

1차원 운동량이론과 각운동량이론에서 터빈의 날개는 디스크로 가정하기 때문에 날개의 형상에 대하여 알 수 없다. 그러나 날개요소 운동량이론에서는 날개의 형상을 구할 수 있으나 관계식들이 매우 복잡하여 쉽게 해답을 얻을 수 없다. 따라서 날개 후방에서 바람이 회전하지 않는 유동에서 이상적인 날개 형상을 구하여 봄으로서 날개요소 운동량이론의 관계식을 이해하고자 한다. 이상적 날개 형상이라 함은 항력이 거의 발생하지 않는 형상을 의미한다.

가장 간단한 예로 문제를 풀기 위하여 후류에서 회전이 없고, 날개에 항력이 작용하지 않고 각 날개요소에서 출력이 최대가 발생한다고 가정한다. 이 가정을 식으로 나타내면 다음과 같다.

$$a' = 0, \quad C_d \approx 0, \quad a = 1/3$$

위 가정을 운동량이론과 날개요소 운동량이론에서 구한 힘에 대한 식 3.74와 3.69에 적용하면 다음과 같다.

$$\begin{aligned} dF &= \rho V_1^2 4a(1-a)\pi r dr = \rho V_1^2 4 \times 1/3 \times (1-1/3)\pi r dr \\ &= \frac{8}{9}\rho V_1^2 \pi r dr \end{aligned} \tag{3.100}$$

$$\begin{aligned} dF_n &= N\frac{1}{2}\rho V_r^2 (C_l \cos\varphi + C_d \sin\varphi) c dr \\ &= N\frac{1}{2}\rho V_r^2 (C_l \cos\varphi) c dr \end{aligned} \tag{3.101}$$

식 3.101에 상대속도에 대한 식 3.64를 대입하면 다음과 같다.

$$\begin{aligned} dF_n &= N\frac{1}{2}\rho V_r^2 (C_l \cos\varphi) c dr \\ &= N\frac{1}{2}\rho \left[\frac{V_1(1-a)}{\sin\varphi}\right]^2 (C_l \cos\varphi) c dr \end{aligned} \tag{3.102}$$

힘에 대한 식 3.100과 식 3.102는 같으므로 다음과 같은 관계식이 유도 된다.

$$\frac{8}{9}\rho V_1^2 \pi r dr = N\frac{1}{2}\rho[\frac{V_1(1-1/3)}{\sin\varphi}]^2(C_l\cos\varphi)cdr \quad (3.103)$$

식 3.103을 간략하게 정리하면 날개의 형상에 대한 다음과 같은 식이 유도 된다.

$$\frac{C_l Nc}{4\pi r} = \tan\varphi\sin\varphi \quad (3.104)$$

식 3.82에 $a = 1/3$ 가정을 적용하면 다음과 같고, 이 식을 식 3.104에 대입한다.

$$\tan\varphi = \frac{(1-a)}{(1+a')\lambda_r} = \frac{1-1/3}{\lambda_r} = \frac{2}{3\lambda_r} \quad (3.105)$$

$$c = \frac{8\pi r sin\varphi}{3NC_l\lambda_r} \quad (3.106)$$

식 3.106은 임의의 반경에서 날개요소의 시위 길이(chord length)를 나타낸다. 한편 식 3.105를 다시 정리하면 각 날개요소에서 바람의 상대속도 각을 구할 수 있다.

$$\varphi = \tan^{-1}(\frac{2}{3\lambda_r}) \quad (3.107)$$

따라서 식 3.65, 3.66, 3.106과 3.107을 사용하면, 주어진 날개 끝 속도비와 받음각에 대하여 날개의 비틀림각, 피치각, 시위길이, 바람의 상대속도각 등을 구할 수 있다.

예 제 3-3

날개의 길이가 5 m이고, 날개가 3개인 풍력터빈이 있다. 이 날개 단면의 양력계수가 1이며, 바람의 받음각이 7° 일 때 항력이 최소가 된다. 날개 끝 속도비가 7 일 때, 날개의 시위 길이, 피치각, 바람의 상대속도각 등을 구하라. 또한 터빈의 출력계수를 구하라.

❖ 풀이 : 우선 날개의 무차원 길이(r/R)가 0.1에 대하여 계산한다.

$$\lambda_r = (r/R)\lambda = 0.1 \times 7 = 0.7$$

이 값을 식 3.107에 대입하여 바람의 상대속도각을 구한다.

$$\varphi = \tan^{-1}(\frac{2}{3\lambda_r}) = \tan^{-1}(\frac{2}{3 \times 0.7}) = 43.6^{\circ}$$

식 3.106을 이용하여 시위 길이를 구한다.

$$c = \frac{8\pi r sin\varphi}{3NC_l\lambda_r} = \frac{8\pi \times 0.5 \times \sin 43.6}{3 \times 3 \times 1 \times 0.7} = 1.375\ m$$

식 3.66을 이용하여 피치각을 구한다.

$$\theta_p = \varphi - \alpha = 43.6 - 7 = 36.6^{\circ}$$

날개의 비틀림각은 날개 끝의 피치각과 각 날개요소의 피치각 차이로 식 3.65를 이용하여 구한다. 따라서 먼전 날개 끝의 피치각을 구하여야 하므로 식 3.107을 이용하여 바람의 상대속도 각을 구한다.

$$\varphi = \tan^{-1}(\frac{2}{3\lambda_r}) = \tan^{-1}(\frac{2}{3 \times 7}) = 5.4^{\circ}$$

$$\theta_{p,0} = \varphi - \alpha = 5.4 - 7 = -1.6^{\circ}$$

$$\theta_T = \theta_p - \theta_{p,0} = 36.6 - (-1.6) = 38.2^\circ$$

터빈의 출력계수는 날개를 10등분하여 각 날개요소에서 출력계수를 식 3.99와 식 3.107을 이용하여 구한다. 따라서 r/R=0.1의 위치에 있는 날개요소의 출력계수를 구하면 다음과 같다.

$$\Delta\lambda_r = \lambda_{ri} - \lambda_{r(i-1)} = \lambda/n = 7/10$$

$$C_p = \frac{8}{\lambda n}\sum_{i=1}^{n}\sin^2\varphi_i(\cos\varphi_i - \lambda_{r_i}\sin\varphi_i)(\sin\varphi_i + \lambda_{r_i}\cos\varphi_i)[1-(C_d/C_l)\cot\varphi_i]\lambda_{ri}^2$$

$$C_{p,i=1} = \frac{8}{7\times 10}sin^2 43.6(\cos 43.6 - 0.7\times\sin 43.6)(\sin 43.6 + 0.7\times\cos 43.6)(0.7)^2$$

$$= 7.692\times 10^{-3}$$

위의 계산과정을 전체 날개 길이에 대하여 실행하여 종합한 결과는 표 3.3 와 같다. 그림 3.15는 날개의 여러 위치에서 비틀림각과 시위길이를 비교하기 위하여 날개의 앞전(leading edge)을 기점으로 하여 그린 결과이다. 결과에 따르면 날개의 시위 길이는 날개 끝으로 갈수록 작아져서 날개의 표면적이 작아진다.

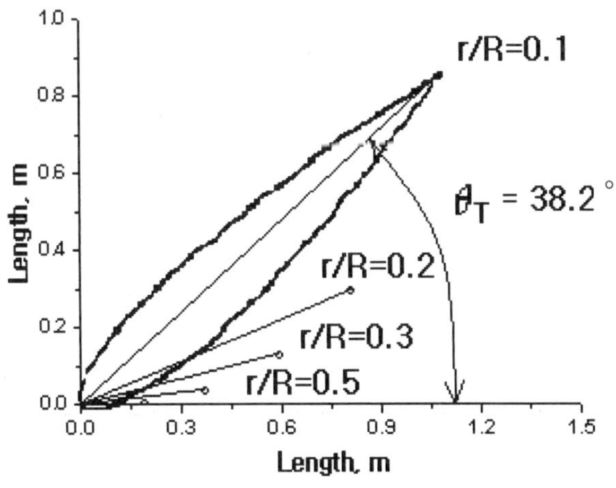

그림 3.15 후류에서 회전이 없는 경우 날개요소의 시위길이 및 비틀림 각의 비교

날개 끝에서 날개의 회전방향의 원주속도가 제일 크기 때문에 바람의 상대속도각이 제일 작으며, 허브로 갈수록 증가한다. 따라서 같은 받음각을 가지는 날개에서 피치각이 증가하여 허브에 가까울 수 록 날개는 더욱 비틀어져 날개 끝과 날개의 허부 부근에서 사이에는 38.2° 의 비틀림각 차이가 발생한다.

또한 각 날개요소에서 출력계수를 비교하면 날개 끝으로 갈수록 출력계수가 현저히 증가한다. r/R〈0.3 영역에서 출력계수는 매우 적다. 따라서 허브 근처에서 터빈의 출력은 아주 미미하다.

표 3.3 후류에서 회전이 없는 상태에서 날개 형상에 대한 수치

r/R	시위 길이 c (m)	피치각 θ_p (deg)	비틀림각 θ_T (deg)	상대속도각 φ (deg)	출력계수 C_p
0.1	1.375	36.6	38.2	43.6	0.00769
0.2	0.858	18.5	20.0	25.5	0.0211
0.3	0.604	10.6	12.2	17.6	0.0338
0.4	0.462	6.4	8.0	13.4	0.0461
0.5	0.373	3.8	5.3	10.8	0.0582
0.6	0.313	2.0	3.6	9.0	0.0702
0.7	0.269	0.7	2.3	7.7	0.0822
0.8	0.236	−0.2	1.3	6.8	0.0941
0.9	0.210	−1.0	0.6	6.0	0.1061
1.0	0.189	−1.6	0	5.4	0.1180

3.4.3 후류에서 회전이 있는 경우 이상적 날개 형상

이 모델에서는 후류에서 발생하는 바람의 회전을 포함하고 항력은 포함되지 않는다. 즉 $a' \neq 0$이며 $C_d \approx 0$으로 가정한다. 출력이 최대가 되기 위하여 출력을 나타내는 식 3.97에서 적분기호 안에 있는 값이 최대가 되어야한다. 따라서 적분기호 안에 있는 항들을 다음과 같이 나타내고, 이 값을 상대속도각에 대하여 미분하여 변곡점에서 관계식을 유도한다.

$$X = \sin^2\varphi(\cos\varphi - \lambda_r \sin\varphi)(\sin\varphi + \lambda_r \cos\varphi) \tag{3.108}$$

$$\begin{aligned} \frac{\partial X}{\partial \varphi} = 0 &= \frac{\partial}{\partial \varphi}[\sin^2\varphi(\cos\varphi - \lambda_r \sin\varphi)(\sin\varphi + \lambda_r \cos\varphi)] \\ &= 2\sin\varphi\cos\varphi(\cos\varphi - \lambda_r \sin\varphi)(\sin\varphi + \lambda_r \cos\varphi) - \sin^2\varphi(\sin\varphi + \lambda_r \cos\varphi)^2 \\ &\quad + \sin^2\varphi(\cos\varphi - \lambda_r \sin\varphi)^2 \end{aligned} \tag{3.109}$$

식 3.109를 인수분해하면 다음과 같다.

$$[\cos\varphi(\sin\varphi + \lambda_r \cos\varphi) + \sin\varphi(\cos\varphi - \lambda_r \sin\varphi)]^2 - (\sin\varphi + \lambda_r \cos\varphi)^2 = 0 \tag{3.110}$$

따라서 식 3.110으로부터 다음의 관계식을 얻는다.

$$\cos\varphi(\sin\varphi + \lambda_r \cos) + \sin\varphi(\cos\varphi - \lambda_r \sin\varphi) - (\sin\varphi + \lambda_r \cos\varphi) = 0 \tag{3.111}$$

$$\cos\varphi(\sin\varphi + \lambda_r \cos) + \sin\varphi(\cos\varphi - \lambda_r \sin\varphi) + (\sin\varphi + \lambda_r \cos\varphi) = 0 \tag{3.112}$$

식 3.111과 3.112를 풀면 식 3.113과 식 3.114와 같다.

$$\lambda_r = \frac{\sin\varphi(2\cos\varphi - 1)}{(1 - \cos\varphi)(1 + 2\cos\varphi)} \tag{3.113}$$

$$\lambda_r = \frac{\sin\varphi(2\cos\varphi + 1)}{(1-\cos\varphi)(1-2\cos\varphi)} \tag{3.114}$$

식 3.37로 정의된 날개 국소 속도비(λ_r)는 양의 값을 가지게 되나, 식 3.114에서 얻은 속도비는 음의 값을 가지므로 식 3.114는 날개 국소 속도비가 될 수 없다. 식 3.113에서 구한 날개 국소 속도비는 바람의 상대속도각(φ)이 0보다 크고 60° 보다 적을 경우에 양의 값을 가진다.

따라서 후류에서 바람의 회전을 고려한 경우에 최대출력을 얻기 위하여서는 날개 국소 속도비와 바람의 상대속도각은 다음의 관계식을 가진다.

$$\lambda_r = \frac{\sin\varphi(2\cos\varphi - 1)}{(1-\cos\varphi)(1+2\cos\varphi)}, \quad 0^\circ < \varphi < 60^\circ \tag{3.115}$$

다음과 같은 삼각함수 관계식을 이용하여 식 3.115를 간략하게 나타내기 위하여 식 3.115에 다음 식을 대입하면 식 3.116과 같다.

$\cos 2\varphi = \cos^2\varphi - \sin^2\varphi$, $\tan\frac{\varphi}{2} = \frac{1-\cos\varphi}{\sin\varphi}$, $\tan 2\varphi = \frac{2\tan\varphi}{1-\tan^2\varphi}$ 와

$\tan 3\varphi = \frac{3\tan\varphi - \tan^3\varphi}{1-3\tan^2\varphi}$

$$\begin{aligned}
\lambda_r &= \frac{(2\cos\varphi - 1)}{\tan\frac{\varphi}{2}(1+2\cos\varphi)} = \frac{1}{\tan\frac{\varphi}{2}} \frac{2(\cos^2\frac{\varphi}{2} - \sin^2\frac{\varphi}{2}) - \sin^2\frac{\varphi}{2} - \cos^2\frac{\varphi}{2}}{\sin^2\frac{\varphi}{2} + \cos^2\frac{\varphi}{2} + 2(\cos^2\frac{\varphi}{2} - \sin^2\frac{\varphi}{2})} \\
&= \frac{1}{\tan\frac{\varphi}{2}} \frac{\cos^2\frac{\varphi}{2} - 3\sin^2\frac{\varphi}{2}}{3\cos^2\frac{\varphi}{2} - \sin^2\frac{\varphi}{2}} = \frac{1}{\tan\frac{\varphi}{2}} \frac{1-3\tan^2\frac{\varphi}{2}}{3-\tan^2\frac{\varphi}{2}} = \frac{1-3\tan^2\frac{\varphi}{2}}{3\tan\frac{\varphi}{2} - \tan^3\frac{\varphi}{2}} \\
&= \frac{1}{\tan\frac{3\varphi}{2}}
\end{aligned} \tag{3.116}$$

다시 식 3.116을 바람의 상대속도각에 대하여 풀면 다음과 같다.

$$\varphi = \frac{2}{3}tan^{-1}(1/\lambda_r) \tag{3.117}$$

따라서 식 3.66에 식 3.117을 대입하면 날개요소의 피치각을 구할 수 있다.

$$\theta_P = \varphi - \alpha = \frac{2}{3}tan^{-1}(1/\lambda_r) - \alpha \tag{3.118}$$

날개요소의 시위길이는 운동량이론과 날개요소 운동량이론에서 구한 날개요소에 작용하는 힘에 대한 식 3.71 및 3.74는 같으므로 두 식을 같게 놓고 앞에서 가정한 $a = 1/3$과 $C_d \approx 0$을 이용하면 다음과 같다.

$$N\frac{1}{2}\rho\frac{V_1^2(1-a)^2}{\sin^2\varphi}(C_l\cos\varphi + C_d\sin\varphi)cdr = \rho V_1^2 4a(1-a)\pi rdr \tag{3.119}$$

$$c = \frac{4\pi r}{C_l N}tan\varphi\sin\varphi = \frac{4\pi r}{C_l N}(\frac{1}{\cos\varphi} - \cos\varphi) \tag{3.120}$$

식 3.120은 임의의 반경에서 날개요소의 시위길이(chord length)를 나타낸다.

한편 날개가 회전하면서 그리는 면적에 대한 실제 날개의 면적 비인 용적률은 다음과 같으며, 실제 날개를 j등분하면 각 날개요소가 차지하는 용적률의 합이 전체 날개가 차지하는 용적률이다.

$$S_d = \frac{1}{\pi R^2}\int_{r_b}^{R} cdr = \frac{N}{\pi j}\sum_{i=1}^{j} c_i/R \tag{3.121}$$

축방향과 원주방향의 속도에 대한 변화를 나타내는 속도변화인자는 이미 유도된 식 3.80과 3.85를 사용한다.

$$a = \frac{1}{1 + 4\sin^2\varphi/(S_d C_l\cos\varphi)} \tag{3.80}$$

$$a' = \frac{1}{(4\cos\varphi / S_d C_l) - 1} \quad (3.85)$$

예 제 3-4

후류에서 바람의 회전을 고려한 세 가지 경우에 대하여 각 날개요소에서 바람의 상대속도각, 시위길이 및 출력계수를 구하라. 이상적 날개의 양력계수는 주어진 설계 받음각에 대하여 1이다. 날개 끝 속도비와 날개 수가 다음과 같다.

a) $\lambda = 1,\ N = 12$, b) $\lambda = 6,\ N = 3$, c) $\lambda = 10,\ N = 2$

❖ 풀이 : 우선 날개의 무차원 길이(r/R)가 0.1에 대하여 계산한다.

a) $\lambda = 1,\ N = 12$, r/R=0.1

이 경우는 저속이며 날개 수가 많은 터빈으로 식 3.117을 이용하여 바람의 상대속도각을 계산한다.

$$\varphi = \frac{2}{3}tan^{-1}(1/\lambda_r) = \frac{2}{3}tan^{-1}(1/(\lambda r/R)) = \frac{2}{3}tan^{-1}(1/1\times 0.1) = 56.2$$

무차원 시위길이는 식 3.120을 이용하여 계산한다.

$$c/R = \frac{4\pi r}{C_l NR}\left(\frac{1}{\cos\varphi} - \cos\varphi\right) = \frac{4\pi}{1\times 12}\times 0.1\times\left(\frac{1}{\cos 56.2} - \cos 56.2\right) = 0.130$$

출력계수는 전체 날개를 균등하게 20등분하여 식 3.99와 식 3.107을 이용하여 계산하였다. 따라서 r/R=0.1의 위치에 있는 날개요소의 출력계수를 구하면 다음과같다.

$$\Delta\lambda_r = \lambda_{ri} - \lambda_{r(i-1)} = \lambda/n = 1/20$$

$$C_p = \frac{8}{\lambda n}\sum_{i=1}^{n}\sin^2\varphi_i(\cos\varphi_i - \lambda_{r_i}\sin\varphi_i)(\sin\varphi_i + \lambda_{r_i}\cos\varphi_i)[1-(C_d/C_l)\cot\varphi_i]\lambda_{ri}^2$$

$$C_{p,i=1} = \frac{8}{1\times 20}sin^2 56.2(\cos 56.2 - 0.1\times\sin 56.2)(\sin 56.2 + 0.1\times\cos 56.2)(0.05)^2$$

$$= 0.0012$$

b) $\lambda = 6,\ N = 3,$ r/R=0.1

이 경우는 보통 상업적으로 많이 운영되고 있는 날개 수가 3개인 풍력터빈에 해당되며, 식 3.117과 3.120을 사용하여 계산한다.

$$\varphi = \frac{2}{3}tan^{-1}(1/\lambda_r) = \frac{2}{3}tan^{-1}(1/(\lambda r/R)) = \frac{2}{3}tan^{-1}(1/(6\times 0.1)) = 39.4$$

$$c/R = \frac{4\pi r}{C_l NR}\left(\frac{1}{\cos\varphi} - \cos\varphi\right) = \frac{4\pi}{1\times 3}\times 0.1\times\left(\frac{1}{\cos 39.4} - \cos 39.4\right) = 0.218$$

$$\Delta\lambda_r = \lambda_{ri} - \lambda_{r(i-1)} = \lambda/n = 6/20 = 0.3$$

$$C_{p,i=1} = \frac{8}{6\times 20}sin^2 39.4(\cos 39.4 - 0.6\times\sin 39.4)(\sin 39.4 + 0.6\times\cos 39.4)(0.3)^2$$

$$= 0.0042$$

c) $\lambda = 10,\ N = 2,$ r/R=0.1

이 경우는 고속으로 회전하는 풍력터빈에 해당되며, 날개 수가 2개로 현재는 거의 사용되지 않는 풍력터빈 형태다.

$$\varphi = \frac{2}{3}tan^{-1}(1/\lambda_r) = \frac{2}{3}tan^{-1}(1/(\lambda r/R)) = \frac{2}{3}tan^{-1}(1/(10\times 0.1)) = 30$$

$$c/R = \frac{4\pi r}{C_l NR}(\frac{1}{\cos\varphi} - \cos\varphi) = \frac{4\pi}{1\times 2}\times 0.1\times(\frac{1}{\cos 30} - \cos 30) = 0.182$$

$$\Delta\lambda_r = \lambda_{ri} - \lambda_{r(i-1)} = \lambda/n = 10/20 = 0.5$$

$$C_{p,i=1} = \frac{8}{10\times 20}sin^2 30(\cos 30 - 0.1\times\sin 30)(\sin 30 + 0.1\times\cos 30)(0.5)^2 = 0.005$$

$\lambda = 1,\ N = 12$인 터빈의 용적률은 식 3.121을 이용하여 다음과 같이 구한다.

$$S_d = \frac{1}{\pi R^2}\int_{r_b}^{R} cdr = \frac{N}{\pi j}\sum_{i=1}^{j} c_i/R = \frac{12}{\pi\times 10}\times 1.864 = 0.712$$

위와 같은 계산을 전체 날개 길이에 대하여 실시한 결과는 표 3.4와 같다. 이 경우는 후류에서 바람의 회전을 고려하였으나 항력($C_d \approx 0$)은 없는 이상적인 날개 형상에 대하여 각 날개요소에서 시위길이 및 바람의 상대속도각을 비교하였다.

날개 끝 속도비에 따라서 저속($\lambda = 1,\ N = 12$), 중속($\lambda = 6,\ N = 3$) 및 고속($\lambda = 10,\ N = 2$) 터빈으로 분류할 수 있으며, 그림 3.16, 3.17 및 3.18은 표 3.4에 주어진 값을 이용하여 결과를 비교하였다. 또한 표 3.4에 있는 날개의 용적률도 날개 수가 많은 저속인 경우 크고 날개 수가 적은 고속 일수록 작다.

그림 3.16에 나타난 결과에서 바람의 상대속도각(φ)은 날개 끝 속도비가 클수록 작으며, 같은 날개 끝 속도비에서 날개 끝으로 갈수록 작아진다. 이와 같은 결과는 식 3.61 및 3.64와 그림 3.14에서 예견되었다. 또한 같은 받음각(α)에 대하여 날개의 비틀림 정도도 고속일수록 비틀림각이 작다.

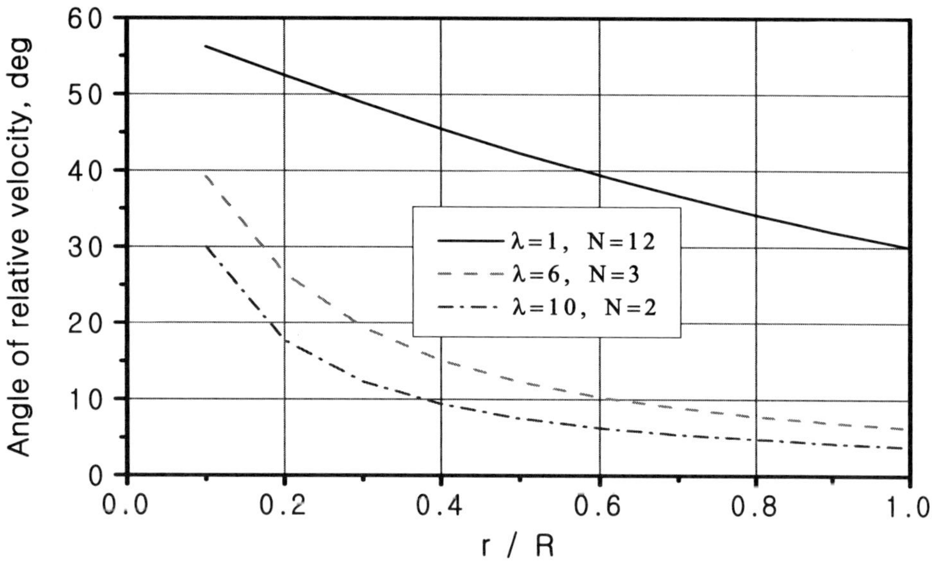

그림 3.16 후류에서 바람의 회전이 있는 날개요소에서 바람의 상대속도각의 비교

표 3.4 후류에서 회전을 고려한 경우 날개 형상에 대한 수치 비교

r/R	$\lambda=1,\ N=12$			$\lambda=6,\ N=3$			$\lambda=10,\ N=2$		
	φ	c/R	C_p	φ	c/R	C_p	φ	c/R	C_p
0.1	56.2	0.130	0.001	39.4	0.218	0.004	30	0.181	0.005
0.2	52.5	0.216	0.004	26.5	0.187	0.010	17.7	0.122	0.011
0.3	48.9	0.271	0.008	19.4	0.146	0.017	12.3	0.087	0.017
0.4	45.5	0.303	0.013	15.1	0.117	0.023	9.4	0.067	0.023
0.5	42.3	0.320	0.019	12.3	0.097	0.029	7.5	0.055	0.029
0.6	39.4	0.327	0.025	10.3	0.082	0.035	6.3	0.046	0.035
0.7	36.7	0.326	0.031	8.9	0.071	0.041	5.4	0.039	0.041
0.8	34.2	0.320	0.037	7.8	0.063	0.047	4.8	0.035	0.047
0.9	32.0	0.312	0.044	7.0	0.056	0.053	4.2	0.031	0.053
1.0	30	0.302	0.05	6.3	0.051	0.059	3.8	0.028	0.059
S_d	0.71			0.10			0.043		

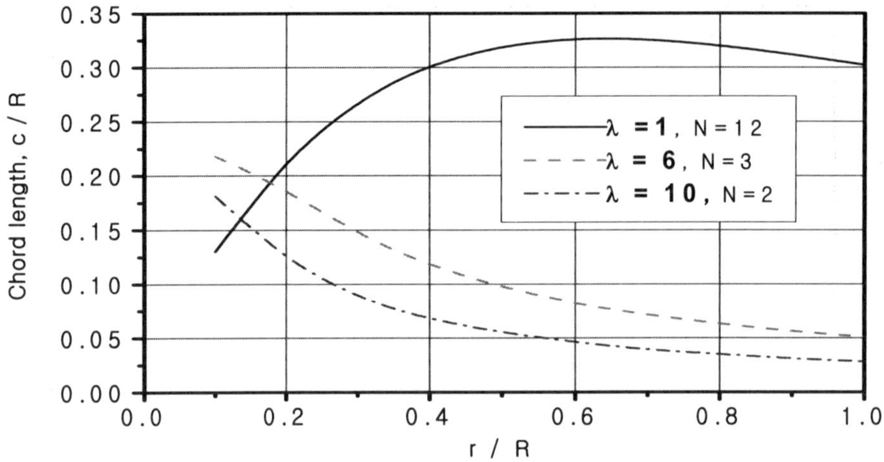

그림 3.17 후류에서 바람의 회전이 있는 경우 날개요소의 시위길이 비교

그림 3.17에 나타낸 날개요소의 시위길이는 고속일수록 짧고 또한 날개 끝으로 갈수록 감소한다. 그러나 고속 터빈과 다르게 저속 터빈의 경우 날개 길이가 증가할수록 시위길이가 증가한 후 r/R=0.5 이상에서는 시위길이의 변화가 미세하다. 즉 저속인 경우 날개의 면적이 끝으로 갈수록 넓어져 고속의 경우와 정반대의 형상을 가진다. 흔히 많이 보는 풍차는 모두 날개 면적이 날개 끝으로 갈수록 넓다.

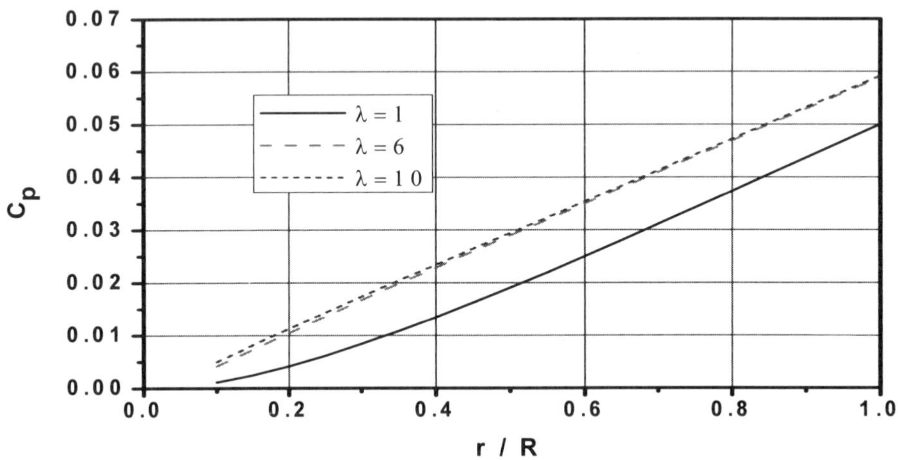

그림 3.18 서로 다른 날개 끝 속도비에 대한 각 날개요소에서 출력계수 비교

그림 3.18은 각 날개요소에서 출력계수의 비교를 나타낸다. 날개 끝 속도비가 1일 때는 출력계수가 낮게 나왔으나, 날개 끝 속도비가 6과 10에서는 출력계수의 차이가 거의 없다. 또한 날개가 로터에 연결된 허브 근처에서는 출력계수가 현저히 낮아, 허브 근처에서는 출력이 거의 발생하지 않음을 알 수 있다.

3.5 풍력터빈 날개 설계과정

최적의 터빈 날개 형상은 풍력터빈의 전체 효율에 큰 영향을 미치며 또한 풍력터빈의 안정적인 운영에 매우 중요한 요소이다. 그러나 앞에서 논의된 것과 같이 날개의 길이에 따라서 바람의 상대속도, 피치각, 시위길이 등이 변하며, 이와 같은 변화를 적절히 포함한 날개를 제작하는 일 또한 어려운 일이다. 그러므로 최대의 효율과 안정적인 운영에 필수적인 날개의 설계는 매우 중요한 과정이며 또한 어려운 과정이다. 날개 형상의 설계과정은 다음과 같다.

3.5.1 주요 터빈 설계인자 결정

1) 풍력터빈의 사용 목적을 명확히 한다. 즉 지하수를 펄 목적인지 아니면 발전이 목적인가를 결정한다. 사용 목적에 따라서 날개의 회전속도와 날개 형상이 다르기 때문이다. 즉 중대형 발전용은 날개 끝 속도비가 보통 4와 10사이이며 ($4 \le \lambda \le 10$) 날개의 형상도 양력을 이용하는 비행기 날개와 같은 형상이다. 그러나 물을 퍼는 풍차는 날개 끝 속도비가 1과 3 사이이며($1 \le \lambda \le 3$) 항력을 이용하기 때문에 날개의 형상도 간단하다.

2) 식 3.21에서 풍력터빈의 출력은 출력계수, 풍속 및 날개 반경의 함수이다. 또한 기어장치, 발전기 및 동력전달 축 등에 대한 효율을 고려하면 식 3.122와 같다. 우선 각 장치들의 효율과 날개의 출력계수를 가정하고 풍력터빈이 설치될 위치에서 측정된 특정 바람의 속도에서 생산할 출력을 결정한다. 출력이 결정되면 식 3.122에서 날개의 길이를 결정한다.

$$P_w = \frac{1}{2} C_p (\rho \pi R^2 V_1^3) \eta_t \tag{3.122}$$

표 3.5 날개 수와 날개 끝 속도비 관계

λ	N
1	8 ~ 24
2	6 ~ 12
3	3 ~ 6
4	3 ~ 4
4<	1 ~ 3

3) 바람의 속도와 정해진 날개 길이에 대한 날개 끝 속도비($\lambda = \Omega R/V$)를 결정한다.

4) 풍력터빈의 사용 목적에 따라서 날개 끝 속도비가 정해지면 날개의 개수를 결정한다. 날개 수와 날개 끝 속도비의 관계는 표 3.5와 같다.

3.5.2 날개 형상 설계

앞에서 출력, 날개 길이, 날개 수 및 날개 끝 속도비 등이 결정되었으므로 이 자료를 바탕으로 날개의 형상을 구한다.

1) 날개의 형상을 구하기 위하여 각 날개 요소에서 바람의 받음각에 대한 양력과 항력에 대한 자료를 구한다. 가능하면 항력과 양력의 비가 작도록 한다.

2) 날개의 길이를 10 ~ 20 등분하고, 각 날개 요소에 대하여 앞에서 구한 식들을 사용하여 바람의 상대속도각, 시위길이, 피치각 및 비틀림각을 구한다. 반경이 r_i인 날개의 i 번째 날개 요소에 대하여 식 3.123, 3.124, 3.125 및 3.126을 사용한다.

$$\varphi_i = \frac{2}{3} tan^{-1}(1/\lambda_{r,i}) \quad (3.123)$$

$$c_i = \frac{4\pi r_i}{C_{l,i}N} tan\varphi_i \sin\varphi_i = \frac{4\pi r_i}{C_{l,i}N}\left(\frac{1}{\cos\varphi_i} - \cos\varphi_i\right) \quad (3.124)$$

$$\theta_{p,i} = \varphi_i - \alpha_i \tag{3.125}$$

$$\theta_{T,i} = \theta_{p,i} - \theta_{p,0} \tag{3.126}$$

3) 앞에서 날개 요소에 대하여 구한 이상적 날개 형상을 기초로 하여 제작하기 쉬운 전체 날개 형상을 구한다. 즉 비틀림각 및 시위길이가 날개의 길이 방향으로 선형으로 변하는 다음과 같은 관계식을 사용하여 각 상수를 구하여 관계식을 완성한다.

$$c_i = a_1 r_i + b_1 \tag{3.127}$$

$$\theta_{T,i} = a_2 (R - r_i) \tag{3.128}$$

3.5.3 전체 날개 끝 속도비에 대한 터빈의 출력계수

선택된 날개 끝 속도비에 대하여 터빈의 날개 형상이 설계되면 터빈이 작동될 전체 날개 끝 속도비 구간에 대하여 출력계수를 구하면 터빈의 전체 성능을 구할 수 있다. 이 결과로부터 터빈의 출력이 최대가 되는 운영조건을 알 수 있고, 또 터빈의 성능이 만족스럽지 못하면 날개의 양력과 항력이 다른 날개 형상으로 다시 설계한다.

식 3.129와 3.130은 터빈의 날개 형상의 설계가 끝난 특정 풍력터빈의 출력계수를 나타내는 식이다[4]. 출력계수는 식 3.37로 나타나는 날개 끝 속도비(λ)와 날개의 피치각(θ)의 함수로 날개의 형상과 회전수에 따라서 결정됨을 알 수 있다.

$$C_p(\lambda,\theta) = 0.518\left(\frac{116}{\lambda_i} - 0.4\theta - 5\right)e^{-\frac{21}{\lambda_i}} + 0.0068\lambda \tag{3.129}$$

특정 풍력터빈의 출력계수를 나타내는 식 3.129를 이용하여 출력계수와 날개 끝 속도 비의 관계를 구하면 그림 3.19와 같다. 날개의 피치각이 0° 일 때 날개 끝 속도비가 약 8에서 최대 출력계수를 얻으며 이때 출력계수는 약 0.48이다. 즉 이때 풍력으로부터 최대의 기계에너지를 얻을 수 있다. 같은 피치각에 대하여 속도비가 증가하면 출력계수가 최고치에 도달 후 감소한다. 즉 각각의 피치각에 대하여 최대

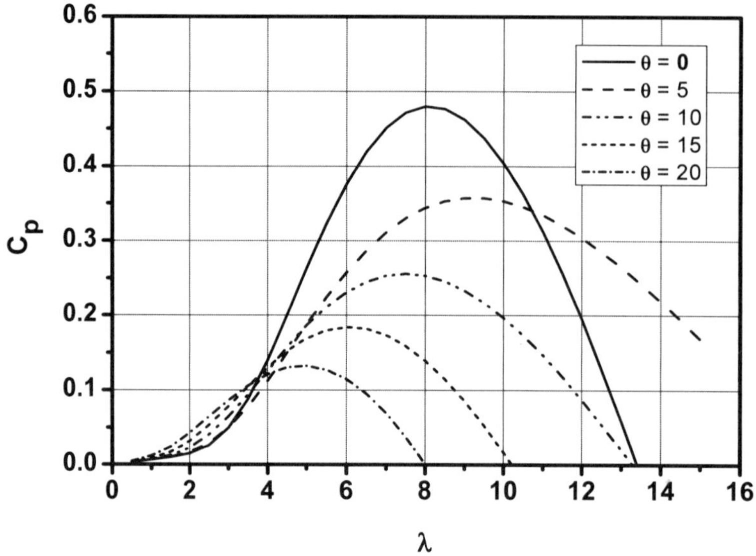

그림 3.19 피치각 변화에 대한 출력계수와 날개 끝 속도비의 관계

$$\frac{1}{\lambda_i} = \frac{1}{\lambda + 0.08\theta} - \frac{0.035}{\theta^3 + 1} \tag{3.130}$$

의 출력계수를 가지는 날개 끝 속도비가 있다. 또한 피치각이 증가할수록 출력계수는 감소하며 피치각이 10° 이상에서는 출력계수가 현저히 감소함을 알 수 있다.

식 3.129와 같은 날개의 출력계수를 나타내는 식이 결정되면 각 풍속에 대한 출력을 구한다. 요구되는 정격출력이 있으면 풍력터빈 전체에 대한 모델링을 실시하여 기어장치, 발전시스템 등을 선정하고, 전체 시스템의 안정적인 운영을 담당할 제어 시스템을 설계한다. 일반적으로 풍력터빈 생산자는 해당 풍속에 대한 출력곡선을 제품과 함께 공급한다.

3.6 항력과 날개 수가 터빈 출력에 미치는 영향

앞 절에서 터빈 날개의 항력이 없는 이상적인 날개 형상에 대하여 시위길이, 바람의 상대속도각 및 출력계수에 대하여 알아보았다. 그러나 실제 날개의 항력과 날개

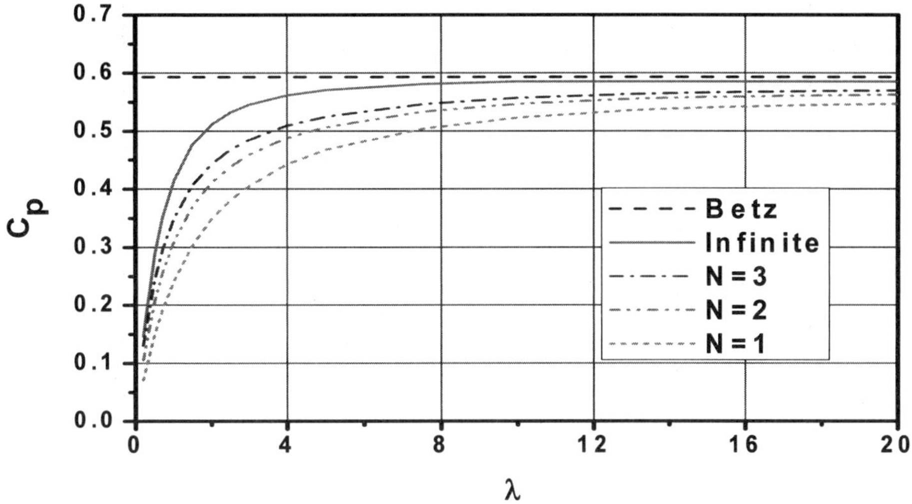

그림 3.20 항력이 없는 경우에 터빈 날개 수와 최대 출력계수 비교

수에 따라서 터빈의 출력계수가 변한다. 아래의 식 3.131은 항력과 날개 수의 영향을 포함하는 출력계수에 대한 식이다[5,6]. 이식은 날개 끝 속도비는 4에서 20까지, 양력과 항력의 비(C_l/C_d)는 25에서 무한대까지, 날개 수는 1에서 3까지 범위에서 0.5%의 범위로 정확하다.

$$C_{p,\max} = \frac{16}{27}\lambda\left[\lambda + \frac{1.32 + \left(\frac{\lambda - 8}{20}\right)^2}{N^{2/3}}\right]^{-1} - \frac{0.57\lambda^2}{\frac{C_l}{C_d}\left(\lambda + \frac{1}{2N}\right)} \tag{3.131}$$

그림 3.20은 항력이 작용하지 않는 이상적 날개 형상에 대하여 날개 수가 1 ~ 3개인 경우에 대한 최대 출력계수를 식 3.131을 이용하여 계산한 결과의 비교를 보여주고 있다. 1-차원 운동량이론에서 구한 Betz계수와 후류에서 바람의 회전을 고려한 각운동량이론에서 구한 날개가 무수히 많은 경우의 출력계수도 함께 비교하였다. 그림에서 날개의 개수를 고려한 경우에는 날개가 3개인 경우 출력이 최고이며, 날개 개수가 감소할수록 출력이 감소한다. 또한 미세하나마 날개 끝 속도비가 증가하면 출력도 증가함을 보여준다.

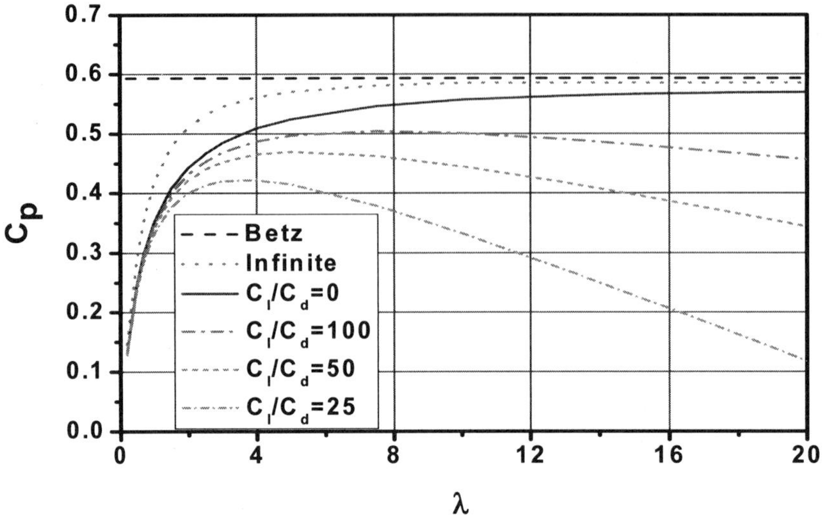

그림 3.21 터빈 날개 수가 3개인 경우 양력과 항력 비 와 최대 출력계수 비교

그림 3.21은 날개가 3개인 경우에 항력이 출력에 미치는 영향을 식 3.131을 사용하여 결과를 비교하였다. 같은 날개 수의 터빈에서 항력이 없는 경우 출력이 가장 양호 하였으며, 양력과 항력의 비가 감소할수록 즉 항력이 증가할수록 출력은 감소하였다. 또 날개 끝 속도비가 증가할수록 즉 회전속도가 빠를수록 항력의 영향은 커져서 출력이 현저히 감소하였다. 그러나 모든 경우에 날개 끝 속도비가 0 ~ 4 범위에서는 출력이 증가하였다.

3.7 날개 끝에서 양력 손실

날개요소 운동량이론은 날개 요소에서 바람의 흐름을 2차원으로 고려하였다. 즉 날개의 길이 방향에 대한 유동의 변화는 없는 날개가 무한이 긴 경우와 같다. 그러나 날개 윗면의 압력은 낮고 아랫면의 압력은 높기 때문에 날개 끝에서는 그림 3.22와 같이 소용돌이가 발생하여 양력이 감소하며 유동은 3차원이다. 이와 같은 양력 감소를 극복하기 위하여 대형 항공기에는 그림 3.23과 같은 "Winglet"이라는 장치를 설치하여 양력의 감소를 막는다. 유사하게 그림 3.24는 실제 양력의 감소를 막기 위하여 풍력터빈의 날개 끝에 “winglet”을 적용한 예이다.

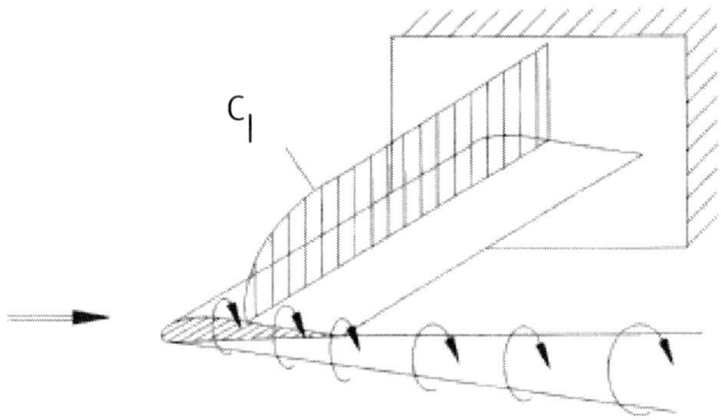

그림 3.22 날개의 길이 방향의 양력계수(C_l) 변화 및 날개 끝에서 와류

그림 3.23 대형 항공기에 설치된 Winglet 형태

그림 3.24 Enercon 풍력발전기 제작사에서 사용한 Winglet 형태

3.8 항력을 이용하는 풍력터빈의 출력

소형의 풍력터빈과 오랫동안 인류가 사용한 풍차 등은 항력을 이용하였으나, 현재 대부분의 상용 대형 풍력터빈은 양력을 이용하고 있다. 따라서 항력을 이용하는 풍력터빈의 출력을 양력을 이용하는 풍력터빈의 출력과 비교해보면 항력을 이용하는 대신 양력을 이용하는 이유를 쉽게 이해할 수 있고 또한 풍력터빈의 작동 원리의 이해에 많은 도움이 된다.

그림 3.25는 역사적으로 가장 오래된 바람의 항력을 사용한 풍력장치로 고대 페르시아 사람들이 사용하였다. 풍차의 반은 바람을 받지 못하게 막고, 일부만 바람이 들어가게 통로를 만들었다. 풍차 전체에 바람이 불면 풍차의 반은 바람과 같은 방향으로 회전하나 다른 반은 바람의 방향에 역행하게 되어 출력이 감소한다. 따라서 받은 바람막이로 막았다. 또한 그림 3.26은 요즈음 사용되는 가장 간단한 풍속계로 역시 바람의 항력을 이용한다.

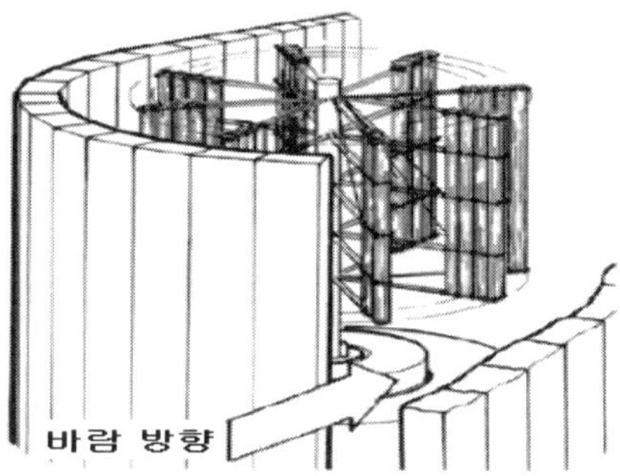

그림 3.25 고대 페르시아 사림들이 사용한 항력을 이용한 풍력장치

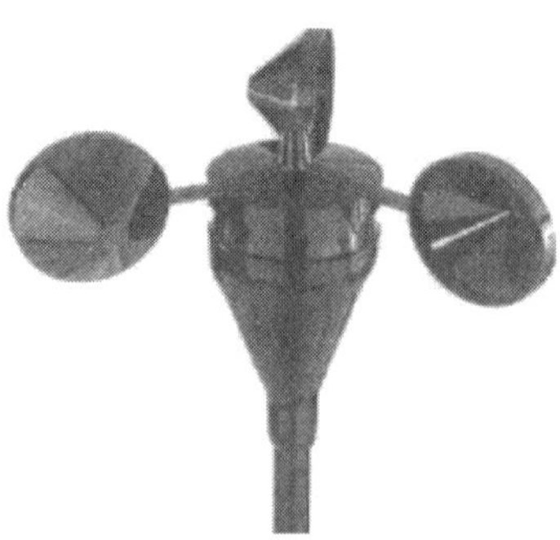

그림 3.26 바람의 항력을 이용한 풍속계

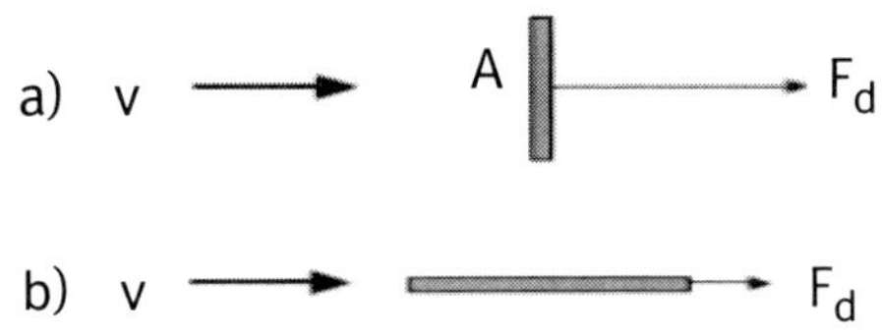

그림 3.27 a) 최대항력과 b) 최소항력이 발생하는 평판과 바람의 방향($C_l \approx 0$)

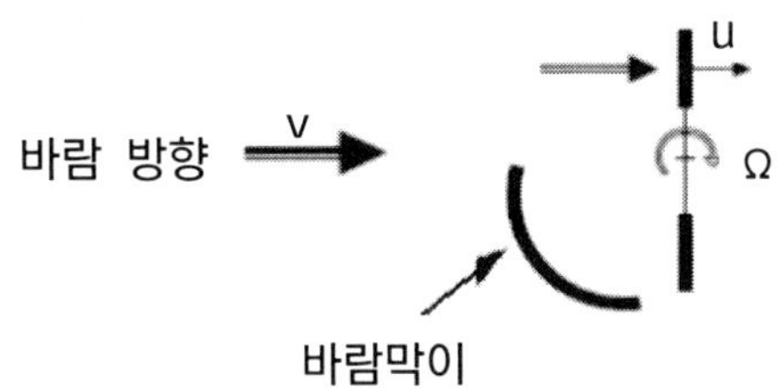

그림 3.28 바람의 항력을 이용한 풍력장치 모델

그림 3.27은 단면적이 A인 평판을 바람의 방향에 수직 및 수평으로 위치한 경우로 그림 3.27 a) 경우에 양력은 없고 항력이 최대이며, 대조적으로 b)의 경우는 양력의 발생은 없고 항력도 최소이다. 따라서 바람의 방향이 평판과 적당한 각을 유지하고 있으면 양력과 항력이 모두 발생한다. 그림 3.27 a)와 같이 바람의 방향에 수직한 평판에 발생하는 항력계수는 1.1 ~ 1.11 정도이며, 그림 3.26과 같은 풍속계 반구의 내부에서는 1.33이 외부에서는 0.33의 항력계수가 발생한다.

그림 3.25와 같은 풍력장치는 그림 3.28과 같이 간략하게 나타낼 수 있다. 평판을 날개로 사용하고 날개의 절반은 바람막이로 가려져 있어 아래 부분에서는 항력이 발생하지 않는다. 바람의 속도가 V이고 날개가 Ω의 각속도로 회전하면 발생하는 출력은 다음과 같다.

$$P = F_d \times U = C_d \frac{1}{2} \rho A (V - U)^2 U \tag{3.132}$$

또한 날개 끝 속도비 관계식을 이용하면 출력은 다음과 같다.

$$\begin{aligned} P &= C_d \frac{1}{2} \rho A (V - U)^2 U \\ &= C_d \frac{1}{2} \rho A V^3 (1 - r\Omega / V)^2 (r\Omega / V) = C_d \frac{1}{2} \rho A V^3 (1 - \lambda)^2 \lambda \end{aligned} \tag{3.133}$$

따라서 출력계수는 다음과 같다.

$$C_p = \frac{P}{(1/2)\rho A V^3} = C_d(1-\lambda)^2\lambda \tag{3.134}$$

식 3.134를 이용하여 최대출력계수를 구하기 위하여 식을 미분하여 변곡점을 구하면 다음과 같다.

$$\frac{dC_p}{d\lambda} = 0 = C_d[(1-\lambda)^2 - 2\lambda(1-\lambda)] = C_d(3\lambda-1)(\lambda-1) \tag{3.135}$$

따라서 $\lambda = 1/3$에서 출력계수가 최대가 되며, 바람의 방향에 수직한 평판에 대한 항력계수 1.11을 이용하면 최대출력계수는 약 0.163이다. 또한 그림 3.29는 날개 끝 속도비와 출력계수와의 관계를 식 3.134를 이용하여 계산한 결과이다. 그림에서 날개 끝 속도비는 1을 넘지 못하고 최대출력계수도 Betz 계수보다 현저히 작다. 날개 끝 속도비가 1을 넘지 못함은 날개의 회전속도가 바람의 속도보다 빠르지 못함을 의미하며, 만약 날개의 속도가 바람의 속도보다 빠르면 항력을 얻을 수 없기 때문이다.

그림 3.30은 반구를 사용한 풍속계(그림 3.26)에 작용하는 항력을 나타낸다. 그림에서 위에 위치한 반구는 바람을 받아서 바람과 같은 방향으로 회전하고, 아래에 있는 반구는 바람과 반대 방향으로 회전한다. 따라서 바람의 상대속도는 V+U로 증가하였다. 서로 다른 항력계수와 바람의 상대속도 때문에 위의 반구와 아래 반구에 발생하는 항력은 다르며 그림 3.30에 있는 것과 같이 다음과 같다.

$$F_{d,a} = C_{d,a}\frac{1}{2}\rho A(V-U)^2 \tag{3.136}$$

$$F_{d,b} = C_{d,b}\frac{1}{2}\rho A(V+U)^2 \tag{3.137}$$

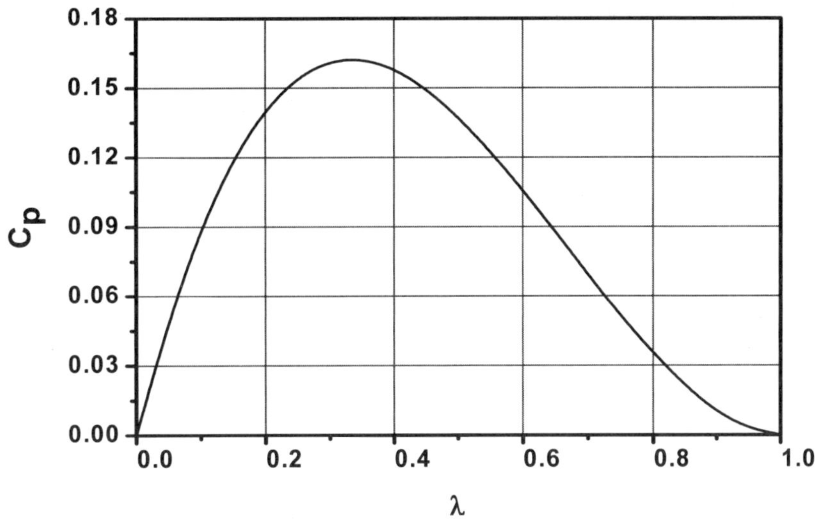

그림 3.29 항력을 이용한 평판형 날개를 가진 풍력장치의 출력계수

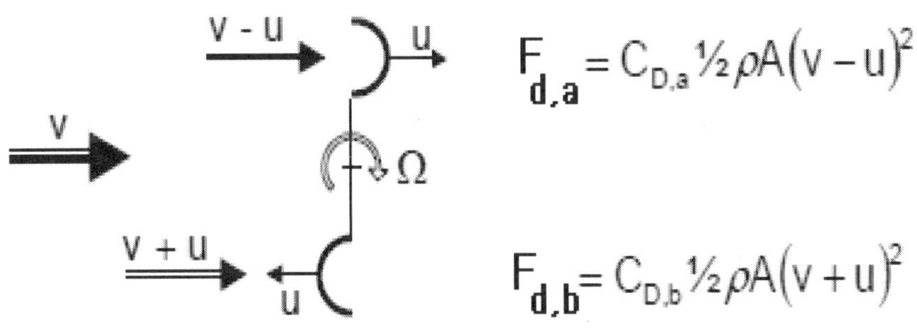

그림 3.30 반구를 사용한 풍속계에서 출력

식 3.136과 3.137을 이용하면 발생하는 출력은 다음과 같다.

$$
\begin{aligned}
P &= (F_{d,a} - F_{d,b})U \\
&= \frac{1}{2}\rho A U\left[C_{d,a}(V-U)^2 - C_{d,b}(V+U)^2\right]
\end{aligned}
\tag{3.138}
$$

또한 날개 끝 속도비 관계식을 사용하면 다음과 같다.

$$P = \frac{1}{2}\rho A U\left[C_{d,a}(V-U)^2 - C_{d,b}(V+U)^2\right]$$
$$= \frac{1}{2}\rho A V^3\lambda\left[C_{d,a}(1-\lambda)^2 - C_{d,b}(1+\lambda)^2\right] \tag{3.139}$$

식 3.139를 이용하면 출력계수는 다음과 같다.

$$C_p = \frac{P}{(1/2)\rho A V^3} = \lambda\left[C_{d,a}(1-\lambda)^2 - C_{d,b}(1+\lambda)^2\right] \tag{3.140}$$

만약 반구 내부에 대한 항력계수 $C_{d,a} = 1.33$을 사용하며, 외부에 대한 항력계수 $C_{d,b} = 0.33$을 사용하면 식 3.141은 다음과 같다.

$$C_p = \lambda\left[C_{d,a}(1-\lambda)^2 - C_{d,b}(1+\lambda)^2\right]$$
$$= \lambda\left[1.33(1-\lambda)^2 - 0.33(1+\lambda)^2\right]$$
$$= \lambda(1-3.32\lambda+\lambda^2) \tag{3.141}$$

식 3.141을 이용하여 최대출력계수를 구하기 위하여 식을 미분하여 변곡점을 구하면 다음과 같다.

$$\frac{dC_p}{d\lambda} = 0 = (1-3.32\lambda+\lambda^2) + \lambda(-3.32+2\lambda)$$
$$= (1-6.64\lambda+3\lambda^2) \tag{3.142}$$

식 3.142를 풀면 $\lambda \approx 0.163$에서 출력계수가 최대가 되며, 최대출력계수는 약 0.08이다. 그림 3.31은 식 3.141에서 얻은 결과를 나타낸다. 출력이 현저히 낮은 이유는 반구의 하나는 바람의 반대방향으로 움직이면서 생산된 출력이 소비되기 때문이다.

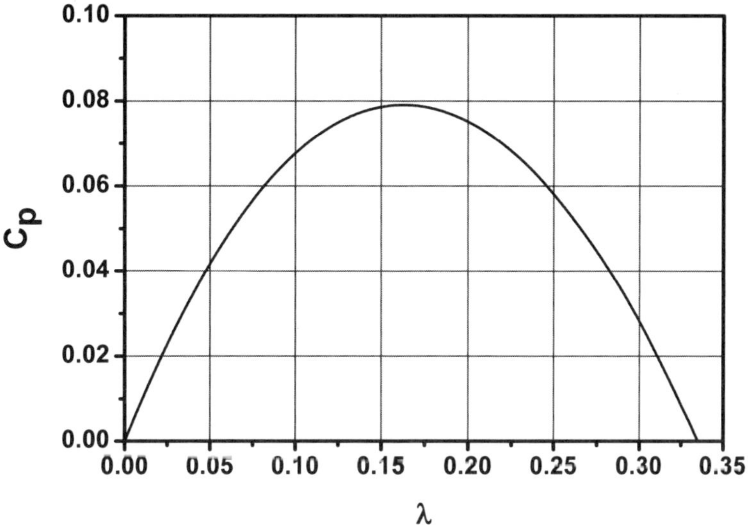

그림 3.31 항력을 이용하는 반구가 부착된 풍력장치의 출력계수

그림 3.29와 3.31을 통하여 항력을 이용하는 풍력장치는 출력계수가 Betz계수보다 현저히 작고, 풍력장치가 작동하는 날개 끝 속도비의 범위도 매우 좁다. 따라서 대부분의 대형 풍력장시는 양력을 이용힌다.

Chapter 4. 풍력터빈 출력 제어

4.1 날개 피치각(Pitch angle) 제어 개요

4.2 풍력터빈의 날개 특성

4.3 출력계수와 날개 끝 속도 비(TSR) 관계

4.4 출력곡선

4.5 정격출력 제어

4.6 최대출력 제어

4.7 설비유용성(Capacity factor) 및 정격풍속 결정

4.8 풍력터빈의 발전시스템 모델링

풍력발전설비는 바람의 운동에너지를 가능한 저렴하게 전기로 변환하도록 설계되고 운영되어야 한다. 또한 제한된 환경에 설치되므로 주위 환경에 잘 적응하면서 바람의 속도와 방향의 변화에 신속하게 대응하여 피해를 최소화 하면서 최대의 출력을 얻을 수 있어야한다. 바람의 속도와 방향 등은 계절과 시간에 따라서 변하며, 사용 목적에 따라서 풍력터빈의 형태도 다양하다. 따라서 풍력터빈이 설치될 곳에 부는 바람의 풍속을 측정하거나 이미 측정된 자료를 이용하여 속도확률분포를 구한다. 이 자료를 이용하면 많은 시간에 부는 바람의 속도와 방향을 알 수 있기 때문에 최대 출력을 얻을 수 있게 풍력터빈을 설계하고 항상 주위 환경의 변화에 잘 대응하는 출력제어 전략을 수립할 수 있다.

4.1 날개 피치각(pitch angle) 제어 개요

대부분의 상용 풍력터빈은 양력을 이용하여 터빈을 구동하므로 날개의 피치각을 조절하여 양력을 감소 또는 증가 시켜 풍력터빈의 출력을 제어한다. 만약 그림 4.1과 같이 터빈 날개에 접근하는 바람의 받음각 또는 접근각(α, angle of attack)이 크면 날개의 윗면을 따라서 흐르는 공기는 완전히 날개 표면을 따라서 흐르지 못하고 날개 표면에서 분리된다. 공기가 날개 표면에서 분리되면 그 분리점 이후의 날개 윗면에서 와류가 발생하여 압력이 증가하고 따라서 전체 양력이 감소한다. 이러한 현상을 스톨(stall)이라 하며 만약 바람의 받음각이 증가하면 이러한 현상이 더욱 심해져서 양력을 발생하지 못하게 되어 날개는 회전력을 잃고 정지한다.

반면에 그림 4.2a)와 같이 받음각이 최적이면 최대의 양력이 발생하여 주어진 풍속에서 최대의 회전력을 얻을 수 있다. 따라서 가능한 스톨이 발생하지 않도록 하기 위하여 풍력터빈에 설치된 풍향계와 풍속계에서 측정한 바람의 방향과 속도를 이용하여 피치각(θ)을 조절한다. 또한 풍속이 정격출력에 필요한 풍속보다 빠르면 피치각을 크게 하여 그림 4.2b)와 같이 날개에 스톨을 발생시켜 양력을 줄인다.

반대로 그림 4.2c)와 같이 날개와 바람의 방향이 이루는 받음각이 작아서 날개에서 양력이 전혀 발생하는 경우가 있으며 이 경우를 페더(feather)상태라 한다. 태풍이 불거나 또는 수리를 위하여 터빈을 정지시킬 필요가 있을 때 피치각을 조절하여 이와 같은 상태를 만든다. 물론 터빈에 설치된 브레이크도 이용하지만 두 가지를 함께 이용한다.

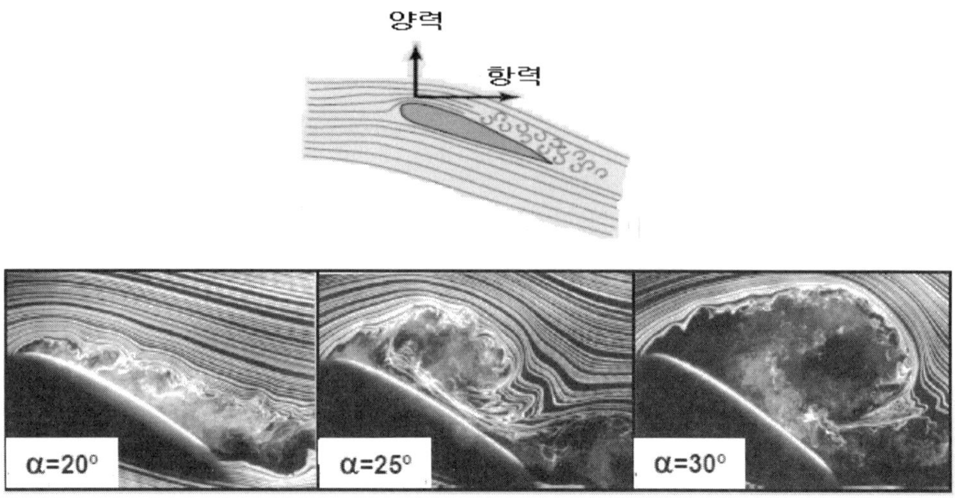

그림 4.1 받음각 증가에 따른 날개 윗면에서 와류가 발생하는[1]

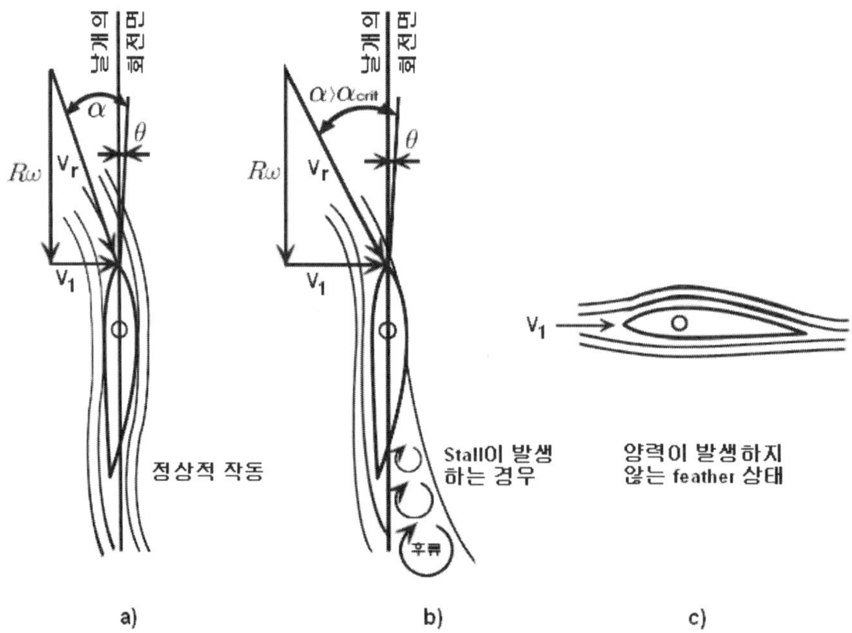

그림 4.2 정상적인 작동과 날개에서 와류가 발생하는 경우

따라서 날개의 피치각을 조절하여 주어진 풍속에 대하여 양력이 최대와 최소 사이에서 다양한 값을 가지게 할 수 있다. 피치각 제어는 그림 2.23과 같이 로터 허브에 설치된 구동 모터와 기어장치가 풍력터빈 제어 시스템에서 신호를 받아 조절된다.

4.2 풍력터빈의 날개 특성

그림 4.3과 4.4와 같이 풍력터빈의 날개는 로터 연결부에서 날개의 끝으로 갈수록 틀어져 있다. 로터가 같은 각속도(ω)로 회전할 때 날개 끝으로 갈수록 반경(R)의 증가로 회전속도($R\omega$)가 증가한다. 따라서 바람의 속도와 날개의 회전속도의 합성으로 이루어진 바람의 상대속도(V_r)의 크기와 방향은 식 4.1과 같이 날개의 반경에 따라서 변한다.

$$\overrightarrow{V_r} = \overrightarrow{V_1} + \overrightarrow{R\omega} \quad \text{or} \quad |V_r| = \sqrt{V_1^2 + (R\omega)^2} \tag{4.1}$$

즉 같은 바람의 속도에 대하여 반경이 증가하면 바람의 상대속도는 증가하여 그림 4.5와 같이 바람의 받음각(α)은 로터의 축 가까이에서 크며, 축에서 멀어질수록 바람의 받음각이 적아진다($\alpha_1 > \alpha_2$). 받음각이 크면 스톨이 발생할 수 있으므로 날개의 모든 부분에서 스톨의 발생을 방지하기 위하여 날개의 피치각(θ, pitch angle)이 반경에 따라서 조금씩 다르게 제작되어 날개가 틀어지게 된다. 따라서 그림 4.3과 같이 날개 끝으로 갈수록 피치각(θ)이 작아진다.

또한 그림 4.3과 같이 풍력터빈의 날개는 끝으로 갈수록 날개폭이 좁아지게 제작되어 있다. 날개의 끝으로 갈수록 반경이 증가면서($R_2 > R_1$) 회전속도($R\omega$)의 증가로 식 4.1에서 바람의 상대속도(V_r)가 증가한다. 한편 양력($\rho A C_l V^2/2$)은 날개의 면적과 회전속도의 함수이므로 전체 날개에서 균일한 양력이 발생할 수 있도록 날개 반경의 증가에 따라 날개폭을 축소한다. 결과적으로 날개 끝으로 갈수록 피치각은 작아지고 또한 날개의 폭이 좁아진다. 예를 들어서 반경이 13.5 m인 Vestas V27 터빈 날개의 경우 날개의 폭이 1.3 m에서 0.5 m로 축소되고, 피치각도 13° 에서 0° 로 감소한다.

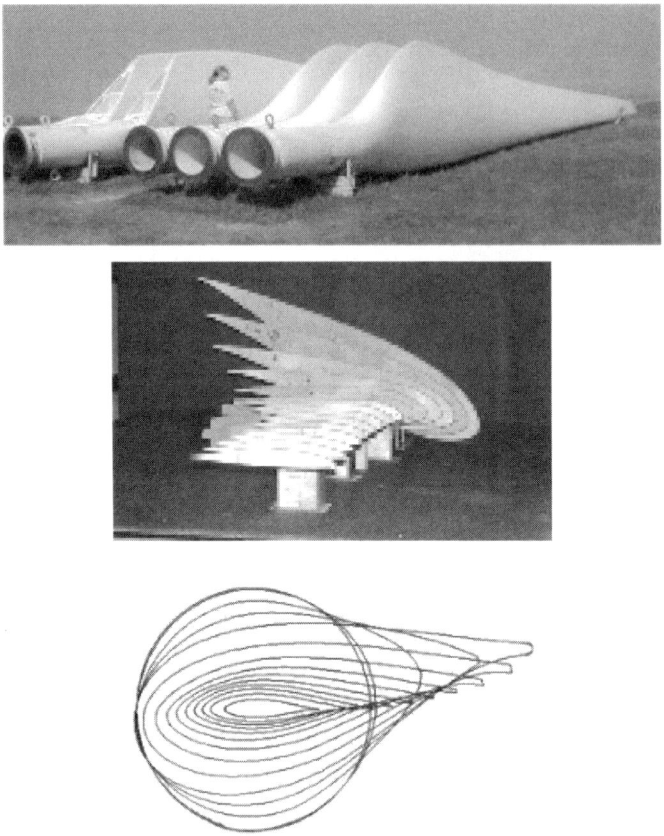

그림 4.3 풍력터빈 날개의 외부 및 단면 형상

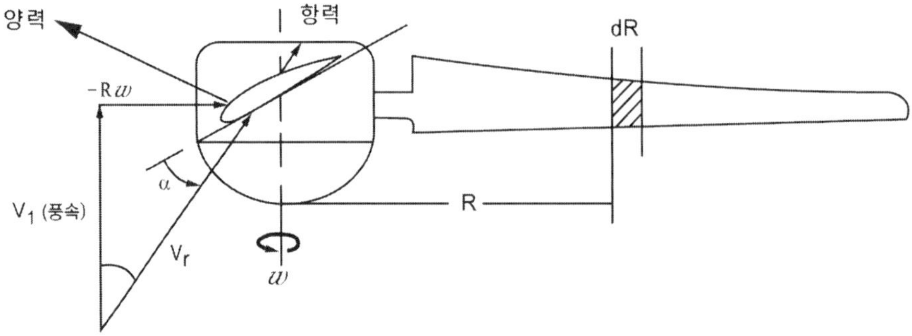

그림 4.4 날개에 작용하는 바람의 상대속도와 양력과 항력의 발생

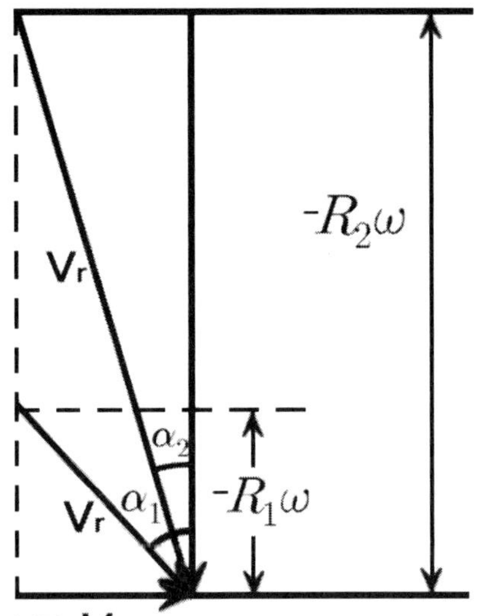

그림 4.5 동일한 풍속에서 터빈 날개의 반경과 바람의 상대속도 변화

바람의 운동에너지를 기계적인 축일로 변환시키는 중요한 역할을 하는 터빈의 날개의 수는 공기역학적 효율, 제작비용, 소음, 구조의 복잡함 및 미적인 관점 등을 기준으로 많은 논의가 있어왔다. 특히 1 ~ 3개의 날개에 대하여 깊은 논의가 많았으며, 종합하면 다음과 같다. 한 개의 날개로 이루어진 풍력터빈이 바람의 흐름에 대한 방해가 가장 적으면서 효과적으로 출력을 낼 수 있다. 또한 제작비용을 절약할 수 있다. 그러나 두 개의 날개를 가진 터빈과 비교하면 많은 단점이 있다. 먼저 한 개의 날개로 두 개의 날개와 같은 출력을 얻기 위해서는 크고 구조가 강해야하며 더 고속으로 회전해야한다. 따라서 소음도 더 많이 발생한다. 또한 회전축의 한쪽에 치우친 무게의 평형을 유지하기 위하여 대칭이 되게 여분의 무게를 날개 반대쪽에 부착해야한다. 이러한 사항을 고려하면 한 개의 날개를 가진 터빈은 두 개의 날개를 가진 터빈보다 경제적이지 못하다.

두 개의 날개를 사용하는 터빈은 세 개의 날개를 사용하는 터빈에 비교하여 로터의 제작비용이 저렴하며, 가벼우며 고속으로 작동하여 변속 장치의 제작비용이 저렴한 장점이 있다. 또한 날개의 설치가 용이하다. 그러나 바람의 방향이 변하면 두 개의 날개는 동적인 불안정이 발생한다. 특히 날개가 수직의 위치에 있을 때는 바람의 방향 변화에 대응하지 못하며, 날개가 수평의 위치에 있으면 방향 변화에 매우 민감하다. 이와 같은 현상이 매 회전마다 발생하는 단점이 있다.

날개가 세 개인 경우는 이러한 불안정한 운동을 제거하고 매우 안정적으로 회전할 수 있다. 비록 세 개의 날개를 제작하고, 설치하는 비용은 많으나, 터빈이 안정적으로 작동하고 효율도 높다. 또한 세 날개 터빈은 미적인 관점에서도 최고의 호의를 받는다. 따라서 대부분의 중대형 풍력터빈은 세 개의 날개를 사용한다.

4.3 출력계수와 날개 끝 속도 비(tip speed ratio) 관계

주어진 풍속에 대한 풍력터빈의 출력은 출력계수(C_p)에 비례한다. 출력계수는 터빈의 회전수와 날개의 형상에 따라 변하는 값으로 출력계수를 정확하게 계산하는 것은 매우 중요한 일이다. 보통 출력계수는 날개 끝 속도 비의 함수로 나타내며, 날개 끝 속도 비(λ)는 다음과 같다.

$$\lambda = \frac{R\omega_r}{V_1} \tag{4.2}$$

식에서 ω_r는 로터의 회전 각속도(rad/s)이며, 날개 끝 속도 비는 풍속과 날개 끝에서 원주 방향의 속도 비이다. 만약 로터의 회전수가 N rpm이면 각속도는 다음과 같다.

$$\omega_r = \frac{2\pi N}{60} \quad \text{(rad/s)} \tag{4.3}$$

따라서 식 4.2에 4.3을 대입하면 날개 끝 속도 비는 다음과 같다.

$$\lambda = \frac{R\omega_r}{V_1} = \frac{\pi NR}{30\,V_1} \tag{4.4}$$

$$N = \frac{30\lambda\,V_1}{\pi R} \quad \text{(rpm)} \tag{4.5}$$

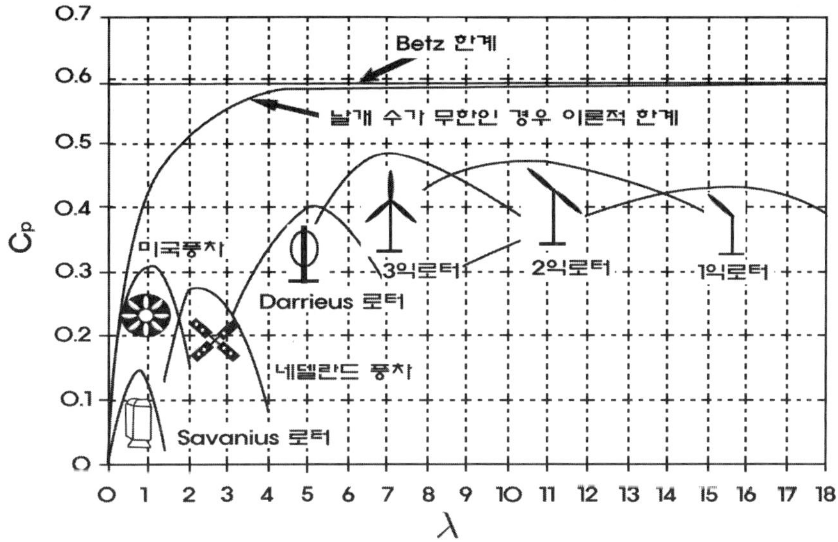

그림 4.6 다양한 풍력터빈에 대한 출력계수와 날개 끝 속도 비(λ) 관계[2]

이론적으로 얻을 수 있는 최대 출력계수는 0.593(Betz 한계)으로 모든 회전수에 대하여 일정한 값이다. 이 값은 로터 날개의 형상이 전혀 고려되지 않았으므로 여러 가지 요인에 의하여 실제 출력계수는 이 보다 적은 값을 가진다. 그림 4.6은 여러 가지 형태의 풍력터빈이 가지는 출력계수를 나타내고 있다. 바람의 항력을 이용하는 미국의 풍차, 네덜란드 풍차 및 사보니우스(Savonius) 풍차는 출력계수가 적고 날개 끝 속도 비가 4 이하인 조건에서 주로 작동한다. 한편 날개 수가 3개인 수평축 풍력터빈이 $6<\lambda<9$ 영역에서 출력계수가 0.4 ~ 0.5의 높은 값을 가지며, 모든 풍력터빈 중에서 출력계수가 제일 높다. 날개가 1 ~ 2개인 풍력터빈은 매우 높은 속도 비에서 작동함을 보여준다. 따라서 날개가 1 ~ 2인 풍력터빈은 터빈의 회전수가 높기 때문에 소음이 많이 발생할 수 있다.

예 제 4-1

경북 영덕에 있는 풍력터빈은 로터 날개 수가 3개이며, 반경이 41 m이고, 회전속도가 15 rpm이다. 그림 4.6을 이용하여 최고의 출력계수를 가지는 풍속을 구하라.

❖ 풀이 : 그림에서 날개가 3개인 경우 최대 출력은 λ = 7에서 발생하므로 식 4.4를 이용하여 계산하면 다음과 같다.

$$V_1 = \frac{\pi NR}{30\lambda} = \frac{\pi \times 15 \times 41}{30 \times 7} = 9.2 \text{ m/s}$$

즉 최고의 출력계수를 가지는 풍속은 9.2 m/s이다.

4.4 출력곡선

제3장에서 풍력터빈의 출력은 풍속의 3승에 비례하고, 날개가 회전하면서 만드는 면적에 비례한다는 것을 알았다. 또한 출력은 날개의 출력계수에 비례하므로 풍력터빈에서 얻는 출력은 다음과 같다.

$$P_w = 0.5 C_p(\lambda, \theta) \rho A V^3 \tag{4.6}$$

날개의 형상을 설계하면 날개의 피치각 변화에 따른 출력계수에 대한 식이 유도되며, 식 4.7과 4.8은 특정 풍력터빈의 출력계수를 나타내는 식이다[3]. 출력계수는 식 4.2로 나타나는 날개 끝 속도비(λ)와 날개의 피치각(θ)의 함수로 날개의 형상과 회전수에 따라서 결정됨을 알 수 있다.

$$C_p(\lambda, \theta) = 0.518\left(\frac{116}{\lambda_i} - 0.4\theta - 5\right)e^{-\frac{21}{\lambda_i}} + 0.0068\lambda \tag{4.7}$$

$$\frac{1}{\lambda_i} = \frac{1}{\lambda + 0.08\theta} - \frac{0.035}{\theta^3 + 1} \tag{4.8}$$

특정 풍력터빈의 출력계수를 나타내는 식 4.7을 이용하여 출력계수와 날개 끝 속도 비의 관계를 구하면 그림 4.7과 같다. 날개의 피치각이 0° 일 때 날개 끝 속도비

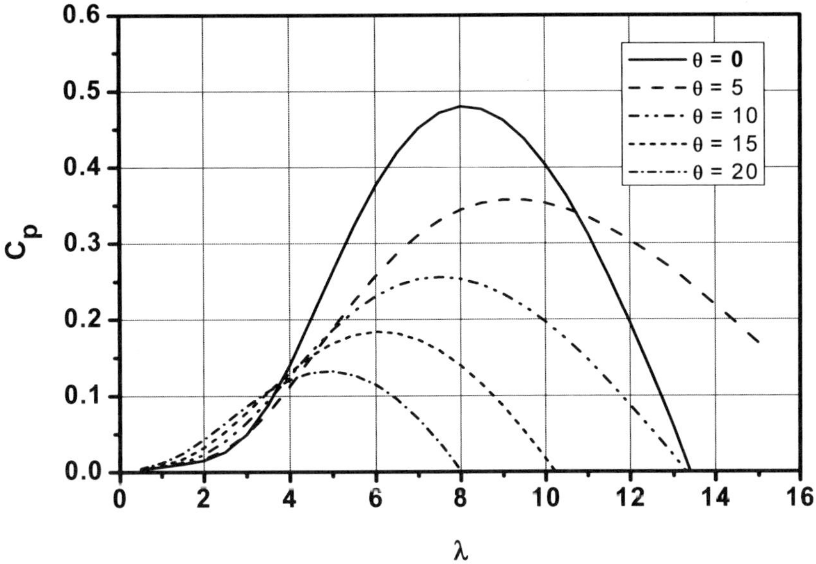

그림 4.7 피치각 변화에 대한 출력계수와 날개 끝 속도비의 관계

가 약 8에서 최대 출력계수를 얻으며 이때 출력계수는 약 0.48이다. 즉 이때 풍력으로부터 최대의 기계에너지를 얻을 수 있다. 같은 피치각에 대하여 속도비가 더 증가하면 출력계수가 최고치에 도달 후 감소한다. 풍력터빈의 날개가 가지는 각각의 피치각에 대하여 최대의 출력계수를 가지는 날개 끝 속도비가 있다. 또한 피치각이 증가할수록 출력계수는 감소하며 피치각이 10° 이상에서는 출력계수가 현저히 감소함을 알 수 있다.

예 제 4-2

풍력터빈의 날개의 피치각(θ)이 0° 이며, 반경이 40 m이고, 회전속도가 15 rpm이다. 풍속이 9 m/s인 경우 출력계수를 구하라.

❖ 풀이 : 식 4.4를 이용하여 날개 끝 속도비를 계산하고, 식 4.7과 4.8을 이용하여 출력계수를 구한다.

$$\lambda = \frac{R\omega_r}{V_1} = \frac{\pi NR}{30V_1} = \frac{\pi \times 15 \times 40}{30 \times 9} = 7$$

$$\frac{1}{\lambda_i} = \frac{1}{\lambda + 0.08\theta} - \frac{0.035}{\theta^3 + 1} = \frac{1}{7} - 0.035 = 0.108$$

$$\begin{aligned} C_p(\lambda,\theta) &= 0.518\left(\frac{116}{\lambda_i} - 0.4\theta - 5\right)e^{-\frac{21}{\lambda_i}} + 0.0068\lambda \\ &= 0.518(116 \times 0.108 - 5)e^{-21 \times 0.108} + 0.0068 \times 7 \\ &= 0.45 \end{aligned}$$

즉 피치각(θ)이 0° 인 경우 출력계수는 0.45이다.

예를 들어 피치각이 0° 이고 날개 반경이 40 m인 풍력터빈에 대하여 식 4.4 ~ 4.8을 이용하여 각각의 날개 회전수에 대하여 출력과 풍속과의 관계를 구하면 그림 4.8과 같다. 주어진 각각의 날개 회전수에서 풍속이 증가하면 출력이 증가하여 최대 출력에 도달한 후 풍속이 증가함에 따라 출력이 서서히 감소한다. 즉 최대출력 후에는 풍속이 증가하면 바람의 상대속도와 받음각이 증가하므로 날개에서 스톨이 발생하여 출력계수가 감소한다. 따라서 풍속의 증가에도 불구하고 출력은 감소한다. 또한 최대 출력이 발생하는 풍속은 회전수에 따라서 서로 다른 값이다. 만약 회전수가 18 rpm에서 정격출력이 2 MW의 발전기를 사용하는 풍력터빈을 가정하자. 풍속이 9 m/s에서 출력은 약 1.0 MW이나 갑자기 풍속이 18 m/s로 증가하면 출력은 약 2.9 MW로 약 세배로 증가한다. 따라서 풍력터빈을 제어하지 않으면 발전기에 과부하가 발생하여 고장을 일으킨다. 이와 같이 풍속의 갑작스런 변화가 심한 곳에서 풍력터빈을 제어하는 일은 쉽지 않다. 그러나 회전수를 16 rpm으로 낮추면 풍속이 25 m/s까지 증가하여도 풍력터빈은 안전하게 작동할 수 있다는 것을 알 수 있다. 반면에 낮은 풍속에서는 출력이 떨어져서 효과적이지 못하다. 그러므로 풍속에 따라서 날개의 회전수를 적절히 제어하는 기술이 필수적이다.

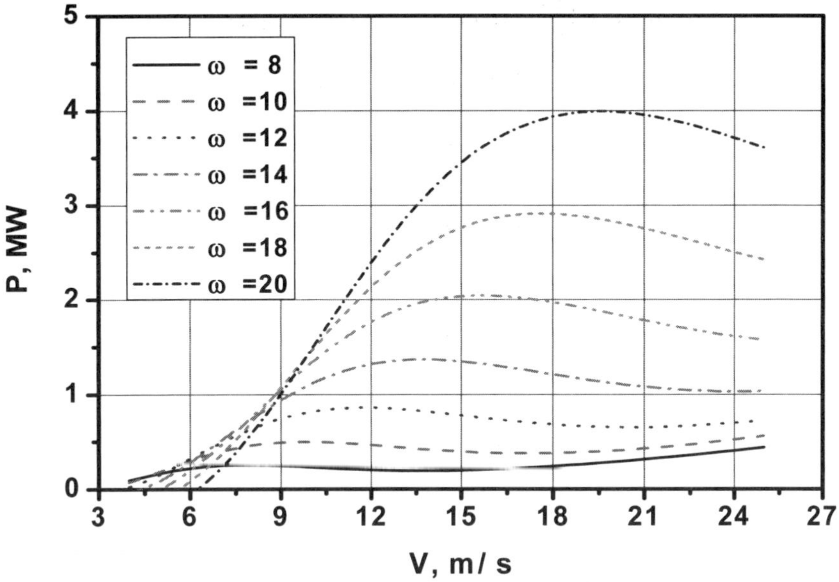

그림 4.8 피치각이 0° 인 날개를 가진 풍력터빈의 풍속과 출력의 관계

예 제 4-3

풍력터빈의 날개 피치각(θ)이 0° 이며, 반경이 40 m이고, 회전속도가 16 rpm이다. 풍속이 9 m/s인 경우 출력을 구하라.

❖ 풀이 : 식 4.4를 이용하여 날개 끝 속도비를 계산하고, 식 4.7과 4.8을 이용하여 출력계수를 구한다.

$$\lambda = \frac{R\omega_r}{V_1} = \frac{\pi NR}{30\,V_1} = \frac{\pi \times 16 \times 40}{30 \times 9} = 7.44$$

$$\frac{1}{\lambda_i} = \frac{1}{\lambda + 0.08\theta} - \frac{0.035}{\theta^3 + 1} = \frac{1}{7.44} - 0.035 = 0.1$$

$$\begin{aligned} C_p(\lambda,\theta) &= 0.518(\frac{116}{\lambda_i} - 0.4\theta - 5)e^{-\frac{21}{\lambda_i}} + 0.0068\lambda \\ &= 0.518(116 \times 0.1 - 5)e^{-21 \times 0.1} + 0.0068 \times 7.44 \\ &= 0.47 \end{aligned}$$

식 4.6을 이용하여 출력을 계산한다.

$$\begin{aligned} P_w &= 0.5C_p(\lambda,\theta)\rho A V^3 = 0.5 \times 0.47 \times 1.225 \times \pi \times 40^2 \times 9^3 \\ &= 1.05\ MW \end{aligned}$$

즉 피치각(θ)이 0° 인 경우 출력계수는 0.47이며 출력은 1.05 MW이다.

피치각(θ)이 0도이고 날개 반경이 40 m인 풍력터빈에 대하여 식 4.4 ~ 4.8을 이용하여 각각의 풍속에 대하여 출력과 날개 회전수와의 관계를 구하면 그림 4.9와 같다. 각 풍속에 대하여 터빈 회전수가 증가하면 출력은 증가하여 정점에 도달한 후 점점 감소한다. 풍속이 낮으면 터빈의 회전수가 작은 범위에서 작동하며 물론 출력도 작다. 풍속이 증가하면 풍력터빈의 작동 회전수도 증가하고 출력도 증가한다. 각 풍속에서 출력이 최대가 되는 값을 추적하며 작동하면 회전수는 풍속이 증가하면서 증가하였다. 보통 정격출력 이하에서는 각 풍속에서 최대출력이 발생하는 회전수 부근에서 풍력터빈이 작동하도록 하고, 정격출력에 도달하면 피치각을 조절하여 풍속이 증가하여도 정격출력만 발전하도록 한다. 그림 4.9에서 풍력터빈의 정격출력이 3.25 MW로 가정하면 정격출력인 3.25 MW까지는 최대출력을 추적하면서 작동하고 풍속이 13 m/s보다 큰 풍속의 경우는 날개의 피치각을 조절하여 정격출력만 생산하게 된다.

그림 4.10은 풍속과 풍력터빈의 출력관계를 나타낸다. 영역I에서는 풍속이 풍력터빈의 시동풍속(V_c)보다 작기 때문에 이용 가능한 풍력이 충분하지 못하여 터빈은 회전하지 않고 전력이 생산되지 않는다. 풍속이 시동풍속보다 큰 영역II에서는 풍력터빈에서 생산하는 출력이 정격출력(P_r)보다 적기 때문에 해당 풍속에서 가능한 최

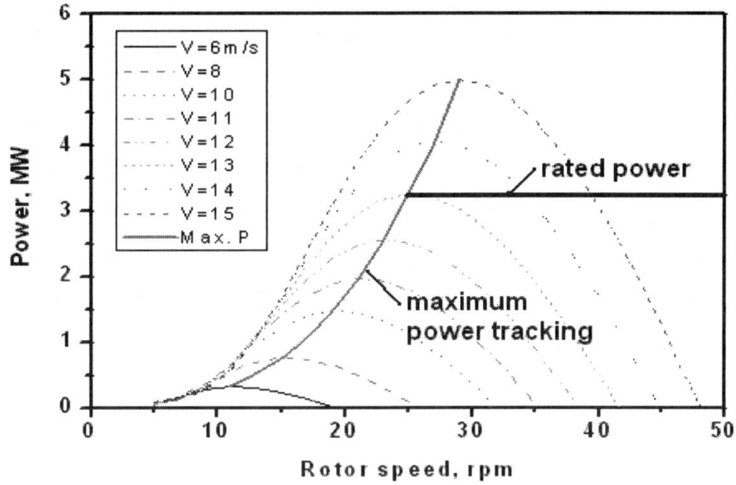

그림 4.9 피치각(θ)이 0° 인 날개를 가진 풍력터빈의 회전수와 출력의 관계

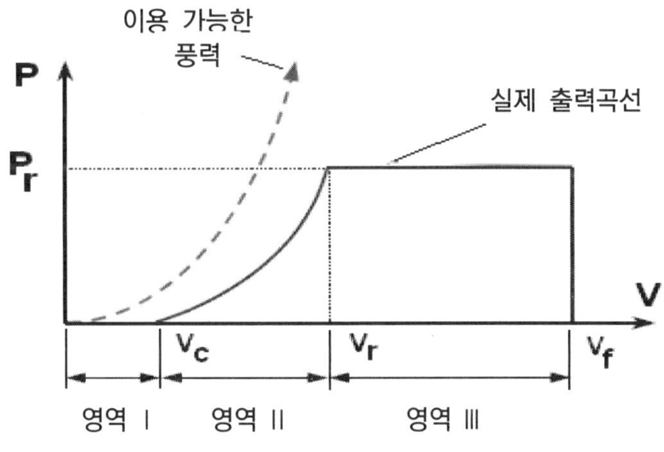

그림 4.10 풍속과 풍력터빈의 실제출력 관계

대의 출력이 생산되도록 풍력터빈을 제어한다. 즉 출력은 풍속의 세제곱과 출력계수에 비례하기 때문에 바람의 운동에너지가 최대한 출력으로 전환되도록 최대 출력계수를 얻는 최적 날개 끝 속도비에서 작동하도록 제어한다. 따라서 영역II에서는 피치각을 거의 일정하게 유지하면서 날개의 회전수(즉 발전기 회전수)를 제어하여 최대의 출력계수를 얻도록 한다. 그림 4.7의 예를 보면 출력계수는 피치각을 0° 로 유지하

면서 날개 끝 속도비가 8일 때 출력계수가 최대가 되었다. 또한 그림 4.9와 같이 최대 출력을 추적하기 위하여 가능한 최적 피치각을 일정하게 유지하면서 회전축의 회전수를 증가시킨다.

영역III은 정격출력을 생산하는 영역으로 주어진 풍속이 충분하여 해당 풍속에서 정격출력보다 더 많은 출력을 낼 수 있으나 설계에 적용한 정격출력만 생산하도록 풍력터빈을 제어한다. 즉 발전기의 토크는 일정하게 유지하면서 날개의 피치각을 제어하여 스톨이 발생하게 한다. 특히 영역II에서 영역III으로 전환되는 경계에서 출력곡선이 급격하게 변하므로 실질적으로 제어하기에 매우 어려우며 다양한 제어기법이 이용되나 많은 문제가 발생한다. 영역III 이후에는 풍속이 너무 커서 풍력터빈이 구조적으로 출력을 생산할 수 없는 상태다. 따라서 풍력터빈이 강풍에 손상되는 것을 방지하기 위하여 풍력터빈의 회전을 정지시키고 터빈의 날개도 가능한 적은 추력을 받도록 피치각을 조절하여 페더(feather)상태로 유지시킨다. 또한 브레이크를 사용하여 모든 설비가 움직이지 못하도록 한다.

따라서 대부분의 풍력터빈은 항상 작동하면서 전기를 생산하지 않고, 적절한 작동 환경에서만 작동한다. 예를 들면 풍속이 터빈의 시동풍속(V_c)인 3 ~ 5 m/s 정도가 되어야 발전을 시작하고 풍속이 정지풍속(V_f)인 20 ~ 25 m/s를 초과하면 발전을 멈추고 정지한다. 한편 풍속이 시동풍속보다 크고 정격풍속(V_r)보다 작은 경우 즉 정격출력(rated power, P_r)이하에서는 해당 풍속에서 얻을 수 있는 최대출력을 생산하고, 정격출력에 도달하면 다양한 제어방법을 사용하여 터빈의 출력이 정격출력이 되도록 풍력터빈을 제어한다.

4.5 정격출력 제어

풍속의 증가로 발생하는 출력의 증가를 제어하기 위하여 날개 출력계수(C_p)를 제어하는 방법으로 스톨제어와 피치제어가 있다. 즉 스톨제어를 사용하는 날개는 허브에 고정되어 있고 풍속이 정격풍속 이상이 되면 그림 4.1과 같이 날개에서 스톨이 발생하여 출력계수를 감소시킨다. 이 방법은 날개를 설계할 때 날개의 피치각을 운영환경에 맞게 미리 결정하여 풍속이 빠르면 자동적으로 스톨이 발생한다. 반대로 피치제어는 날개의 피치각을 항상 조절할 수 있는 피치제어 시스템을 그림 2.23과 같이 날개에 설치하여 풍속이 정격풍속 이상이 되면 날개의 피치각을 조절하여 스톨

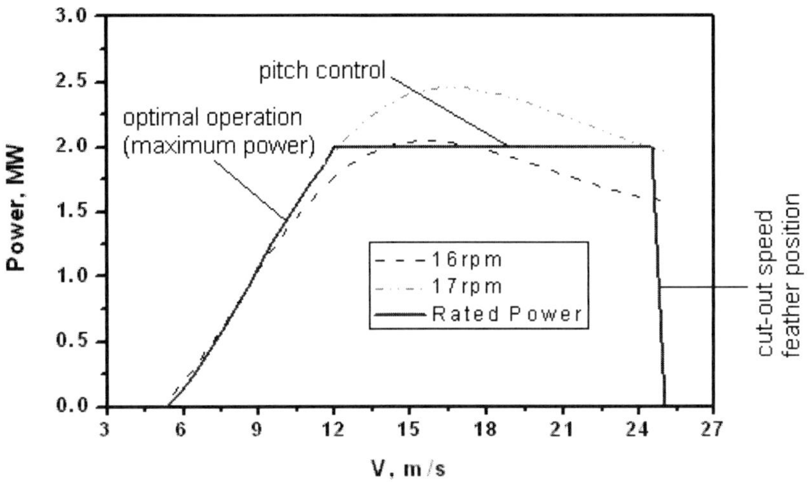

그림 4.11 피치제어를 이용한 정격출력 곡선과 스톨제어를 이용한 출력곡선 비교

이 발생하도록 한다.

그림 4.11은 날개 반경이 40 m이고 정격출력이(rated power) 2 MW인 풍력터빈에서 생산하는 정격출력 곡선과 터빈의 회전수가 16 ~ 17 rpm으로 회전하면서 생산되는 출력을 비교 하고 있다. 정격출력 곡선에 따르면 시동풍속에서 풍속이 12 m/s까지는 풍력터빈의 최고 성능을 낼 수 있는 최적 운영조건에서 즉 출력계수가 최대가 되는 조건으로 운영한다. 그 이후 풍속이 12 m/s보다 큰 풍속에서는 정격출력이 해당 풍속에서 생산할 수 있는 출력보다 적기 때문에 능동적 스톨(active stall) 즉 날개의 피치각을 적절히 제어하는 피치제어를 사용하면 풍력터빈의 손상 없이 설계한 출력을 생산할 수 있다. 풍속이 25 m/s 이후는 정지풍속으로 날개를 페더(feather) 상태로 피치각을 조절하여 날개의 회전을 정지시킨다.

만약 피치제어 기능이 없는 허브에 고정된 날개를 사용하면 수동적 스톨(passive stall)에 의하여 제어된다. 날개의 회전수가 16 rpm인 경우 풍속이 약 16 m/s에서 정격출력에 도달하고 풍속이 더 증가하면 풍속이 18 ~ 25 m/s 범위에서는 출력이 정격출력 이하로 떨어져 출력의 손실이 있는 것을 제외하면 무리 없이 2 MW 내외의 출력을 생산할 수 있다. 그러나 날개 회전수가 17 rpm으로 회전하게 설계되면 풍속이 12 ~ 25 m/s 범위에서는 정격출력 이상의 출력이 생산되어 풍력터빈이 손상될 수 있다. 따라서 날개에 피치각 제어시스템을 설치하면 제작비용은 증가하는 단점이 있으나 설계된 정격출력을 안정적으로 생산할 수 있는 장점이 있다. 한편 풍속이 갑자기 변화는 경우 피치각 제어시스템이 빠르게 대응하지 못하는 경우 풍력터빈에 손상이 발생할 수 있다.

4.6 최대출력 제어

정격출력 이하에서 최대출력을 얻기 위한 풍력터빈 속도를 조절하는 방법에는 날개 끝 속도 비(λ)를 일정하게 유지하는 방법(constant tip-speed ratio scheme)과 최대출력 값의 변화를 추적하는 방법(maximum power tracking scheme) 두 가지가 있다. 먼저 λ 값을 일정하게 유지하는 방법은 풍속과 터빈의 회전수를 계속적으로 측정하고 이 값을 식 4.4에 대입하여 λ 값을 계산한다. 계산 값을 미리 정해진 최적의 λ 값과 비교하면서 날개의 피치각을 조절하여 터빈의 회전속도를 조절한다. 이 방법은 간단해 보이나 풍속을 계속하여 측정하는 단점이 있고, 주위 환경의 변화 등으로 최적 λ 값을 수정할 필요가 발생하였으나 실제 감지하지 못하면 시스템은 작동하고 있으나 최대의 출력을 얻지 못한다.

그림 4.12와 같이 출력과 회전수의 관계에서 특정 회전수 주위에서 최대 출력 ($dP/d\omega = 0$)이 발생한다. 따라서 두 번째 방법은 회전속도 변화에 대한 출력의 변화를 이용하여 항상 터빈이 최대출력을 내는 회전수 주위에서 회전하도록 회전수를

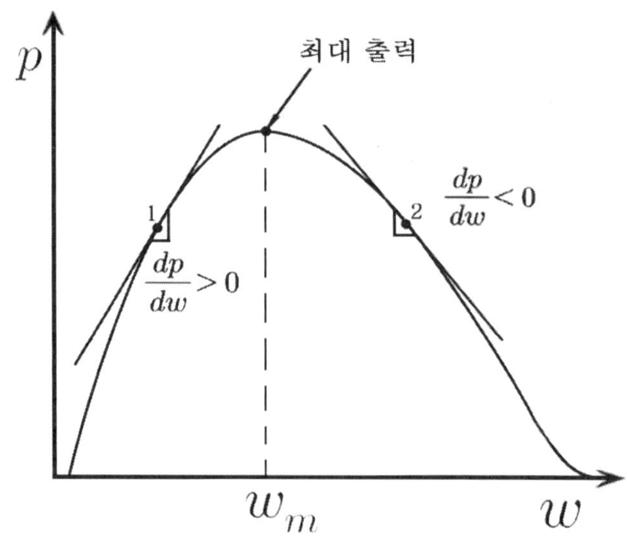

그림 4.12 풍력터빈의 출력곡선에서 출력과 회전수 관계

조절하는 방법이다. 즉 출력을 측정하여 $dP/d\omega$ 값이 음수이면 회전수가 증가할수록 출력은 감소하므로 회전수를 감소시키며, $dP/d\omega$ 값이 양수이면 회전수가 증가할수록 출력은 증가하므로 회전수를 증가시킨다. 따라서 이 방법은 식 4.9와 같은 조건을 유지 시켜서 항상 최대출력을 얻는 회전수 근처에서 터빈이 회전하게 한다. 이 방법은 지역의 풍속 측정에서 발생하는 오차와 풍력터빈의 설계 등에 민감하지 않기 때문에 최대출력을 얻기 위하여 많이 사용되는 방법이다.

$$\frac{dP}{d\omega} \approx 0 \tag{4.9}$$

4.7 설비유용성(Capacity factor) 및 정격풍속 결정

풍력터빈에서 생성된 기계에너지는 기어박스와 발전기를 거치면서 최종적으로 전기에너지로 변환된다. 따라서 바람이 가진 운동에너지가 전기에너지로 변환되는 과정에는 많은 손실이 따르게 되며 각 과정에 포함된 장치의 효율에 따라서 풍력터빈의 최종 출력이 결정된다. 각 과정에 포함된 설비를 크게 분류하면 그림 4.13과 같고, 각 장치는 회전축으로 연결되어 토크를 전달 받는다.

이미 3장에서 설명된 바와 같이 속도 V_1으로 부는 바람이 가지는 운동에너지는 다음과 같다.

$$P_w = \frac{1}{2}\rho A V_1^3 \tag{4.10}$$

일정한 풍속을 가지는 바람의 운동에너지는 풍력터빈의 날개를 통과하면서 터빈날

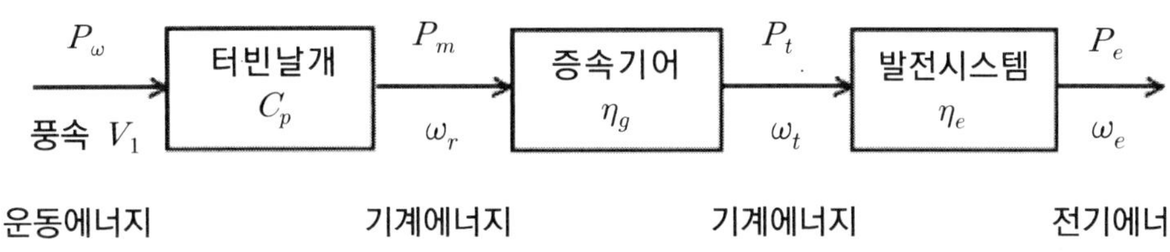

그림 4.13 풍력터빈에서 에너지 변환 과정

개의 출력계수에 비례하는 식 4.11과 같은 기계에너지를 생산하여 터빈에 연결된 축을 ω_r의 각속도를 회전시킨다.

$$P_m = C_p P_w = \frac{1}{2} C_p \rho A V_1^3 \tag{4.11}$$

기계에너지는 증속기어를 통과하면서 기어 및 베어링에서 마찰과 열의 발생으로 일부 손실되므로 기어효율을 곱하면 증속기어 출구에서 회전속도는 ω_t이고 출력은 식 4.12와 같다. 증속기어에서 기어 일단에 보통 2%의 손실이 발생하며, 만약 삼단 기어가 사용되면 약 6%의 손실이 발생한다. 따라서 기어의 단수를 최소화하는 것이 효율을 높이는 방법이다.

$$P_t = \eta_g P_m = \eta_g C_p P_w = \frac{1}{2} \eta_g C_p \rho A V_1^3 \tag{4.12}$$

증속기어를 통과한 기계에너지는 발전기의 로터를 회전시켜서 최종적으로 전기에너지가 발전시스템에서 생산되며 출력은 식 4.13과 같다. 발전기의 효율은 큰 발전기가 작은 발전기보다 높은 효율을 가진다. 일반적으로 발전기의 출력은 로터의 체적에 비례하며 반면에 손실은 로터의 표면적에 비례한다. 따라서 체적과 표면적의 비가 중요한 결정 요소이다. 메가와트 규모의 발전기는 보통 95% 이상의 효율을 가진다.

$$P_e = \eta_e P_t = \eta_e \eta_g P_m = \eta_e \eta_g C_p P_w = \frac{1}{2} \eta_e \eta_g C_p \rho A V_1^3 \tag{4.13}$$

식 4.13에서 출력은 풍속의 3제곱에 비례하므로 풍력터빈이 설치되는 특정 지역의 풍속에 대한 자료를 이용하여 풍속의 변화를 식 4.13에 대입하면 출력의 변화를 구할 수 있다. 따라서 평균출력도 구할 수 있고 주어진 기간 동안에 생산된 총 출력을 예측할 수 있다. 먼저 평균출력은 각 풍속에서 생산되는 출력에 특정 지역의 풍속분포 $f(V)$를 곱한 값을 전체 풍속에 대하여 적분하면 식 4.14와 같다.

$$P_{e,ave} = \int_0^\infty P_e f(V) dV \tag{4.14}$$

1장에서 설명된 Weibull 풍속분포인 식 1.10을 식 4.14에 대입하면 다음과 같다.

$$P_{e,ave} = \int_0^\infty P_e \frac{k}{c}\left(\frac{V}{c}\right)^{k-1} \exp\left[-\left(\frac{V}{c}\right)^k\right] dV \tag{4.15}$$

실제 풍력터빈은 풍속이 시작풍속(V_c)보다 작으면 작동을 하지 않고 또한 정지풍속(V_f)보다 크면 정지하기 때문에 출력이 없다. 따라서 출력은 식 4.15를 전체 풍속에 대하여 적분하는 대신에 시동풍속과 정지풍속 구간에 대하여 적분하면 식은 다음과 같다.

$$P_{e,ave} = \int_{V_c}^{V_f} P_e \frac{k}{c}\left(\frac{V}{c}\right)^{k-1} \exp\left[-\left(\frac{V}{c}\right)^k\right] dV \tag{4.16}$$

또한 정격출력에서는 풍속에 관계없이 출력이 일정하기 때문에 식 4.16은 식 4.17과 같이 나타낼 수 있다.

$$P_{e,ave} = \int_{V_c}^{V_r} P_e f(V) dV + P_r \int_{V_r}^{V_f} f(V) dV \tag{4.17}$$

여기서 V_r은 정격출력이 시작되는 풍속이다. 식 4.17의 적분을 수행하기 위해서 시동풍속에서 정격출력 풍속 사이의 풍속에 대한 출력(P_e) 식을 알아야한다. 한편 시동풍속에서 정격출력 풍속 사이에서 출력에 대한 식은 다음과 같이 가정한다[4].

$$P_e = a + bV^k \quad (V_i \le V \le V_m) \tag{4.18}$$

$$a = \frac{P_r V_c^k}{V_c^k - V_r^k} \tag{4.19}$$

$$b = \frac{P_r}{V_r^k - V_c^k} \tag{4.20}$$

따라서 식 4.18을 식 4.17에 대입하면 다음과 같다.

$$P_{e,ave} = \int_{V_c}^{V_r} (a + bV^k) f(V) dV + P_r \int_{V_r}^{V_f} f(V) dV \tag{4.21}$$

식 4.21의 적분을 실행하기 위하여 다음과 같이 변수를 변환한다.

$$x = \left(\frac{V}{c}\right)^k \tag{4.22}$$

식 4.22의 미분한 식은 다음과 같다.

$$dx = \left(\frac{k}{c}\right)\left(\frac{V}{c}\right)^{k-1} dV \tag{4.23}$$

식 4.22와 4.23을 이용하여 식 4.21을 적분한다. 식 4.21의 적분기호 내부에는 다음과 같은 두 가지의 대표적인 형태가 있으며 서로 분리하여 적분하면 다음과 같다.

$$\begin{aligned} \int f(V) dV &= \int \left(\frac{k}{c}\right)\left(\frac{V}{c}\right)^{k-1} \exp\left[-\left(\frac{V}{c}\right)^k\right] dV \\ &= \int e^{-x} dx = -e^{-x} \end{aligned} \tag{4.24}$$

$$\begin{aligned} \int V^k f(V) dV &= c^k \int \left(\frac{V}{c}\right)^k \left(\frac{k}{c}\right)\left(\frac{V}{c}\right)^{k-1} \exp\left[-\left(\frac{V}{c}\right)^k\right] dV \\ &= c^k \int x e^{-x} dx = -c^k (x+1) e^{-x} \end{aligned} \tag{4.25}$$

식 4.24와 4.25를 이용하여 식 4.21을 적분하면 다음과 같다.

$$P_{e,ave} = P_r \left\{ \frac{\exp\left[-(V_c/c)^k\right] - \exp\left[-(V_r/c)^k\right]}{(V_r/c)^k - (V_c/c)^k} - \exp\left[-\left(\frac{V_f}{c}\right)^k\right] \right\} \tag{4.26}$$

식 4.26은 풍속분포의 특성을 나타내는 인자인 c와 k 및 터빈의 작동 상태를 나타내는 시동풍속과, 정지풍속 및 정격풍속의 함수로 되어 있다. 따라서 식 4.26을 이용하여 주어진 풍속에 대한 c와 k에 대하여 평균출력을 최대화하기 위하여 시동풍속, 정지풍속 및 정격풍속을 선택할 수 있다.

또한 식 4.26에서 { }에 있는 값은 정격출력과 평균출력의 비로 이 값을 풍력터빈 설비유용성(Capacity factor, CF)이라 한다.

$$CF = \left\{ \frac{\exp\left[-(V_c/c)^k\right] - \exp\left[-(V_r/c)^k\right]}{(V_r/c)^k - (V_c/c)^k} - \exp\left[-\left(\frac{V_f}{c}\right)^k\right] \right\} \tag{4.27}$$

즉 식 4.27은 식 4.28과 같으며, 주어진 기간 동안 실제 생산된 출력과 같은 기간 동안 풍력터빈이 정격출력 상태로 작동할 경우 생산될 출력의 비교를 나타낸다. 따라서 설비유용성은 경제성 분석에 자주 사용되는 중요한 용어다.

$$CF(\%) = \frac{\text{일정 기간동안 생산된 실제 출력}(kWh)}{\text{같은 기간 동안}(hr) \times \text{정격출력}(kW)} \times 100 \tag{4.28}$$

한편 현실적으로 풍력터빈에 사용되는 기어박스, 발전기, 베어링, 피치제어 장치 및 요우잉 장치 등에서 발생하는 손실을 능가하는 최소한의 출력이 발생하는 풍속에서 터빈은 작동한다. 보통 사용되는 시동풍속은 3 ~ 5 m/s이며, 정격풍속은 10 ~ 15 m/s이고 정지풍속은 정격풍속의 약 2배인 20 ~ 25 m/s이다. 가능한 풍력터빈의 평균출력을 최대화 할 수 있도록 정격풍속을 결정해야한다. 만약 정격풍속이 너무 낮으면 바람의 속도가 빠를 때 출력을 많이 생산하지 못하며, 반대로 정격풍속이 너무 높으면 풍력터빈은 정격출력을 거의 생산하지 못하여 저속 풍속에서 출력 손실이 많이 발생한다. 따라서 특정 풍속분포에서 출력을 극대화 할 수 있는 정격풍속을 식 4.26을 이용하여 구한다.

평균출력을 나타내는 식 4.26은 식 4.27을 이용하여 다음과 같이 나타낼 수 있다.

$$P_{e,ave} = CF \times P_r = CF \times \frac{1}{2}\eta_e \eta_g C_p \rho A V_r^3 = CF \times \eta_o \frac{\rho}{2} A V_r^3 \qquad (4.29)$$

식에서 η_o는 터빈의 출력계수, 기어박스 효율 및 발전기 효율을 포함한 총합효율이다. 한편 식 4.29는 다음과 같이 무차원화하면 평균출력은 무차원 정격풍속의 함수로 나타낼 수 있다.

$$P_N = \frac{P_{e,ave}}{\eta_o (\rho/2) A c^3} = CF \times \left(\frac{V_r}{c}\right)^3 \qquad (4.30)$$

식 4.30에서 c는 풍속분포도에서 사용한 형상계수이며, 무차원 평균출력은 설비유용성과 무차원 정격풍속의 함수이다. 식 4.30을 사용하면 평균출력이 최대가 되는 경우의 정격속도를 구할 수 있다.

그림 4.14는 형상계수 c가 7 m/s인 경우에 시동풍속을 정격풍속의 0.4배($V_c = 0.4V_r$)로 하고 정지풍속을 정격풍속의 2배($V_f = 2V_r$)에 대하여 무차원 평균출력을 구한 결과이다. k 값이 변하면 평균출력도 변함을 알 수 있고, 주어진 k 값에서 평균출력의 최고 값이 발생하는 정격풍속을 구할 수 있다. 예를 들면 k=2인 경우에 무차원 정격풍속이 약 2.0에서 최대 평균출력이 발생하므로 정격풍속은 14 m/s 임을 알 수 있다. 또한 최고 평균출력 근처에서 출력곡선의 기울기는 완만하므로 정격풍속의 약간의 변화에 대하여 평균출력의 변화는 크지 않다. 그림 4.14에서 k 값이 감소할 수 록 평균출력은 증가한다. 그러나 이와 같은 현상은 평균풍속이 같은 경우에 적용된다. 일반적으로 평균풍속이 작으면 평균출력도 적으며, 또한 k 값도 적어진다. 따라서 평균출력이 크려면 평균풍속이 크고 k 값은 작아야한다.

그림 4.15는 그림 4.14와 같은 경우에 대하여 설비유용성(CF)의 정격풍속에 대한 변화를 나타낸다. k=2인 경우에 CF는 무차원 정격풍속의 1.0보다 작은 약 0.7 ~ 0.8 사이에서 최대치 0.6을 가진다. 반면에 그림 4.14에서 평균출력의 최대치는 2.0에서 발생하였다. 또한 설비유용성은 정격풍속이 증가하면 급격이 감소한다. 즉 정격

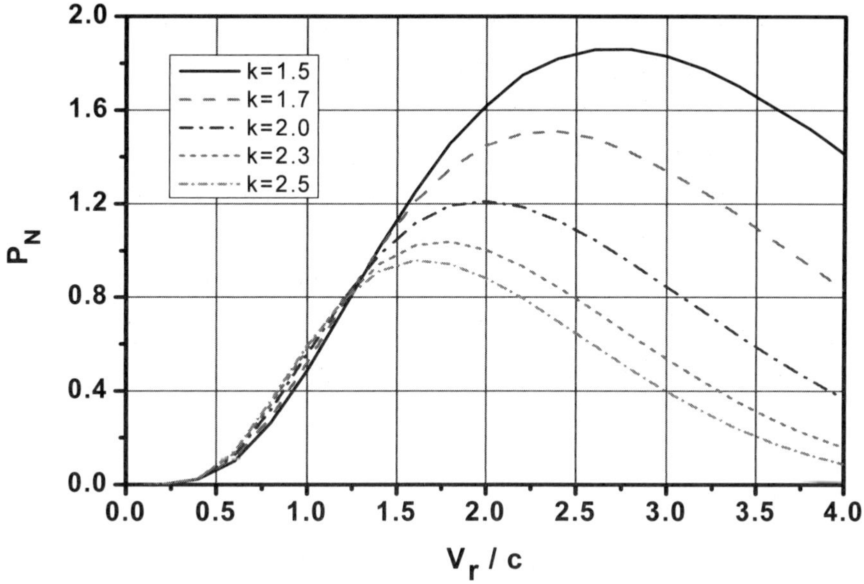

그림 4.14 c=7 m/s인 경우 무차원 평균출력과 정격풍속 관계

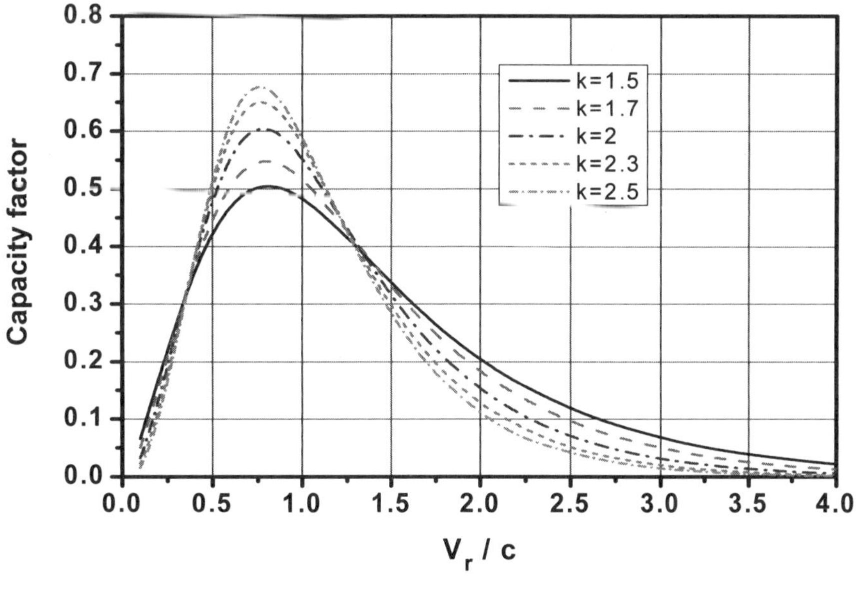

그림 4.15 c=7 m/s인 경우에 설비유용성(CF)과 무차원 정격풍속 관계

풍속이 증가하면 풍력터빈이 정격풍속에서 작동할 시간은 점점 적어지고, 대부분의 시간동안 정격풍속 이하의 풍속에서 작동하므로 설비유용성은 떨어진다. 따라서 가능한 최대의 평균출력을 얻기 위하여 반드시 높은 설비유용성이 요구되지 않는다.

설비유용성과 함께 많이 사용되는 용어는 설비가동률(availability, AL)이다. 설비가동률은 설비에 대한 신뢰도를 나타내며 충분한 바람이 불고 있으나 설비의 고장으로 가동할 수 없는 정도를 의미한다. 주어진 시간 동안 풍속이 시동풍속 이하인 시간과 풍속이 정지풍속 이상인 경우를 포함하여 풍력터빈이 작동 가능한 전체 시간에 대한 고장으로 작동하지 못한 시간의 비이며, 보통 가동률은 95 ~ 99% 정도이다.

연간 생산되는 전기생산량은 평균출력에 일 년에 해당되는 시간인 8760시간을 곱하여 다음과 같다.

$$P_{e,year} = P_{e,ave} \times time = CF \times P_r \times 8760 \quad \text{(kWh)} \tag{4.31}$$

예 제 4-4

c=7 m/s이고 k=2.3인 풍속분포도를 가지는 곳에 설치된 풍력터빈의 날개의 직경은 91.5 m이다. 이 터빈의 정격출력은 정격풍속에서 2.5 MW이다. 시동풍속은 정격풍속의 0.4배이고, 정지풍속은 정격풍속의 2배이다. a) 최적 정격풍속을 구하라. b) 터빈의 설비유용성을 구하라. c) 연간 전력생산량을 구하라.

❖ 풀이 : a) 그림 4.14에서 k=2.3인 경우 최대 평균출력은 무차원 정격풍속이 1.75에서 발생한다. 따라서 정격풍속은 다음과 같다.

$$V_r = 1.75 \times 7 = 12.3 \ m/s$$

b) 설비유용성은 식 4.27을 이용하여 구한다.

$$V_c = 0.4 \times V_r = 0.4 \times 12.3 = 4.9 \ m/s$$
$$V_f = 2 \times V_r = 2 \times 12.3 = 24.6 \ m/s$$

$$CF = \left\{ \frac{\exp\left[-(V_c/c)^k\right] - \exp\left[-(V_r/c)^k\right]}{(V_r/c)^k - (V_c/c)^k} - \exp\left[-\left(\frac{V_f}{c}\right)^k\right] \right\}$$

$$= \left\{ \frac{\exp\left[-(4.9/7)^{2.3} - \exp\left[-(1.75)^{2.3}\right]\right]}{1.75^{2.3} - (4.9/7)^{2.3}} \right\} - \exp\left[-\left(\frac{24.6}{7}\right)^{2.3}\right]$$

$$= 0.207$$

또한 그림 4.15에서 비슷한 값을 구할 수 있다.

c) 연간 전력생산량을 구하기 위하여 식 4.31을 이용하면 다음과 같다.

평균출력 = $CF \times P_r$ = 0.207 × 2500 kW = 517.5 kW

연간 전력생산량 : $P_{e,\,year} = P_{e,ave} \times time = CF \times P_r \times 8760$

$$= 0.207 \times 2.5 \times 8760 = 4{,}533.3 \ MWh$$

4.8 풍력터빈의 발전시스템 모델링

그림 4.9와 4.10에서 피치각이 0° 인 날개에 대하여 출력을 풍속과 날개의 회전수의 함수로 나타내었다. 이 관계는 바람의 운동에너지를 기계에너지로 변환 시킨 결과로 최종 출력이 아니다. 기계에너지는 증속기어를 통과하여 발전기에 토크를 가하여 전기에너지로 변환된다. 따라서 출력과 발전기의 회전수 관계를 구하고 이때 얻을 수 있는 토크를 구하여야 발전시스템을 모델링할 수 있다.

풍력터빈에 사용될 날개의 형상이 설계되면 날개의 출력계수를 나타내는 식이 유도된다. 출력계수는 각각의 날개형상에 따라서 고유한 식이 주어지며, 예를 들면 시스템 모델링을 위하여 출계계수에 대한 식은 식 4.32를 사용한다[3].

$$C_p(\lambda) = 0.244(\frac{130}{\lambda} - 6.56)e^{-13.3/\lambda} \tag{4.32}$$

선택한 날개형상에 대한 출력계수가 구해지면 식 4.6을 사용하여 기계에너지인 풍속에 대한 출력을 구할 수 있다.

$$P_w = 0.5C_p(\lambda)\rho A V_1^3 \tag{4.6}$$

또한 날개에서 얻은 출력인 기계에너지는 토크로 나타내면 다음과 같고, 이 토크가 발전기를 회전시킨다.

$$T_g = -\frac{P_w}{\omega_r} = -0.5\rho A C_p(\lambda) V^3/\omega_r \tag{4.33}$$

식에서 w_r은 날개가 연결된 축의 회전각속도이다.

한편 날개 끝 속도비는 식 4.4로 다음과 같다.

$$\lambda = \frac{R\omega_r}{V_1} = \frac{2\pi NR}{60V_1} \tag{4.4}$$

사용되는 발전기의 동기회전수(synchronous speed)는 다음과 같다.

$$n_s = \frac{f}{z_p} \times 60 \tag{4.34}$$

식에서 f는 계통연계 전류의 주파수이며, z_p는 발전기의 자극수(pole pairs)이다. 따라서 예를 들어 주파수가 50 Hz이고, 자극수가 2이면 발전기의 동기회전수는 1500 rpm이다. 또한 자극수가 증가하면 동기회전수는 감소한다.

만약 발전기와 날개 사이에 증속기어가 사용되는 경우 기어 증속비에 따라서 날개의 축 회전수와 발전기의 회전수(N_g) 관계는 다음과 같다.

$$N_g = N \times G_r \tag{4.35}$$

식 4.35에서 G_r은 기어의 증속비이고, N은 날개가 연결된 축의 회전수이다. 식 4.4를 이용하여 발전기의 회전수를 풍속의 함수로 나타내면 다음과 같다.

$$N_g = N \times G_r = \frac{60\lambda G_r}{2\pi R} V_1 \tag{4.36}$$

식 4.36을 이용하여 주어진 날개형상에 대하여 최고의 출력이 발생하는 최적의 날개 끝 속도비 (λ_{opt})에서 발생하는 최적의 발전기 회전수(N_g^*)는 다음과 같다.

$$N_g^* = N \times G_r = \frac{60\lambda_{opt} G_r}{2\pi R} V_1 \tag{4.37}$$

또한 날개 축의 회전속도(ω_r)를 발전기의 회전수(N_g)을 나타내는 식 4.35를 이용하여 나타내면 다음과 같다.

$$\omega_r = \frac{2\pi N}{60} = \frac{2\pi N_g}{60 G_r} \tag{4.38}$$

발전기에 가해지는 토크를 나타내는 식 4.33에 식 4.38을 대입하면 토크는 식 4.39와 같다. 식 4.39는 토크를 기어 증속비, 풍속 및 발전기 회전수의 함수로 나타냈다.

$$\begin{aligned} T_g &= -\frac{P_w}{\omega_r} = -0.5\rho A C_p(\lambda) V^3/\omega_r \\ &= -0.5\rho A C_p(\lambda) V^3 \frac{60 G_r}{2\pi N_g} \end{aligned} \tag{4.39}$$

풍력터빈의 출력계수, 출력 및 토크에 대한 식을 표 4.1에 주어진 형상의 풍력터빈에 적용하여 풍력터빈의 발전시스템을 모델링한다. 먼저 풍력터빈의 출력계수에 대한 식 4.32를 이용하여 최대출력과 최적 날개 끝 속도비를 구하면 그림 4.16과 같으며 날개 끝 속도비(λ) 0.8에서 최대출력계수는 0.45가 되었다.

표 4.1 풍력터빈 주요 설계인자[4]

정격 출력	P_r, MW	1.5
정격 풍속	V_r, m/s	12
날개 반경	R, m	35
기어 증속비	G_r	1:75.71
발전기 자극수	z_p	2
정격 전압	$\overline{V_m}$, V	575
주파수	f, Hz	50

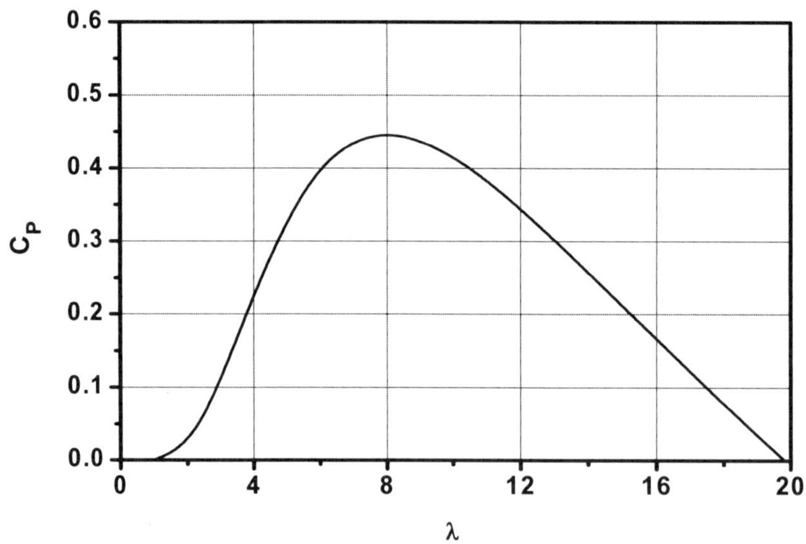

그림 4.16 출력계수와 날개 끝 속도비 관계

또한 공기의 밀도를 1.0 kg/m^3로 가정하고 구해진 출력계수와 출력에 대한 식 4.6을 이용하여 출력과 발전기 회전수의 관계를 구하면 그림 4.17과 같다. 피치각이 0도인 날개에 대하여 풍속 12 m/s에서 발전기 회전수가 약 2000 rpm 일 때 출력이 1.5 MW의 정격출력이 발생하였다. 풍속 10.5 m/s인 경우 발전기의 회전수가

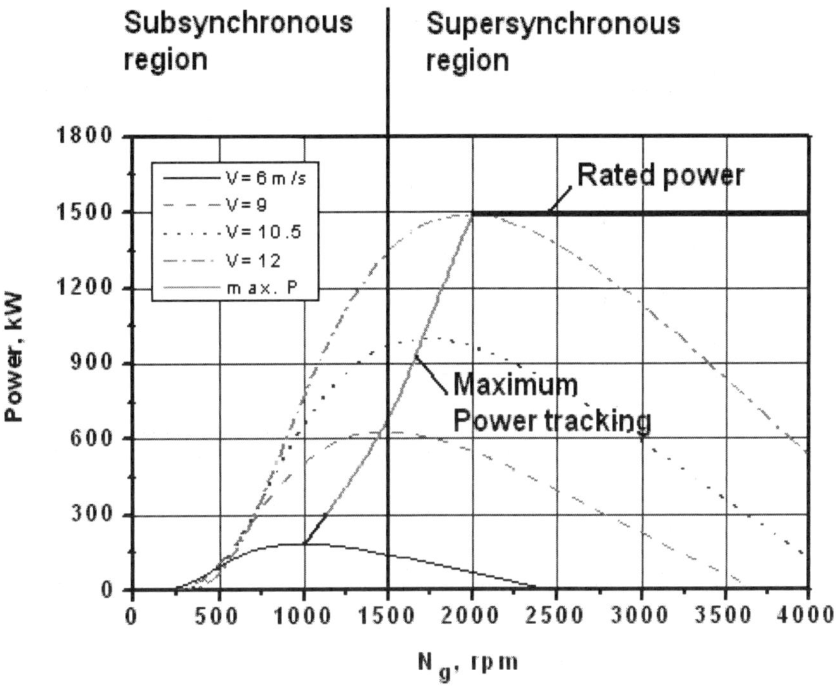

그림 4.17 풍속에 대한 출력과 발전기 회전수 관계

약 1750 rpm에서 1.0 MW의 출력이 발생한다. 풍속이 작아지면 출력이 감소하며 최대출력도 낮은 회전수에서 발생한다. 특히 풍속이 6 m/s인 경우에 최대출력은 동기회전수보다 상당히 낮은 1000 rpm에서 생산된다.

식 4.37을 이용하여 최대 출력을 얻는 최적 발전기 회전수를 계산하면 다음과 같다.

$$N_g^* = N \times G_r = \frac{60\lambda_{opt} G_r}{2\pi R} V_1 = \frac{60 \times 8 \times 75.71}{2 \times \pi \times 35} \times 12 = 1984 \ rpm$$

또 그림 4.17에서 정격출력을 얻기 위하여서 발전기는 식4.34를 이용하여 계산한 발전기의 동기회전수 1500 rpm 이상에서 작동한다. 한편 풍속이 12 m/s보다 크면 출력이 정격출력 이상으로 증가하므로 날개의 피치각을 조절하는 피치제어가 필요하다.

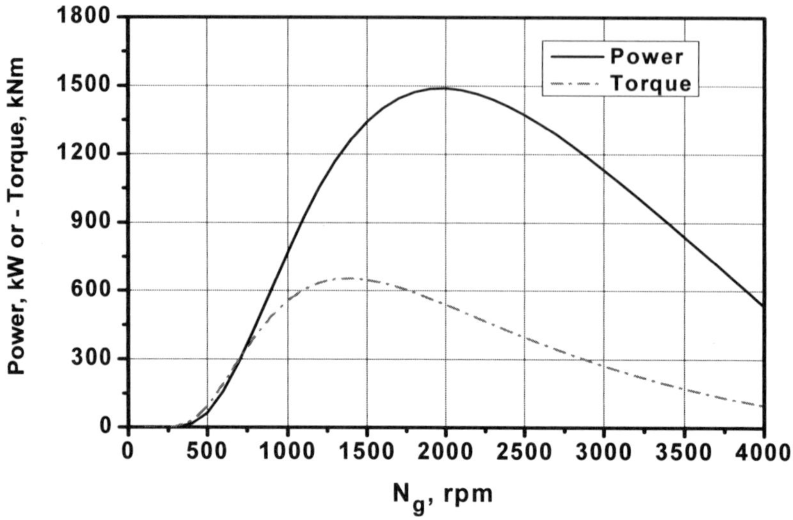

그림 4.18 풍속 12 m/s인 경우 발전기 회전수에 대한 출력과 토크의 변화

식 4.39를 이용하여 발전기의 회전에 대한 토크의 관계를 구하면 그림 4.18과 같다. 정격풍속 12 m/s에서 출력은 동기회전수보다 빠른 2000 rpm에서 최댓값을 가지며 토크는 발전기의 동기회전수 1500 rpm보다 약간 낮은 약 1300 rpm에서 최대가 된다. 따라서 발전기에 작용하는 토크와 회전수 관계를 이용하여 발전기의 유형을 선택하여 설계할 수 있다.

Chapter 5. 기어박스 (Gear box)

5.1 용어 정의 및 기어 종류

5.2 기어법칙(The law of gearing)

5.3 기어박스 기본이론

5.4 기어 트레인(Gear train)

5.5 기어의 윤활

대부분의 중대형 풍력터빈은 일단 또는 다단기어박스를 사용하여 날개에서 얻은 기계에너지를 발전시스템에 전달한다. 날개가 연결된 축의 회전수는 보통 10 ~ 60 rpm으로 저속이다. 그러나 유도발전기의 동기회전수는 1500 ~ 1800 rpm 정도로 높기 때문에 회전수 증가를 위하여 기어박스가 사용된다. 한편 제2장에서 설명한 것과 같이 기어박스는 무게가 무겁고 또한 부품 중에서 고장의 확률이 가장 높은 단점이 있다[1]. 따라서 최근에 해상에 설치되는 대형 풍력터빈에는 일단기어박스를 사용하거나 또는 기어를 사용하지 않는 경향이다. 그러나 기어박스는 풍력터빈 원가의 5 ~ 10%를 차지하는 중요한 부품으로 구조와 작동원리를 이해하는 것이 중요하다.

5.1 용어 정의 및 기어 종류

두 축의 중심 사이가 가까운 경우에 기어는 두 축을 연결하여 일정한 속도비로 큰 회전력을 전달하는 매우 유용한 기계부품이다. 맞물리는 한 쌍의 기어 중에서 큰 것을 기어(gear)라 하고, 작은 기어를 피니언(pinion)이라 한다. 또한 피치원이 무한대인 직선기어를 랙(rack)이라 한다. 그림 5.1은 기어에 사용되는 중요한 용어를 설명한다.

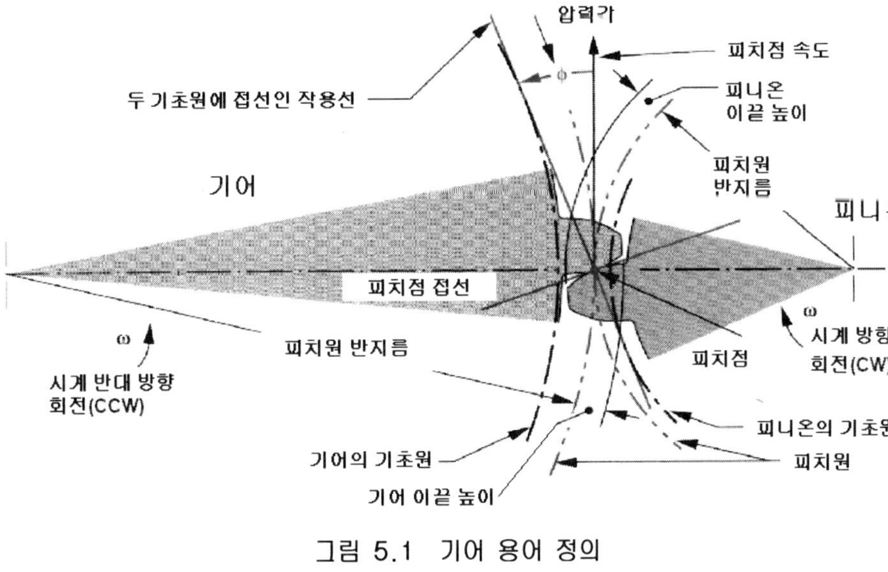

그림 5.1 기어 용어 정의

피치원(pitch circle) : 그림 5.1과 같이 기어 이(tooth)를 두 부분으로 나누는 상상의 원이다. 피치원 외부에 있는 부분을 이끝 높이(addendum) 피치원 내부에 속하는 부분을 이뿌리 높이(dedendum)라한다. 일반적으로 두 기어의 중심을 연결한 선상에서 두 기어가 만나는 점과 기어의 중심을 반지름으로 한 원으로, 기어 이 전체 높이의 5/9를 관통한다.

피치점(pitch point) : 맞물리는 두 기어의 피치원이 만나는 곳 즉 두 기어의 피치 원 직경이 만나는 점으로, 두 기어의 중심을 연결하는 선상에 있다.

피치원 직경(pitch circle diameter, D) : 피치원의 직경이다.

기초원(base circle) : 원통에 실을 감았다가 풀어 나갈 때 실 끝이 그리는 궤적을 인보류트 곡선(involute curve)이라 하며 이곡선이 시작되는 원통이 기초원이다.

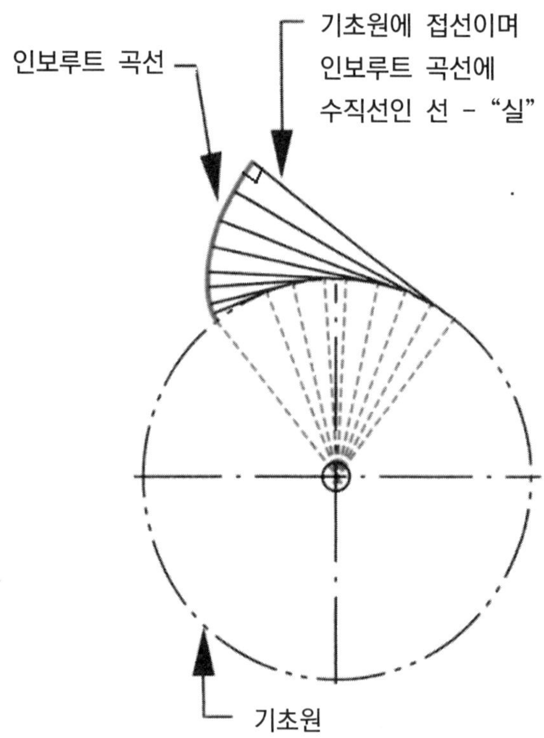

그림 5.2 기초원과 인보루트 곡선 관계

기초원 직경(base circle diameter) : 기초원의 직경으로 그림 5.2에서 인보루트 곡선 이 시작되는 원의 직경이다.

작용선(line of action) : 작용선은 두 기어의 기초원에 공통접선인 선을 의미하며 두 기어의 맞물림이 일어나는 피치점을 지난다.

압력각(pressure angle) : 피치원의 접선과 작용선이 이루는 각이다. 두 기어가 쌍으로 사용되기 위해서는 같은 피치와 압력각을 가져야 한다. 일적인 압력각은 20도이며, 압력각이 증가하면 이의 강도가 높다.

피치(pitch) : 피치원에서 측정한 기어 이의 간격으로 원주피치(circular pitch)와 지름피치(diametral pitch)로 구분된다.

원주피치(circular pitch, CP) : 피치원에서 기어 이의 간격이며 다음 식으로 나타낸다.

$$CP = \frac{\pi \times D}{N} \tag{5.1}$$

여기서 D는 피치원 직경이며, N은 기어의 이 개수이다.

지름피치(diametral pitch) : 지름피치는 기어 이 개수를 피치원의 지름으로 나눈 값이다.

$$DP = \frac{N}{D} \tag{5.2}$$

한편 두 피치를 곱하면 다음과 같이 일정하다.

$$CP \times DP = \frac{\pi \times D}{N} \times \frac{N}{D} = \pi \tag{5.3}$$

모듈(module, M) : 피치 직경(D)을 기어 이 개수(N)로 나누 값으로 모듈은 식 5.2의 지름피치의 역과 같으며 식 5.4와 같다. 모듈이 클수록 기어 이의 간격이 넓다.

$$M = \frac{D}{N} \tag{5.4}$$

이끝 높이(addendum) : 피치원에서 이끝까지의 높이, 이 값은 1모듈과 같다.

크리어런스(clearance) : 기어 이가 맞물려 있을 때 기어 이의 끝에서 맞물린 기어의 이뿌리까지 거리이며 표준 값으로 0.157모듈이 사용된다.

이뿌리 높이(dedendum) : 피치원에서 이뿌리까지의 거리이며 이끝 높이보다 크다. 또한 다음의 관계를 가진다.

$$Dedendum = Addendum + Clearance = 1\,M + 0.157\,M = 1.157\,M \qquad (5.5)$$

이 전체높이(whole depth) : 기어 이의 전체높이로 이끝 높이와 이뿌리 높이의 합이다.

이 유효높이(working depth) : 서로 맞물려 있는 깊이로 두 기어의 이끝 높이의 합이다.

뒤틈(backlash) : 한 쌍의 맞물린 기어에서 치면 사이의 간격으로 기어가 서로 꽉 물리(jam)는 것을 방지하며 윤활유가 지나가는 통로를 제공한다. 특히 빈번한 방향전환이 필요하고 또 과부하가 많이 걸리는 기어에는 뒤틈이 필요하다. 뒤틈을 너무 정확하게하면 정확도는 높으나 가공이 정밀해야 하므로 생산비가 높다. 그러나 뒤틈이 과다하면 정확성이 떨어진다.

기어의 축은 서로 평행하거나, 교차하거나 또는 평행하지도 교차하지도 않을 수 있다. 축의 위치에 따라서 기어를 분류하면 축이 평행한 기어는 스퍼기어(Spur Gear), 헬리컬기어(Helical Gear), 헤링본기어(Herring Bone Gear), 내접기어(Internal Gear) 및 래크기어(Rack Gear) 등이 있다. 축이 교차하는 기어에는 베벨기어(Bevel Gear), 스파이럴 베벨기어(Spiral Bevel Gear)가 있다. 축이 평행하지도 않고 교차하지도 않는 기어는 나사기어(Screw Gear), 하이포이드기어(Hypoid Gear) 및 웜기어(Worm Gear)가 있다. 각각의 기어에 대한 설명과 형태는 다음과 같으며, 또한 이들을 종합하면 표 5.1과 같다.

스퍼기어(Spur Gear) : 그림 5.3과 같이 기어 이빨이 축에 평행한 원통형 기어로 가장 많이 사용되고 가공하기도 가장 쉽다.

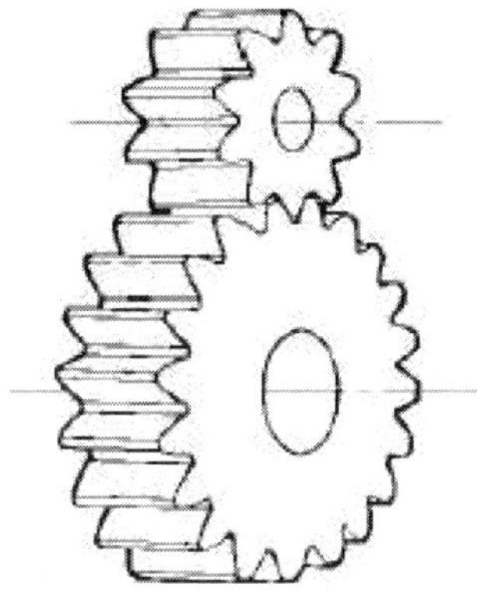

그림 5.3 스퍼기어(Spur Gear)

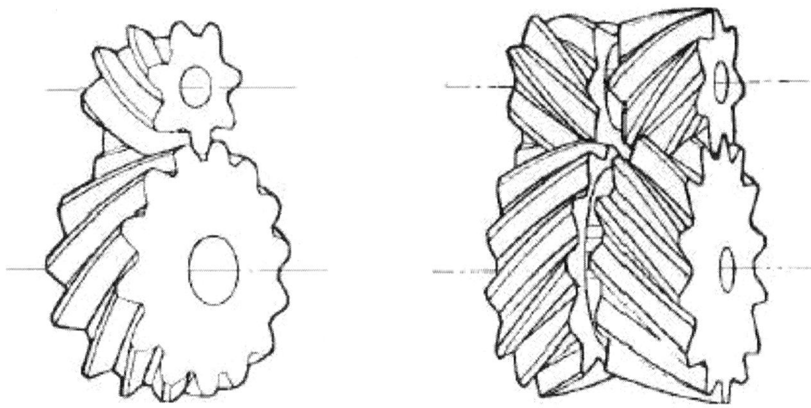

그림 5.4 헬리컬기어(Helical Gear)와 헤링본기어(herring bone gear)

헬리컬기어(Helical Gear) : 그림 5.4와 같이 나선형 이빨을 가지는 원통형 기어로 스퍼기어보다 동력을 더 많이 전달할 수 있고, 조용하게 작동한다. 단점은 축 방향의 추력이 발생한다.

헤링본기어(Herring Bone Gear) : 그림 5.4와 같이 이중 헬리컬기어로 헬리컬기어에서 발생하는 축방향의 추력을 감소시킨다.

내접기어(Internal Gear) : 그림 5.5와 같이 기어 이빨이 원형 고리 내부에 형성되어 있고, 스퍼기어가 쌍으로 사용된다. 유성기어 시스템(planetary gear system)에 사용된다.

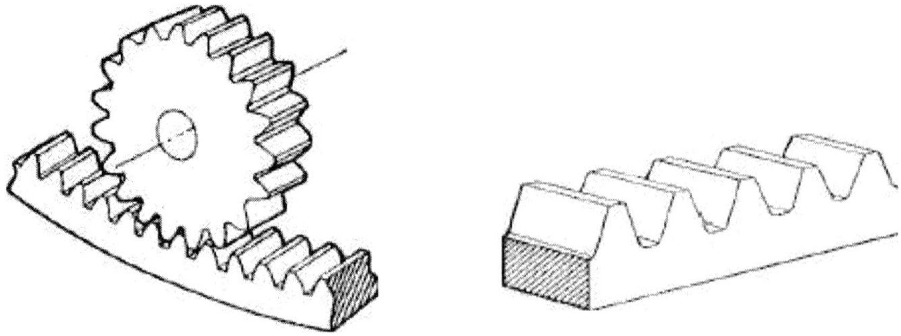

그림 5.5 내접기어(Internal Gear)와 랙기어(Rack Gear)

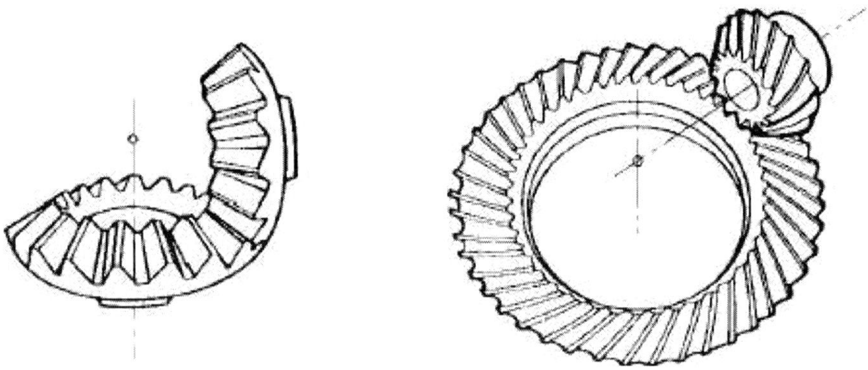

그림 5.6 베벨기어(Bevel Gear)와 스파이럴 베벨기어(Spiral Bevel Gear)

랙기어(Rack Gear) : 그림 5.5와 같이 기어의 피치원 반경이 무한대인 직선형 기어로 스퍼기어가 쌍으로 사용된다.

베벨기어(Bevel Gear) : 그림 5.6과 같이 원추형 면에 성형된 기어로 베벨기어 중에서 가장 간단하고 많이 사용된다.

스파이럴 베벨기어(Spiral Bevel Gear) : 그림 5.6과 같이 나선형의 이빨을 가지는 베벨기어이며, 제작하기 어려우나 동력전달이 좋고 소음이 적다.

나사기어(Screw Gear) : 그림 5.7과 같이 평행하지 않는 축에 헬리컬기어가 사용된 경우로 기어가 점접촉을 하므로 동력전달이 매우 작은 단점이 있다.

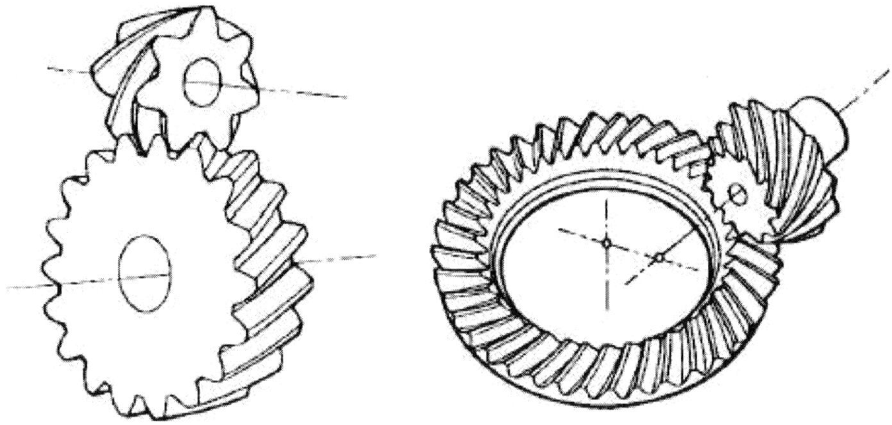

그림 5.7 스크루 또는 나사기어(Screw Gear)와 하이포이드기어(Hypoid Gear)

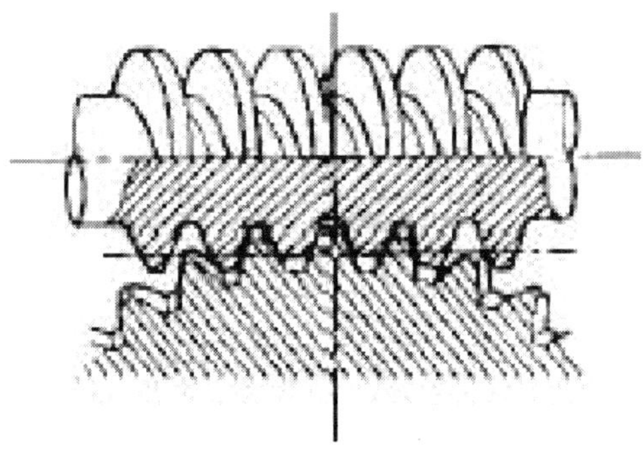

그림 5.8 웜과 웜기어(Worm Gear)

하이포이드기어(Hypoid Gear) : 그림 5.7과 같이 자동차의 뒤 바퀴 엑셀에 사용하기 위하여 개발된 기어로 스파이럴기어와 유사하다. 그러나 두 축이 교차하지 않으며, 매우 복잡하여 베벨기어 중에서 가장 제작이 어렵다.

웜기어(Worm Gear) : 그림 5.8과 같이 나사가 붙은 축과 헬리컬기아가 한 쌍으로 이루어진 기어 형상이다. 기어비율은 매우 높으나 웜과 웜기어는 서로 밀고 미끄러지면서 동력을 전달하기 때문에 동력 전달 효율이 낮다.

표 5.1 기어 종류 및 특징 종합

축의 상태	기어명	특징
축이 평행	스퍼기어(Spur)	이의 형이 직선이며 축에 평행한 원통기어
	헬리컬기어(Helical)	이의 형이 나선형의 원통기어
	헤링본 기어 (Herringbone)	이의 형이 양쪽에서 나선형으로 된 이중 헬리칼기어
	내접기어(Internal)	원통의 안쪽에 이의 형이 만들어진 기어
	랙기어(Rack)	원통기어의 피ㅣ치원통의 반지름이 무한대인 직선기어
축이 교차	베밸기어(Bevel)	피치면인 원추에 직선형 이의 형이 있는 기어(원추형기어)
	스파이럴 베밸기어(Spiral)	피치면인 원추면에 나선형 이의 형이 있는 기어
평행도 교차도 아님	웜과 웜기어 (Worm)	축 표면에 나사 모양으로 된 것은 웜이며, 이와 한 쌍이 되는 기어가 웜기어
	하이포이드기어(Hypoid)	어긋난 축 사이에 사용되는 원추형기어
	스크루기어(Screw)	한 쌍의 헬리컬기어를 어긋난 축에 사용

5.2 기어법칙(the law of gearing)

기어법칙에는 "일정한 속도비를 가지기 위하여 맞물려 있는 기어의 접촉점에서 두 기어면에 공통으로 수직인 선은 두 기어의 중심을 잇는 선상에서 피치점을 통과해야한다"라고 기술하고 있다. 즉 그림 5.9에서 접촉점 K에서 기어면에 공통수직인 선인 $N_1 - N_2$이 피치점 P를 지난다. 이렇게 되는 기어 형상을 가지는 기어는 잘 맞물린 상태가 되고 결합형상(conjugate profile)이라 한다.

기어가 서로 잘 맞물리게 하려면 피니온의 기어 이가 맞물리는 기어와 크기가 같아야한다. 즉 두 기어의 모듈이 같아야한다. 따라서 두 기어에 대하여 다음과 같은 관계가 필요하다.

$$\frac{D_1}{N_1} = \frac{D_2}{N_2} = \frac{CP}{\pi} = M \tag{5.6}$$

또 다른 조건은 접촉하는 기어의 피치점에서 속도비가 일정하여야한다. 그림 5.9에서 기어1과 기어2가 축 O_1과 O_2를 중심으로 각속도 ω_1과 ω_2로 회전하고 있다. 만약 점 K에서 기어 면이 접촉하고 각각의 속도가 V_1과 V_2이면 점 K와 피치점 P를 통과하는 선 N_1N_2의 방향과 일치하는 속도들의 성분이 같아야한다. 그렇지 않으면 기어는 접촉하면서 회전할 수 없다. 그러므로 피치점 P에서 다음의 관계식이 주어진다.

$$\frac{\omega_1}{\omega_2} = \frac{O_2P}{O_1P} = \frac{R_2}{R_1} \tag{5.7}$$

이와 같이 기어가 갖추어야할 조건을 만족하는 기어의 면의 형상은 보통 두 가지로 분류된다. 하나는 인보루트형(involute profile)이고 다른 하나는 사이크로이달형(cycloidal profile)이다. 그러나 대부분의 기어는 인보루트형을 많이 사용하고 있다. 인보루트형의 장점은 항상 일정한 20° 또는 14.5° 의 압력각을 가지며 제작하기가 용이하다.

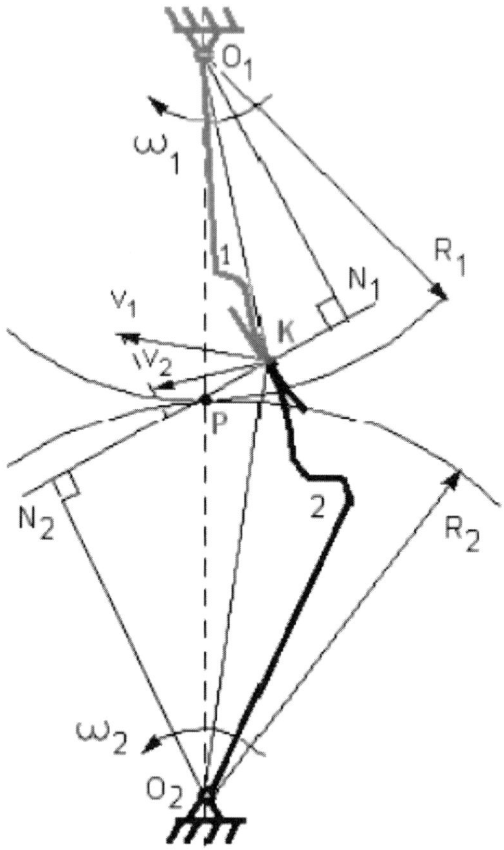

그림 5.9 맞물림 기어에 작용하는 속도 관계

5.3 기어박스(gearbox) 기본이론

기어박스는 그림 5.10과 같이 기어 시스템이 들어 있는 밀폐된 금속용기로 정의할 수 있고, 다양한 크기, 속도비 및 형태가 있다. 기어박스에 들어가는 기어 시스템은 용도에 따라서 일단기어 트레인(single stage gear train), 다단기어 트레인(multi-stage gear train) 및 유성기어 트레인(planetary gear train) 등이 있다. 일반적으로 축을 연결하여 입력과 출력이 전달된다.

그림 5.10 기어박스 외형 및 내부

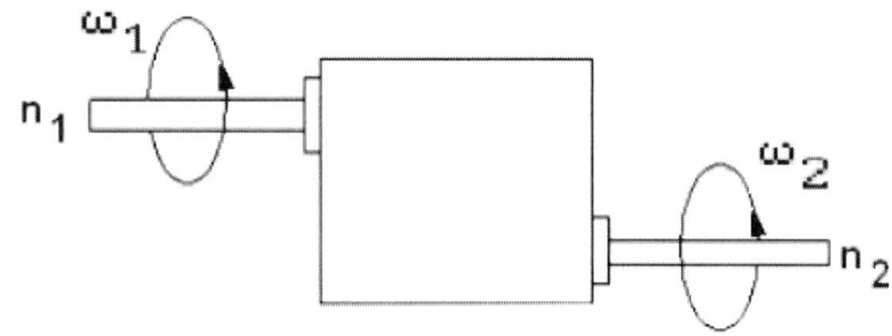

그림 5.11 입구 및 출구에서 토크가 같은 기어박스

기어박스의 입구와 출구에 축이 연결된 그림 5.11과 같은 기어박스의 기어비(gear ratio)는 다음과 같다. 축의 회전수(n)의 단위는 rpm을 사용하고, ω는 각속도이다.

$$Gear\ ratio = \frac{Input\,speed(n_1)}{Output\,speed(n_2)} = \frac{\omega_1}{\omega_2} \tag{5.8}$$

한편 기어비는 기어에 사용된 기어 이의 개수와 직접적인 관계가 있고, 큰 기어비는 높은 토크를 의미한다. 축에 작용하는 토크 T(Nm)에 의하여 회전수가 n (rpm)이면 축에 전달된 출력 P(W)는 다음과 같다.

$$P = \frac{2\pi \times n \times T}{60} \tag{5.9}$$

이상적 기어박스는 입력과 출력이 같으므로 다음의 관계를 가진다.

$$\frac{2\pi \times n_1 \times T_1}{60} = \frac{2\pi \times n_2 \times T_2}{60} \tag{5.10}$$

$$\frac{T_2}{T_1} = \frac{n_1}{n_2} = Gear \quad ratio \tag{5.11}$$

위 식에서 출구 축의 회전수가 증가하면 토크는 감소하고, 반대로 회전수가 감소하면 토크가 증가한다. 기어의 이 수가 많으면 이 수가 적은 기어보다 천천히 회전하며 보다 큰 토크를 전달한다. 실제 기어박스는 마찰에 의하여 동력의 일부가 손실되므로 출력은 입력보다 약간 적다. 따라서 출력은 입력에서 손실을 제외한 값이 되며, 기어 효율은 다음과 같다.

$$\eta_g = \frac{2\pi n_2 \times T_2 \times 60}{2\pi n_1 \times T_1 \times 60} = \frac{n_2 T_2}{n_1 T_1} \tag{5.12}$$

입력 토크와 출력 토크가 다르기 때문에 기어박스에 그 차이가 작용하므로 기어박스를 고정하지 않으면 회전한다. 따라서 그림 5.12와 같은 토크가 입구, 출구 및 기어박스 몸체에 작용한다.

$$T_1 + T_2 + T_3 = 0 \tag{5.13}$$

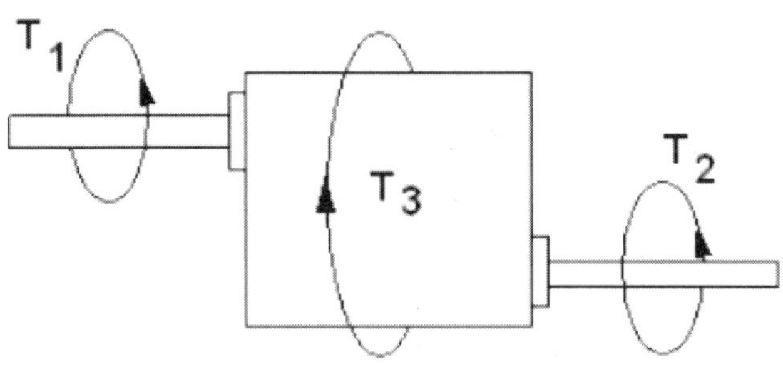

그림 5.12 몸체에 토크가 작용하는 실제 기어박스

예 제 5-1

시계방향으로 회전수가 1500 rpm 이며 출력이 20 kW의 축이 기어박스 입구에 연결되어 있다. 출구에는 회전수가 300 rpm인 축이 연결되어 있다. 기어박스의 효율이 70%이면 a) 기어비, b) 입구 토크, c) 출구 토크 및 d) 기어박스에 작용하는 토크를 구하라.

❖ 풀이 : a) 기어비는 식 5.8을 이용하여 구한다.

$$Gear\ ratio = \frac{Input\,speed(n_1)}{Output\,speed(n_2)} = \frac{1500}{300} = 5$$

b) 입구축에 작용하는 토크는 식 5.9를 사용하여 구한다.

$$T_1 = \frac{60 \times P_1}{2\pi \times n_1} = \frac{60 \times 20000}{2\pi \times 1500} = 127.3\ Nm\ \text{(시계 방향)}$$

c) 출구토크는 식 5.9와 5.12를 이용하여 구한다. 출구의 출력은 식 5.12를 이용하면 다음과 같다.

$$P_2 = \eta_g \times P_1 = 0.7 \times 20000 = 14000\ W$$

$$T_2 = \frac{60 \times P_2}{2\pi \times n_2} = \frac{60 \times 14000}{2\pi \times 300} = 445.6\ Nm\ \text{(반 시계방향)}$$

d) 기어박스 몸체에 작용하는 토크는 식 5.13을 이용하여 다음과 같다.

$$T_3 = -(T_1 + T_2) = 127.3 - 445.6 = -318.3\ Nm\ \text{(반 시계방향)}$$

5.4 기어 트레인(gear train)

기어 트레인은 2개 이상의 맞물리는 기어가 시스템을 이루어 작동하면서 속도와 출력을 전달하는 기어 장치이다. 즉 회전속도를 감소시켜서 토크를 증가시키고, 또는 기어비를 증가시키기 위하여 여러 개의 기어를 사용한다. 사용되는 큰 기어와 작은 기어의 크기 비는 약 5:1이다. 보통 일단기어 트레인(single stage gear train), 다단기어 트레인(multi-stage gear train) 및 유성기어 트레인(planetary gear train) 등이 있다.

5.4.1 일단기어 트레인(single stage gear train)

일단기어 트레인은 그림 5.13과 같이 가장 간단한 기어 구성체로 축에 하나의 기어만 설치되어 있는 구조로 축은 서로 평행하며 최대 기어비는 10:1 정도다. 만약 기어의 이수가 N_1과 N_2이고 회전수가 n_1과 n_2인 두 개의 기어를 사용하는 경우 기어비(gear ratio)는 식 5.14와 같다. 따라서 기어비가 1보다 크면 축의 회전수는 증가하고, 반대로 기어비가 1보다 작으면 회전수는 감소한다.

$$Gear\ ratio = \frac{N_1}{N_2} = \frac{n_2}{n_1} \tag{5.14}$$

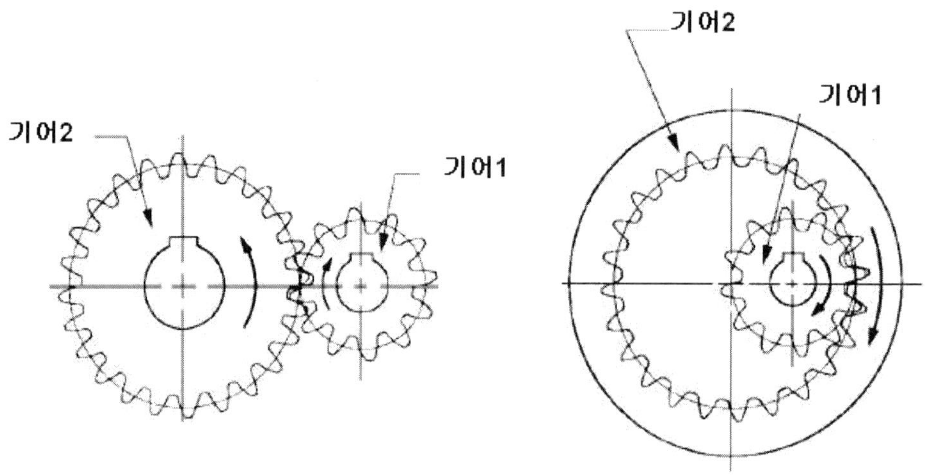

그림 5.13 일단기어 트레인의 형태

또한 피치점에서 두 기어의 피치원은 서로 접하기 때문에 피치점에서 각 기어의 원주속도는 같으므로 다음의 관계식이 성립된다.

$$v = \omega_1 \frac{D_1}{2} = \omega_2 \frac{D_2}{2} \tag{5.15}$$

여기서 ω는 기어의 각속도이며, D는 피치원의 직경이다. 한편 기어 트레인의 특성은 서로 맞물리는 기어는 모듈 또는 지름피치가 서로 같다. 따라서 다음의 관계가 성립된다.

$$M = \frac{D_1}{N_1} = \frac{D_2}{N_2} \tag{5.16}$$

식 5.15와 5.16을 이용하면 다음과 같은 관계식이 유도된다.

$$\omega_1 \times M_1 \times n_1 = \omega_2 \times M_2 \times n_2 \tag{5.17}$$

맞물리는 두기어의 모듈은 같으므로 식 5.17은 다음과 같다.

$$\frac{\omega_1}{\omega_2} = \frac{N_2}{N_1} \tag{5.18}$$

만약 그림 5.14와 같이 두 기어 사이에 기어가 들어 있는 기어 트레인의 경우 식 5.18을 이용하면 다음과 같다.

$$\frac{\omega_1}{\omega_2} = \frac{N_2}{N_1}, \quad \frac{\omega_2}{\omega_3} = \frac{N_3}{N_2}, \quad \frac{\omega_1}{\omega_3} = \frac{N_2}{N_1} \times \frac{N_3}{N_2} = \frac{N_3}{N_1} \tag{5.19}$$

식 5.19는 기어 트레인의 처음 기어와 마지막 기어의 기어비를 나타낸다. 즉 기어 트렌인의 최종 기어비는 중간에 있는 기어에 의하여 영향을 받지 않고 단지 처음기어와 마지막 기어의 속도에 의하여 결정된다. 식 5.19를 각속도 대신에 회전수로 나타내면 다음과 같다.

$$\frac{n_1}{n_3} = \frac{N_2}{N_1} \times \frac{N_3}{N_2} = \frac{N_3}{N_1} = \frac{D_3}{D_1} \tag{5.20}$$

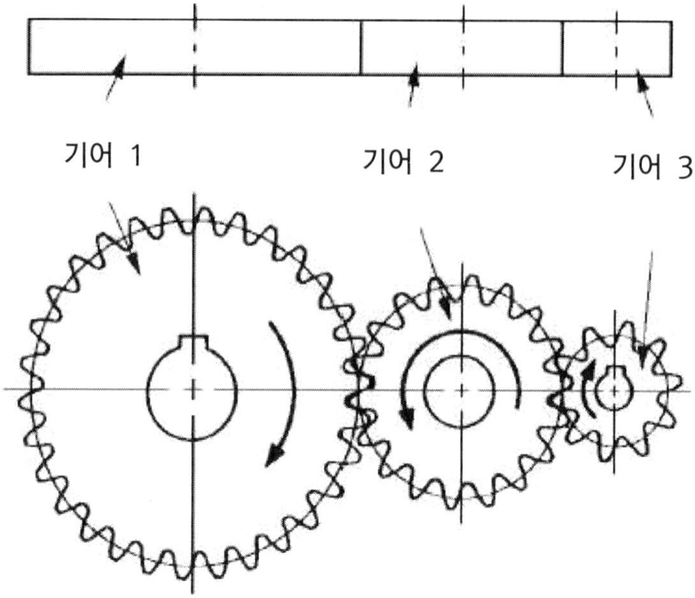

그림 5.14 3개의 기어로 이루어진 기어 트레인

예 제 5-2

3개의 기어로 이루어진 기어 트레인에서 입력 기어인 기어1의 이수가 50이고, 출력 기어인 기어3의 이수가 150개이다. 기어1의 회전수는 1500 rpm이며 시계 방향으로 회전한다. a) 기어비와 출력 기어의 회전수를 구하라. 또 입력 토크가 12 Nm이고, 효율이 75%이면 b) 출력과 c) 기어박스를 유지하는 토크를 구하라.

❖ 풀이 : a) 기어비는 식 5.20을 이용하여 다음과 같다.

$$\frac{n_1}{n_3} = \frac{N_3}{N_1} = \frac{150}{50} = 3$$

따라서 출력 기어의 회전수는 500 rpm이다.

b) 입력 기어의 출력을 구하면 다음과 같다.

$$P_1 = 2\pi \frac{n_1 T_1}{60} = \frac{2 \times 3.14 \times 1500 \times 12}{60} = 1885\ W$$

따라서 출력 기어의 출력은 다음과 같다.

$$P_2 = \eta_g P_1 = 0.75 \times 1885 = 1413.7\ W$$

c) 기어박스에 작용하는 토크를 구하기 위하여 먼저 출력을 토크로 변환한다.

$$T_2 = \frac{60 \times P_2}{2\pi \times n_2} = \frac{60 \times 1413.7}{2\pi \times 500} = 27\ Nm$$

따라서 기어박스에 작용하는 토크는 다음과 같다.

$$T_1 + T_2 + T_3 = 0 \ \Rightarrow T_3 = -(T_1 + T_2) = -(12 + 27) = -39\ Nm$$

5.4.2 다단기어 트레인(multi-stage gear train)

다단기어 트레인은 일단기어 트레인이 직렬로 여러 개가 연결된 경우로 가장 간단한 이단기어 트레인은 그림 5.15와 같다. 기어1과 기어2가 일단기어 트레인을 형성하고 기어3과 기어4가 또 다른 일단기어 트레인을 형성한다. 기어1과 기어2의 피치원이 만나는 피치점 A에서 원주속도는 같고, 또한 기어3과 기어4의 피치원이 만나는 피치점 B에서 원주속도는 같다. 기어 트레인에서 기어2와 기어3은 축을 공유하므로 회전수($n_2 = n_3$ 또는 $\omega_1 = \omega_2$)가 같다. 기어의 각속도와 이 수의 관계는 식 5.21과 5.22와 같고 기어비는 식 5.23이다. 식 5.23에서 전체 기어박스의 기어비는 각 트레인의 기어비 곱으로 나타났다.

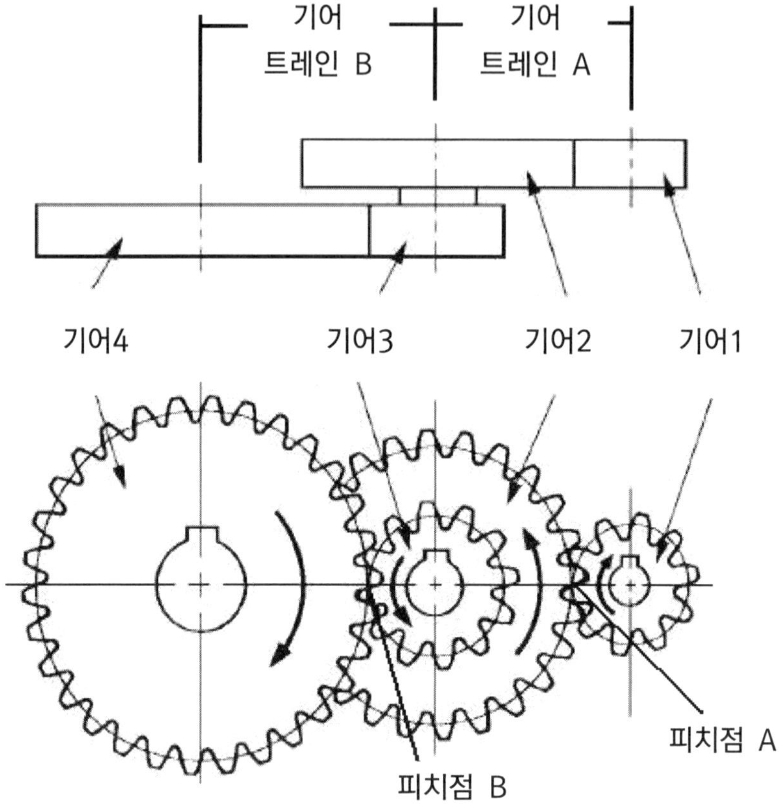

그림 5.15 가장 간단한 다단기어 트레인인 2단기어 트레인

$$\frac{\omega_1}{\omega_2} = \frac{N_2}{N_1}, \quad \frac{\omega_3}{\omega_4} = \frac{N_4}{N_3} \quad \Rightarrow \omega_1\omega_3 = \frac{N_2N_4}{N_1N_3}\omega_2\omega_4 \tag{5.21}$$

$$\frac{\omega_1\omega_3}{\omega_2\omega_4} = \frac{\omega_1}{\omega_4} = \frac{N_2N_4}{N_1N_3} \tag{5.22}$$

$$Gear\ ratio = \frac{\omega_1}{\omega_4} = \frac{N_2}{N_1}\frac{N_4}{N_3} = \frac{n_1}{n_2}\frac{n_3}{n_4} = \frac{n_1}{n_4} \tag{5.23}$$

예 제 5-3

그림 5.15와 같은 기어 트레인에서 기어1의 이 수가 20개, 기어2의 이 수가 100개, 기어3의 이 수 30개, 기어4 이 수가 150개이다. 전체 기어비를 구하라.

❖ 풀이 : 기어 트레인1의 기어비는 다음과 같다.

$$GR_1 = \frac{N_2}{N_1} = \frac{100}{20} = 5$$

기어 트레인2의 기어비는 다음과 같다.

$$GR_2 = \frac{N_4}{N_3} = \frac{150}{30} = 5$$

따라서 기어박스의 기어 트레인은 다음과 같다.

$$Gear \ \ ratio = GR_1 \times GR_2 = 5 \times 5 = 25$$

식 5.23을 이용하면 다음과 같다.

$$Gear\ ratio = \frac{N_2}{N_1}\frac{N_4}{N_3} = \frac{100}{20} \times \frac{150}{30} = 25$$

5.4.3 유성기어 트레인(Planetary gear train)

유성기어 트레인 구조는 매우 복잡하나 공간을 적게 필요로 하고 또한 큰 기어비를 얻을 수 있기 때문에 결과적으로 전체 무게를 줄일 수 있으므로 풍력발전 시스템에 많이 사용된다. 대표적인 형태는 그림 5.16 ~ 5.18과 같다. 유성기어는 명칭이

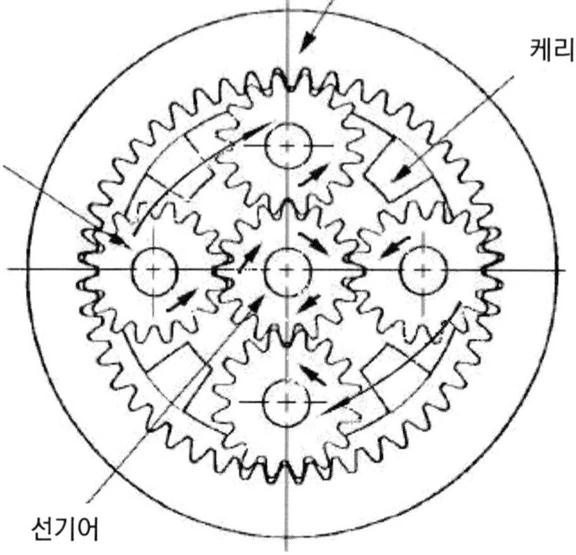

그림 5.16 유성기어 트레인 구조 및 회전방향

의미하는 것과 같이 중심에 선기어(sun gear, D)가 있고 외부에 원형의 내접기어(internal gear, C)가 있다. 일반적으로 내접기어는 기어박스 몸체의 일부분으로 제작되어 고정된다. 그 사이에 선기어를 중심으로 회전하는 여러 개(2 ~ 4개)의 유성기어(planetary gear, B)가 있고, 그림 5.17 및 5.18과 같이 유성기어를 하나의 축에 연결하는 장치인 암(arm, A) 또는 케리어(carrier, A)가 있다. 선기어(고속 회전축)와 유성기어의 축(저속 회전축)은 서로 다르나 축은 같은 일직선상에 있고, 축의 회전 방향이 같은 장점이 있다. 때문에 다른 형태의 기어 트레인보다 다단으로 만들기 쉬우며 부피와 무게가 작다.

여러 개의 유성기어는 기어에 걸리는 부하를 각 유성기어에 균등하게 분산하므로 큰 토크를 안전하게 전달하는 장점이 있다. 축에 연결된 케리어를 통하여 각 유성기어가 축에 연결되므로 축에 진동이 발생할 수 있다. 또한 선기어와 내접기어를 동시에 접하기 때문에 짬(jam)이 발생할 수 있고 유성기어와 케리어 사이에 베어링이 사용되는 등 구조가 복잡하기 때문에 정밀하게 제작해야하는 단점이 있다.

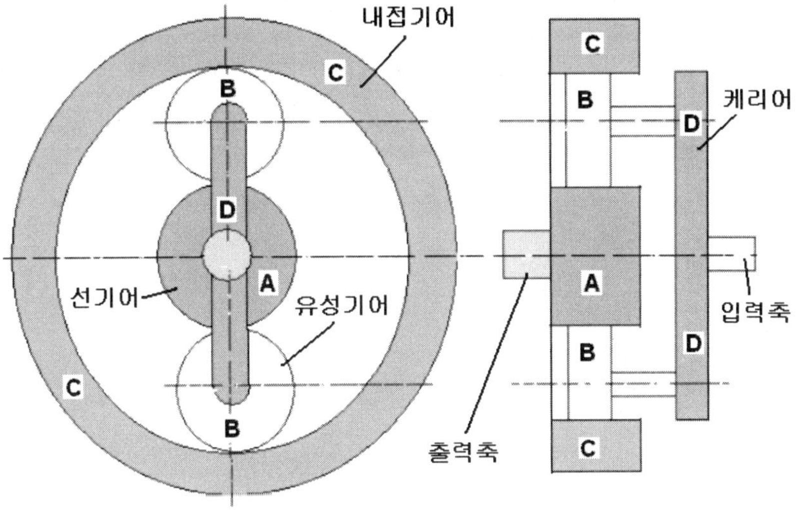

그림 5.17 내접기어가 고정된 유성기어의 정면 및 옆면 모양

그림 5.17과 같이 내접기어가 고정된 경우 선기어를 A, 유성기어를 B, 내접기어를 C, 케리어 즉 유성기어를 묶어서 축에 연결된 것을 D라 하면 각 기어의 출력비는 표 5.2와 같다. 표 5.2는 내접기어가 고정되고 선기어가 회전하는 경우 각 기어의 기어비를 나타내며 다음과 같은 순서로 구한다. 우선 순서1과 같이 케리어를 고정시키고 선기어를 1회전 시키면 유성기어와 내접기어의 기어비가 표 5.2의 순서 1과 같이 나온다. 다음으로 내접기어는 고정되어 회전하지 않으므로 순서1에 있는 내접기어의 기어비에 -1을 곱한 값을 순서2의 줄에 기입한다. 순서3에서는 각 기어의 기어비를 합하여 기입하면 각 기어의 최종 기어비이다. 내접기어는 고정되어 있으므로 기어비가 영이다. 따라서 그림 5.17과 같이 케리어를 입력축에 연결하고, 선기어를 출력축에 연결한 경우 입력축에 대한 출력축의 기어비는 표에 있는 케리어의 속도비를 선기어 속도비로 나누면 식 5.24와 같다.

$$Gear\ ratio = \frac{\dfrac{N_A}{N_C}}{1 + \dfrac{N_A}{N_C}} = \frac{1}{1 + \dfrac{N_C}{N_A}} \tag{5.24}$$

표 5.2 내접기어가 고정된 경우 각 기어비 계산 공식

순서	조 건	선기어 (A) 기어비	유성기어 (B) 기어비	내접기어 (C) 기어비	케리어 (D) 기어비
1	케리어를 고정시킨 상태에서 선기어를 1회전시킴	+1	$-\frac{N_A}{N_B}$	$-\frac{N_A}{N_C}$	0
2	내접기어가 고정되게 모든 기어 $+\frac{N_A}{N_C}$ 회전시킴	$+\frac{N_A}{N_C}$	$+\frac{N_A}{N_C}$	$+\frac{N_A}{N_C}$	$+\frac{N_A}{N_C}$
3	순서1과 2의 기어비를 합산	$1+\frac{N_A}{N_C}$	$\frac{N_A}{N_C}-\frac{N_A}{N_B}$	0(고정)	$+\frac{N_A}{N_C}$

예 제 5-4

다음과 같은 기어 이 수가 있을 때 기어비를 구하라.

$$N_A = 16,\ N_B = 16,\ N_C = 48$$

❖ 풀이 : 표 5.2와 식 5.24를 이용하면 다음과 같다.

$$Gear\ ratio = \frac{\frac{N_A}{N_C}}{1+\frac{N_A}{N_C}} = \frac{\frac{16}{48}}{1+\frac{16}{48}} = 1/4$$

표 5.3 내접기어가 고정된 경우 예제 5-4에 대한 각 기어비 계산

순서	조 건	선기어 (A) 기어비	유성기어 (B) 기어비	내접기어 (C) 기어비	케리어 (D) 기어비
1	케리어를 고정시킨 상태에서 선기어를 1회전시킴	+1	− 1	$-\frac{16}{48}$	0
2	내접기어가 고정되게 모든 기어 $+\frac{16}{48}$ 회전시킴	$+\frac{16}{48}$	$+\frac{16}{48}$	$+\frac{16}{48}$	$+\frac{16}{48}$
3	순서1과 2의 기어비를 합산	$1+\frac{16}{48}$	$\frac{16}{48}-1$	0(고정)	$+\frac{16}{48}$

즉 선기어가 1회전할 때 케리어는 1/4회전한다. 따라서 증속이 필요한 풍력터빈에서는 날개가 저속회전축이 케리어에 연결되고 고속회전축이 선기어에 연결된다.

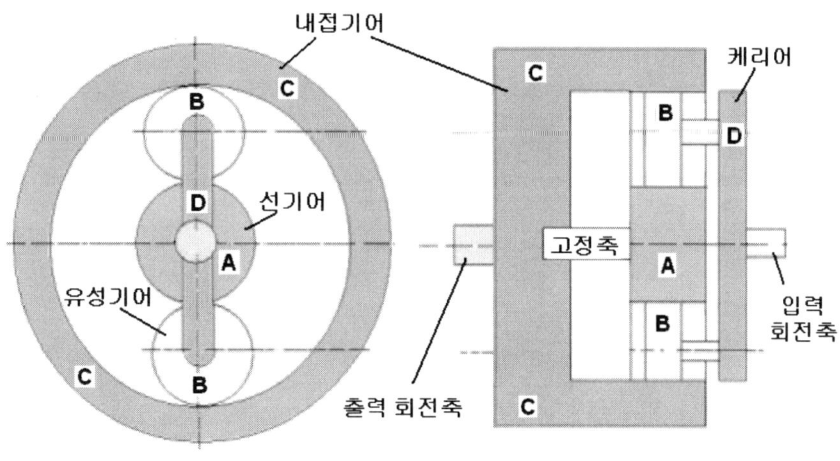

그림 5.18 선기어가 고정된 유성기어의 정면 및 옆면 모양

표 5.4 선기어가 고정된 경우 각 기어비 계산 공식

순번	조 건	선기어 (A) 기어비	유성기어 (B) 기어비	내접기어 (C) 기어비	케리어 (D) 기어비
1	케리어를 고정시킨 상태에서 선기어를 1회전시킴	+1	$-\dfrac{N_A}{N_B}$	$-\dfrac{N_A}{N_C}$	0
2	선기어가 고정되게 모든 기어 1회전 뒤로 회전시킴	−1	−1	−1	−1
3	순번1과 2의 기어비를 합산	0(고정)	$-\dfrac{N_A}{N_B}-1$	$-\dfrac{N_A}{N_C}-1$	−1

그림 5.18은 선기어가 고정되고 반대로 내접기어가 회전하는 경우이다. 유성기어가 내접기어와 선기어 사이에서 케리어에 연결되어 회전한다. 이와 같이 고정기어와 회전 기어의 조합에 따라서 여러 가지 형태가 있을 수 있으며 그림 5.17과 5.18의 형태가 대표적이다.

표 5.4는 선기어가 고정되고 내접기어가 회전하는 경우 각 기어의 기어비를 나타낸다. 그림 5.18과 같이 선기어가 고정된 경우 선기어를 A, 유성기어를 B, 내접기어를 C, 케리어 즉 유성기어를 묶어서 축에 연결된 것을 D라 하면 각 기어의 출력비는 다음과 같은 순서로 구한다. 우선 순서1과 같이 케리어를 고정시키고 선기어를 1회전 시키면 유성기어와 내접기어의 기어비가 표 5.4의 순서1과 같이 나온다. 다음으로 선기어는 고정되어 회전하지 않으므로 순서1에 있는 선기어의 기어비에 -1을 곱한 값을 순서2의 줄에 기입한다. 순서3에서는 각 기어의 기어비를 합하면 각 기어의 최종 기어비이다. 선기어는 고정되어 있으므로 기어비가 영이다. 따라서 만약 그림 5.18과 같이 케리어를 입력축에 연결하고, 내접기어를 출력축에 연결한 경우 입력축에 대한 출력축의 기어비는 표에 있는 케리어의 속도비를 내접기어 속도비로 나누면 식 5.25와 같다.

$$Gear\ ratio = \frac{1}{1+\frac{N_A}{N_C}} \tag{5.25}$$

예 제 5-5

선기어가 고정되어 있는 유성기어 시스템에서 다음과 같은 기어 이 수가 있을 때 선기어 이 수를 구하고 또 기어비를 구하라.

$$N_A = 240,\ N_B = 30,\ N_C = 300$$

❖ 풀이 : 표 5.4와 식 5.25를 이용하면 다음과 같다.

$$Gear\ ratio = \frac{1}{1+\frac{N_A}{N_C}} = \frac{1}{1+\frac{240}{300}} = \frac{300}{540} = 1/1.8$$

표 5.5 내접기어가 고정된 경우 예제 5-5에 대한 각 기어비 계산

순서	조 건	선기어 (A) 기어비	유성기어 (B) 기어비	내접기어 (C) 기어비	케리어 (D) 기어비
1	케리어를 고정시킨 상태에서 선기어를 1회전시킴	+1	−1	$-\frac{240}{300} = -0.8$	0
2	선기어가 고정되게 모든 기어 1회전 뒤로 회전시킴	−1	−1	−1	−1
3	순번1과 2의 기어비를 합산	0(고정)	−2	-1.8	−1

즉 케리어가 1회전할 때 내접기어는 1.8회전한다. 따라서 증속이 필요한 풍력터빈에서는 날개가 저속 회전축인 케리어에 연결되고 고속회전축이 내접기어에 연결된다.

유성기어 트레인이 작동하기 위하여서는 다음의 3가지 조건이 만족되어야 한다. 이 조건은 선기어, 유성기어 및 내접기어의 이 수와 유성기어 수를 결정하기 위하여 필요한 조건이다.

조건 1 : 그림 5.19와 같이 기어는 서로 맞물려 회전하므로 내접기어의 피치원 지름은 선기어의 피치원 지름과 유성기어의 피치원 지름의 2배를 합한 것과 같기 때문에 다음과 같다.

$$m \times N_C = m \times (N_A + 2N_B) \Rightarrow N_C = N_A + 2N_B \tag{5.26}$$

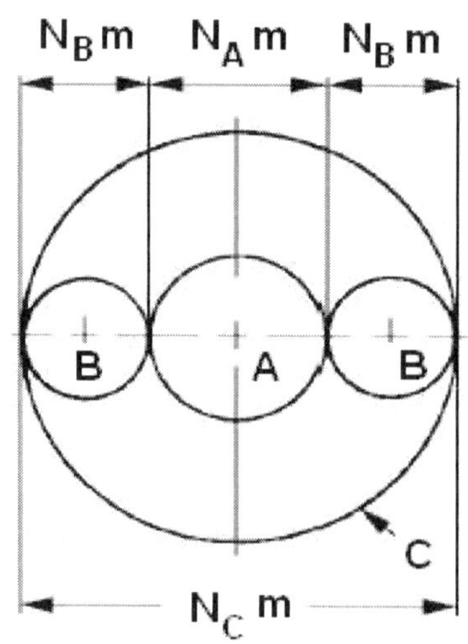

그림 5.19 유성기어 트레인 조건1

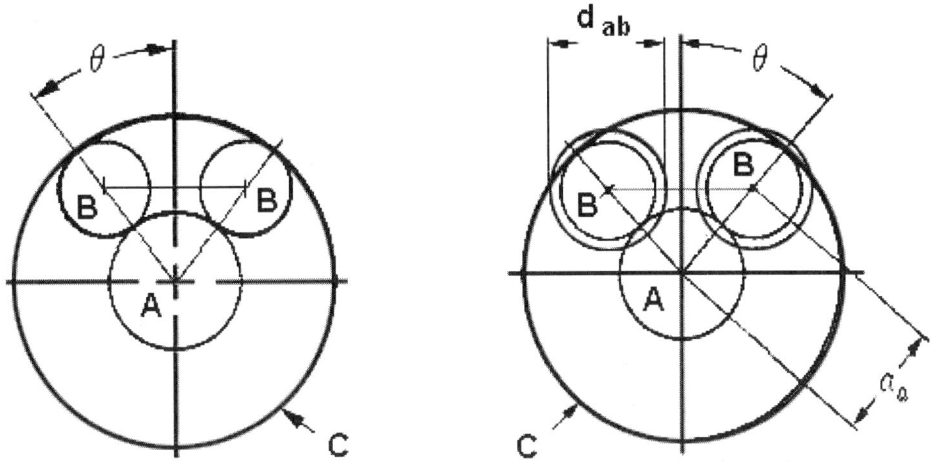

a) 조건2　　　　　　b) 조건3

그림 5.20 유성기어 트레인 조건2와 조건3

조건 2 : 이 조건은 유성기어를 선기어 주위에 균등한 간격으로 설치하기 위하여 필요하다. 여기서 p_n은 유성기어의 개수이다.

$$정수 = \frac{N_A + N_C}{p_n} \tag{5.27}$$

만약 균등한 간격으로 설치하지 않을 경우에는 다음의 조건이 필요하다. θ는 이웃한 두 유성기어 사이의 각을 이등분한 값이다.

$$정수 = \frac{(N_A + N_C) \times \theta}{180} \tag{5.28}$$

조건 3 : 이 조건은 이웃한 유성기어가 서로 간섭 없이 잘 작동하기 위하여 필요하다. 이 조건은 유성기어가 균등한 간격으로 설치되는 경우이다.

그림 5.21 발전기에 연결된 기어박스 내부의 기어 모형[4]

$$N_B + 2 < (N_A + N_B)\sin\frac{180}{p_n} \tag{5.29}$$

만약 균등한 간격으로 설치되지 않는 경우에는 다음의 조건을 사용한다.

$$d_{ab} < 2a_a \times \sin\theta \tag{5.30}$$

여기서 d_{ab}는 유성기어의 외부 지름이며, a_a는 선기어와 유성기어 중심 사이 거리이다.

그림 5.21은 발전기에 연결된 유성기어 트레인을 사용한 기어박스 내부의 모습니다. 2단의 유성기어 트레인이 사용되고 마지막에 축이 평행한 일단 기어 트레인이 사용되어 총 3단 기어 트레인이다. 날개가 연결된 저속회전축이 케리어에 연결되고 증속된 선기어 회전축은 다음 기어단의 케리어에 연결되어 계속하여 증속된다.

5.5 기어의 윤활

풍력터빈의 회전속도를 증가시키는 다단기어는 매우 중요한 부품이나 또한 고장과 소음이 발생하는 문제의 소지를 내포한 부품이다. 기어는 서로 맞물려서 회전하기 때문에 기어 이빨의 표면에서 서로 접촉하면서 마모가 발생하며 동시에 소음과 열이 발생한다. 이러한 마모는 기어에 큰 하중이 작용하고 회전수가 높으면 더욱 심하다. 따라서 이런 현상을 줄이기 위하여 마찰이 적은 재료를 사용하고 또한 윤활유를 사용한다. 윤활유는 표면 마찰계수를 낮추며 동시에 마찰로 발생하는 열을 제거하는 역할도 한다.

윤활유는 일정한 조건에서 항상 기어 이빨 표면에서 엷은 막을 형성하여 금속과 금속 표면이 만나지 않도록 해야 한다. 따라서 윤활유는 표 5.6과 같은 특성을 유지해야 한다.

표 5.6 윤활유의 특성

특 성	특성 요점 설명
알맞은 점성 (Proper viscosity)	요구되는 작동 온도와 회전수 범위에서 항상 윤활유 막을 잘 형성할 수 있도록 타당한 점성을 유지해야 함
산화 및 열화 (Oxidization & heat stability)	수분이 있는 환경과 작동 온도범위에서 윤활유는 산화되지 않고 오랫동안 잘 작동해야 함
물 친화력 (Water anti-affinity)	기어가 멈추면 온도의 변화로 수분이 응축하여 물방울이 발생하며, 윤활유는 이 물과 혼합되지 않고 잘 분리되어야 함
내거품성 (Antiform)	윤활유에 거품이 형성되면 윤활유 막을 형성할 수 없기 때문에 거품이 발생하지 않아야 함
내식성 (Anti-corrosion)	접촉하는 금속과 부식이 발생하지 않아야 함

윤활을 하는 방법은 기어의 원주속도에 따라서 다른 윤활 방법이 사용된다. 즉 기어 원주속도가 낮은 경우에는 점성이 낮은 윤활유가 사용되며, 속도가 빠르면 윤활유를 가압하여 주입하는 방법을 사용한다. 기어에 작용하는 힘이 크면 점도가 큰 윤활유를 사용한다. 사용되는 대표적인 방법에는 그리스 윤활(Grease lubrication), 윤활유 뿌림법(Splash lubrication or Oil bath), 가압 윤활법(Forced oil circulation) 등이 있다.

1) 그리스 윤활(Grease lubrication) : 그리스 윤활은 기어의 회전속도가 느린 곳에 사용한다. 원주방향의 속도가 약 5 m/s보다 작을 때 사용한다. 특히 그리스는 다른 오일과 달리 냉각 효과가 적기 때문에 기어에 작용하는 부하가 크지 않아야하며, 또한 계속적으로 회전하는 기어에는 적합하지 않다.

2) 윤활유 뿌림법(Splash lubrication or Oil bath) : 기어가 밀봉된 상태에서 회전하는 기어의 일부가 윤활유에 잠겨 있어서, 회전하면서 윤활유를 주위 기어와 베어링에 튀겨 뿌리는 방식이다. 이 방법은 원주속도가 5 ~ 13 m/s의 범위에 사용된다. 원주속도가 너무 느리면 윤활유가 제대로 기어에 공급되지 못한다. 적당한양의 윤활유가 항상 용기에 있어야 하며, 또한 윤활유의 온도가 증가하여 점도가 낮아져서 제 역할을 하지 못하는 경우가 발생할 수 있는 단점이 있다.

3) 가압 윤활법(Forced oil circulation) : 이 방법은 오일탱크, 필터, 펌프 및 연결 파이프 등으로 구성되며 강제로 펌프를 사용하여 윤활유를 기어에 분사하는 방법이다. 주로 고속으로 회전하며 큰 부하가 작용하는 대형 기어박스에 사용된다. 윤활유는 필터를 통하여 정제되고 또 냉각되기 때문에 항상 청결하고 적당한 온도의 윤활유가 기어에 공급되는 최선의 윤활방법이다.

Chapter 6. 전기발전시스템

풍력터빈은 바람의 운동에너지를 전기에너지로 변환시키는 장치이므로 전기발전기는 풍력터빈의 주요 구성 요소이다. 발전기는 물리적으로 클 뿐만 아니라 제작단가도 풍력터빈의 전체 비용에서 큰 비중(약 5 ~ 10%)을 차지하며 또한 발전기의 선택에 따라서 발전시스템을 다양하게 구성할 수 있는 매우 중요한 부품이다. 발전기는 크게 유도발전기와 동기발전기로 구분되며, 발전기의 선택에 따라서 회전축의 회전수를 증속하는 기어박스 및 전기의 주파수와 전압을 조절하는 전력변환기(컨버터) 등의 부속장치의 필요성이 결정된다. 한편 풍력터빈에서 발전기를 회전 시키는 기계적인 동력은 화력, 수력 또는 원자력에 비교하여 매우 불안정 하므로 생산된 전력을 계통연계하기 위하여 여러 가지 형태의 발전시스템이 있다. 그러므로 전기발전시스템의 적절한 구성은 풍력터빈의 제작비와 효과적인 운영에 많은 영향을 미치는 요소로 풍력터빈의 설계에 반드시 고려할 사항이다.

6.1 전기발전원리

보통 많이 접하는 막대자석과 같은 영구자석 주위에는 그림 6.1과 같이 자석의 북극(N극)에서 남극(S극)으로 향하는 자력이 존재한다. 이 자력을 나타내는 선을 자력선(magnetic field lines)이라 하고 일련의 자력선을 자속(magnetic flux)이라 한다. 자속의 단위는 웨버(weber, Wb)이며 1 Wb는 10^8개의 자력선을 가지는 매우 큰 값으로 실제로는 마이크로 웨버(micro-weber, μWb) 단위를 사용한다. 따라서 1 마이크로 웨버는 100 개의 자력선과 같다.

자기장에서 단위면적당 자속의 양을 자속밀도라 하며 단위는 테스라(tesla, T)로 다음과 같다.

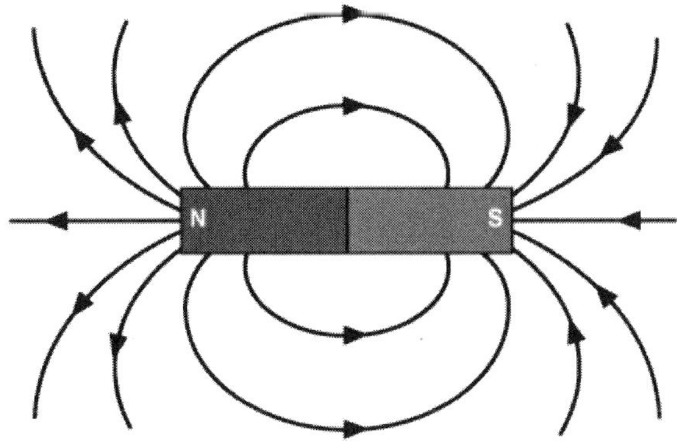

그림 6.1 영구자석 주위의 자력선

$$B = \frac{\Phi}{A} \tag{6.1}$$

여기서 Φ는 자속이며, A는 자속에 수직인 자기장의 면적을 나타낸다. 따라서 1 테스라는 1 Wb/m^2과 같다.

종이, 유리, 나무 및 플라스틱과 같은 비자성 물질은 자력선에 영향을 미치지 않는다. 그러나 철과 같은 자성물질은 자력이 잘 통과하므로 자력이 공기보다 철을 통과하기를 선호하기 때문에 자기장에 철이 놓여 있으면 자력선은 그림 6.2와 같이 변형된다. 한편 서로 다른 자극이 가까이 위치하면 자극사이에 인력이 작용하며, 반대로 같은 극이 위치하면 반발력이 작용하며 두 자석 주위에 형성되는 자력선의 형태는 그림 6.3과 같다.

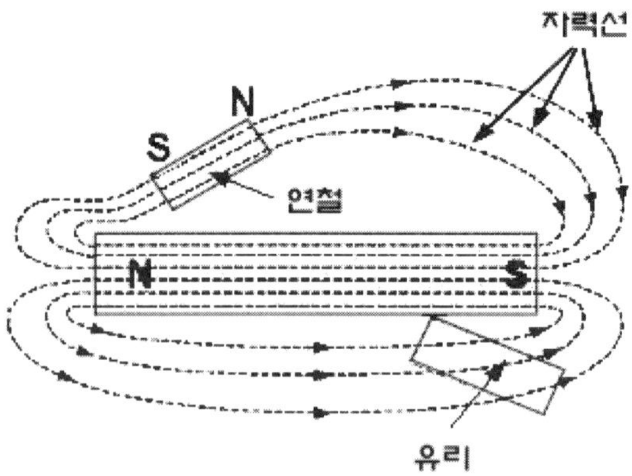

그림 6.2 자기장에 대한 비자성 물질과 자성물질의 영향

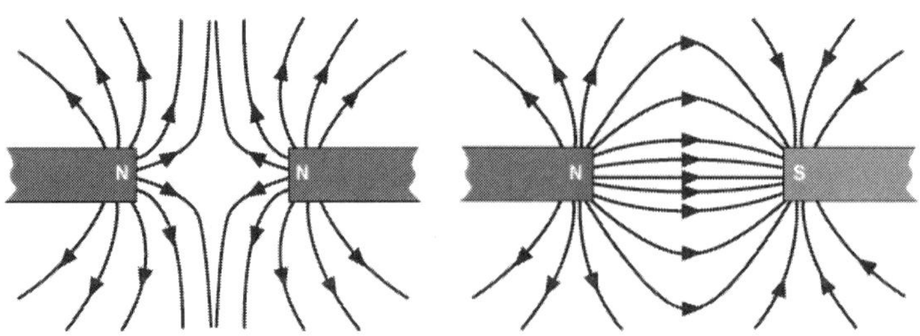

그림 6.3 영구자석의 자기장에 대한 인력과 반발력

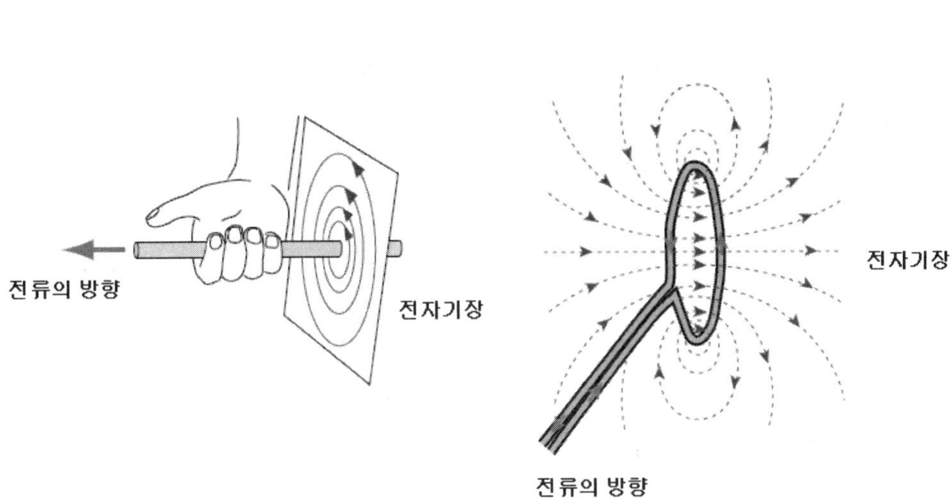

그림 6.4 전류가 흐르는 도체 주변의 전자기장

영구자석과 달리 그림 6.4와 같이 도체에 전류가 흐르면 도체 주변에 자력이 동심원 형태로 형성되며 이 자기장을 전자기장 또는 전자계(electromagnetic field)라 한다. 이와 같이 도체에 흐르는 전류에 의해 전자기장이 형성되는 현상을 전자기(electromagnetism)라 한다. 도체 주위에 형성되는 자력선의 방향은 전류가 오른쪽에서 왼쪽으로 흐르면 자력선의 방향은 반시계 방향이며 반대로 전류가 왼쪽에서 오른쪽으로 흐르면 자력선의 방향은 시계방향이다. 즉 전류의 방향이 바뀌면 전자기장의 방향도 바뀐다. 자력선의 방향을 기억하기 쉬운 방법은 오른손 법칙으로 엄지손가락이 전류의 방향이 되도록 도체를 오른손으로 잡았다고 가정하면 나머지 손가락이 자력선의 방향을 가리킨다. 전자기의 성질을 이용하여 자화가 잘되는 재료 주위를 도선으로 감고 전류를 흐르게 하면 도선으로 둘러싸인 재료는 자석이 되며 이 자석을 전자석이라 한다. 전자석의 형태는 응용분야에 따라서 다양하다.

도선과 자기장(또는 전자기장)이 상대적으로 움직이면 즉 도선이 자기장을 가로지르며 움직이거나 또는 자기장이 정지해 있는 도선을 지나가면 도선에는 유도전압이 발생하며 이 현상을 전자기유도(electromagnetic induction)라 한다. 유도전압의 크기는 도선과 자기장이 서로에 대해 움직이는 속도에 따라 달라진다. 즉 상대속도가 크면 클수록 유도전압이 크다. 이와 같이 자기장을 가로질러서 도체를 움직여서 전압과 전류가 유도되는 것을 전자기유도 현상이라 하며 전기발전기의 작동원리이다. 전자기유도를 이용하는 장치로 변압기, 발전기 등이 있다.

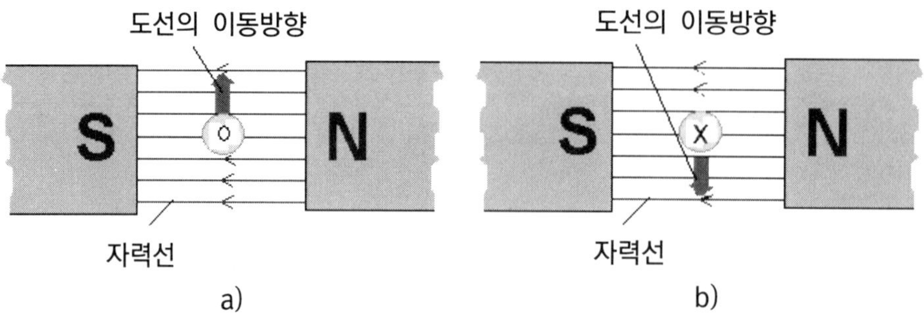

그림 6.5 도선의 운동 방향과 유도전류의 흐름 방향

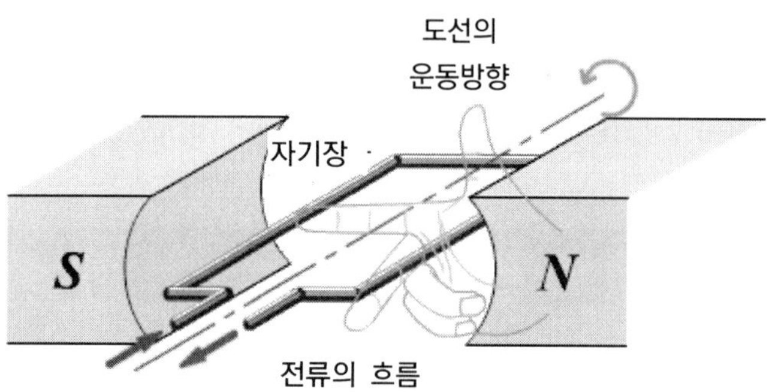

그림 6.6 플래밍의 오른손법칙에 의한 전류와 도선의 운동 방향

1831년 Faraday는 전자기유도 법칙을 발견했다. 즉 도선으로 만든 코일을 가로질러 자석을 움직이면 코일에 유도전압이 발생하고, 폐회로가 구성되면 유도전류가 흐르게 된다. 이 때 코일에 유도되는 전압은 코일의 자속 변화율과 권선수를 곱한 값과 같다는 사실을 Faraday는 발견했다. 즉 도선과 자기장의 상대속도가 빠를 수 록 또 권선의 수가 많을 수 록 유도전압이 크다는 사실을 발견하였다.

자기장에서 도체가 한쪽 방향으로 움직이다가 반대방향으로 움직이면 유도전압의 극성이 바뀐다. 즉 그림 6.5와 같이 자석의 북(N)극과 남(S)극에 의한 자기장이 존재하는 공간에 도선이 위로 움직이면 전류는 그림 6.5a)와 같이 지면에서 나오는 방향으로 흐르며, 그림 6.5b)와 같이 도선이 아래로 내려가면 전류는 지면을 향하는 방향으로 흐른다. 또한 그림 6.6과 같이 도선을 직사각형 모양으로 만든 루프를 오른손의 엄지손가락이 가리키는 방향으로 회전시키면 플레밍(Fleming)의 오른손법칙에 의하여 가운데 손가락이 가리키는 방향으로 도선에 전류가 흐르게 된다.

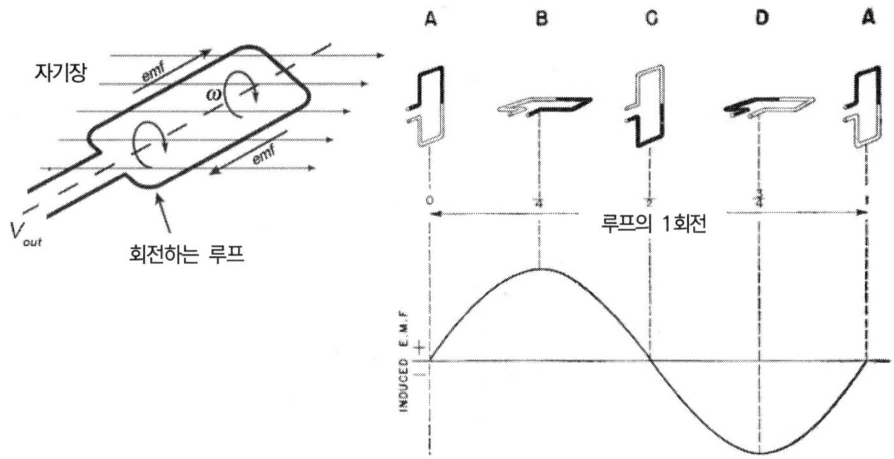

그림 6.7 루프의 회전과 유도전압 발생 관계

한편 루프가 자기장 내에서 회전하면서 자속을 여러 각도에서 자르며 지나가므로 루프의 회전과 유도전류의 발생의 관계는 그림 6.7과 같다. 그림 6.7에서 루프가 A의 위치에 있으면 루프는 자기장을 자르지 못하기 때문에 전류는 흐르지 않는다. 그러나 루프가 A의 상태에서 90도 회전하여 B의 상태가 되는 동안에 자력선을 자르는 비율이 증가하며 B의 상태에서 루프는 자력선을 가장 많이 자른다. 다시 루프가 B의 상태에서 90도 회전하여 C의 상태가 되는 동안에 자력선을 자르는 비율이 감소하고 C의 상태에서 최솟값이 된다. 따라서 루프가 회전하면서 자력선을 자르며 지나가는 비율은 루프의 위치 즉 루프와 자력선 사이의 각도에 비례하므로 그림 6.7과 같이 유도전압의 세기는 루프의 위치를 나타내는 각도에 비례한다.

6.1.1 직류발전기

전자기유도에 의하여 자기장 내부에서 도선이 자력을 자르면서 움직이면 유도전압이 발생하며, 그림 6.7에서 외부동력에 의하여 루프가 회전하면 루프의 위치에 따라서 전압이 외부회로에 어떻게 유도되는가를 나타낸다. 만약 루프에서 유도되는 전압을 외부회로에 연결하기 위하여 루프의 양 끝에 전도성이 있는 금속 원통을 반으로 나누어 그림 6.8과 같이 연결한다. 이 금속 원통을 정류자(commutator)라 하며 루프가 회전하면 이 정류자도 같이 회전한다. 또한 각각의 정류자는 브러쉬(brush)라는 고정되어 있는 접점과 닿게 되어 있어 루프를 외부회로에 연결한다.

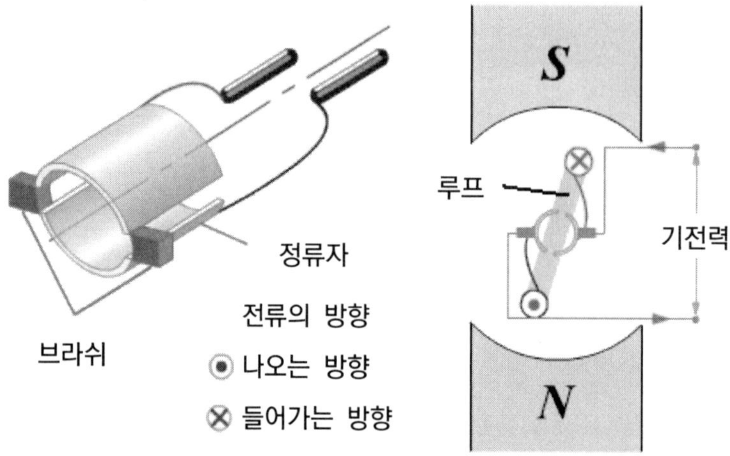

그림 6.8 간단한 직류발전기의 단면과 정류자 연결

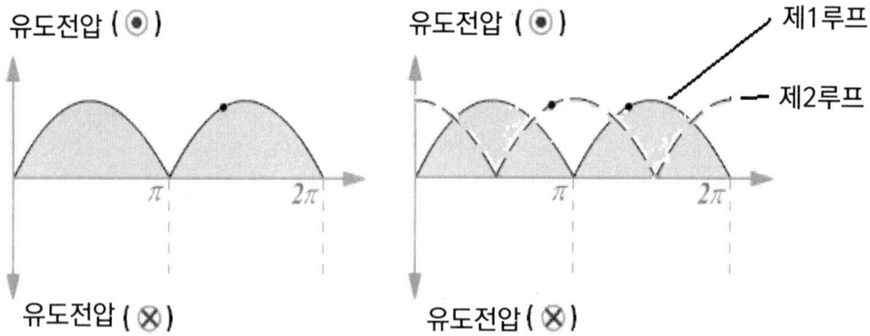

a) 1개의 루프 b) 2개의 루프 사용

그림 6.9 루프가 회전하면서 유도되는 전압

그림 6.9는 루프가 지기장 내에서 회전함에 따라 외부회로에 유도되는 전압의 변화를 보여준다. 처음에 루프가 수평 위치에 있으면 유도전압이 영이고 계속 회전하여 루프가 수직의 위치에 도달하면 유도전압이 증가하여 최대가 된다. 다시 루프가 회전하여 수평이 되면 유도전압은 영이 된다. 즉 루프가 반 바퀴를 회전하면 그림 6.9a)에서 사인파의 처음 반이 만들어 진다.

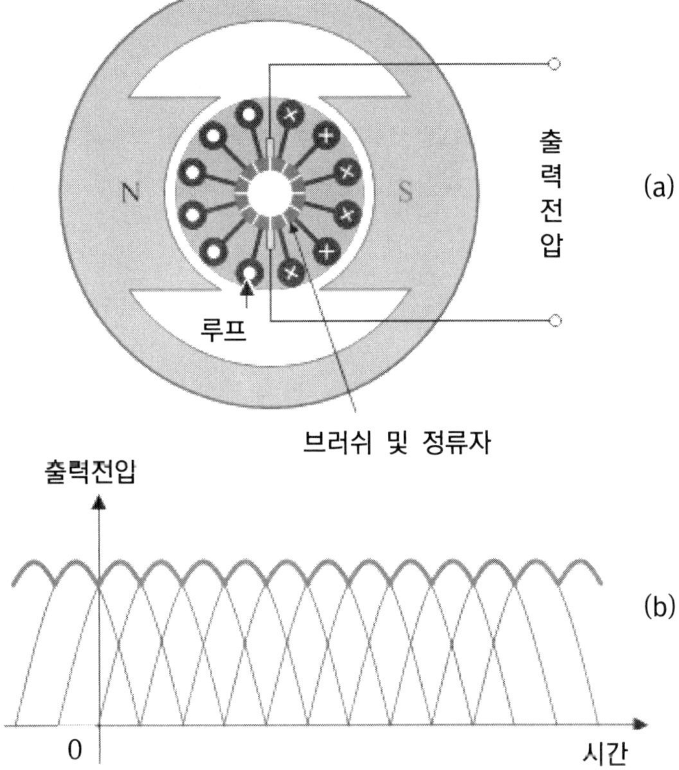

그림 6.10 여러 개의 루프를 사용한 발전기에서 유도된 전압

이와 같이 루프가 반 바퀴 회전하면 브러쉬는 처음 접촉한 정류자 대신 다른 반쪽의 정류자와 접촉하게 되며, 나머지 반 바퀴를 회전하면서 처음과 같은 극성의 유도전압을 만들어 그림 6.9a)와 같은 유도전압을 만든다.

루프가 계속하여 회전하면 매 1회전 마다 그림 6.9a)와 같은 파형의 유도전압이 발생한다. 만약 서로 직교하는 2개의 루프를 사용하면 각 루프에서 발생하는 유도전압은 그림 6.9b)와 같다. 그림 6.10a)과 같이 6개의 루프가 설치된 회전자가 반 바퀴 회전하면 6개의 사인파형이 만들어진다. 따라서 그림 6.10b)와 같이 루프 수가 증가하면 외부에 나타나는 유도전압은 각 루프에서 발생한 유도전압이 중첩된 결과인 좀 더 평평한 직류전압이 된다. 또한 회로에 필터를 사용하면 더욱 완벽한 직류전압을 얻을 수 있다.

6.1.2 교류발전기

그림 6.11과 같이 교류발전기에서 루프의 양 끝은 슬립링(slip ring)이라 부르는 분리된 전도성 고리에 각각 연결되어 있다. 직류발전기와 같이 루프가 자기장내에서 회전함에 따라 슬립링도 회전하면서 브러쉬에 접촉해 있어 외부회로에 연결된다. 그러나 교류발전기는 루프의 양 끝이 각각 다른 슬립링에 계속하여 연결되어 있고 직류발전기의 루프 양 끝은 반 바퀴마다 다른 정류자에 연결되어 외부회로에 연결되는 차이가 있다. 따라서 유도되는 전압의 형태도 완전히 다르다.

교류발전기에는 루프가 슬립링에 연결되어 있어 직류발전기에서 유도되는 전압과 다른 그림 6.7과 같이 완전한 사인파 유도전압의 한 사이클이 생성된다. 그림 6.7에서 루프가 A의 상태에 있으면 루프는 자기장을 자르지 못하기 때문에 전류는 흐르지 않는다. 그러나 루프가 A의 상태에서 B의 상태로 회전하면 자력선을 자르는 비율이 증가하며 B의 상태에서 루프는 자력선을 가장 많이 자른다. 다시 루프가 B의 상태에서 C의 상태로 회전하면 자력선을 자르는 비율이 감소하고 C의 상태에서 최솟값이 된다. 루프가 나머지 반 바퀴를 회전하는 동안에 루프가 자기장을 반대 방향으로 자르고 지나가기 때문에 이 때 유도되는 유도전압의 극성은 처음 반 바퀴를 회전하면서 유도된 전압과 반대 극성을 가진다. 따라서 루프가 완전히 1 회전을 하면 완전한 사인파를 형성한다.

대부분의 발전기(generator)는 전동기(motor)와 유사하게 그림 6.12와 같이 외부에 고정되어 있는 고정자, 그리고 내부의 회전축에 부착되어 외부에서 공급되는 기계에너지에 의하여 회전하는 회전자, 지지 베어링 및 냉각장치 등의 주요 부품으로 구성되어 있다.

6.1.3 주파수

교류발전기의 자기장에서 도체가 일회전하면 한 사이클의 정현파전압(사인파)이 유도된다. 예를 들면 초당 60 회전을 하면 정현파가 초당 60 개가 만들어지며 따라서 정현파의 주기는 1/60 초이고 주파수는 60 Hz이다. 그러므로 도체의 회전수가 클 수 록 유도전압의 주파수가 높아진다. 더 높은 주파수를 만드는 또 다른 방법은 자극의 수를 늘리는 것이다. 앞에서 도체는 두 개의 자극 사이에서 일회전하면서 즉 하나의 북극과 하나의 남극을 지나고 한 사이클의 정현파를 만들었다. 만약 그림 6.11에서 자극이 두 개 더 설치되어 네 개의 자극이 사용되면 루프가 반 바퀴 회전하는 동안에 한 사이클의 정현파가 만들어져서 한 바퀴 회전하는 동안에 주파수가

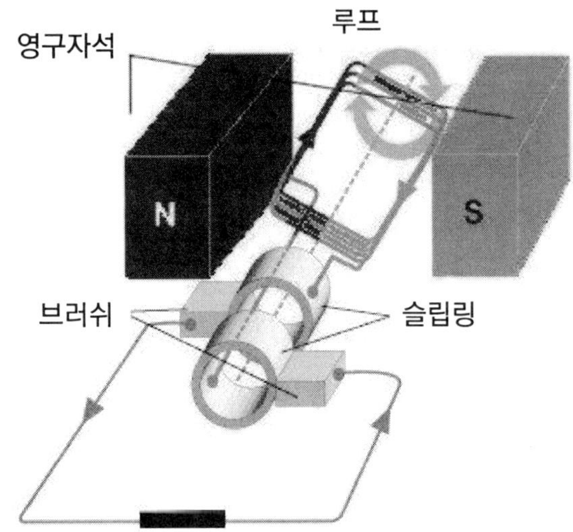

그림 6.11 간단한 교류발전기의 슬립링 연결

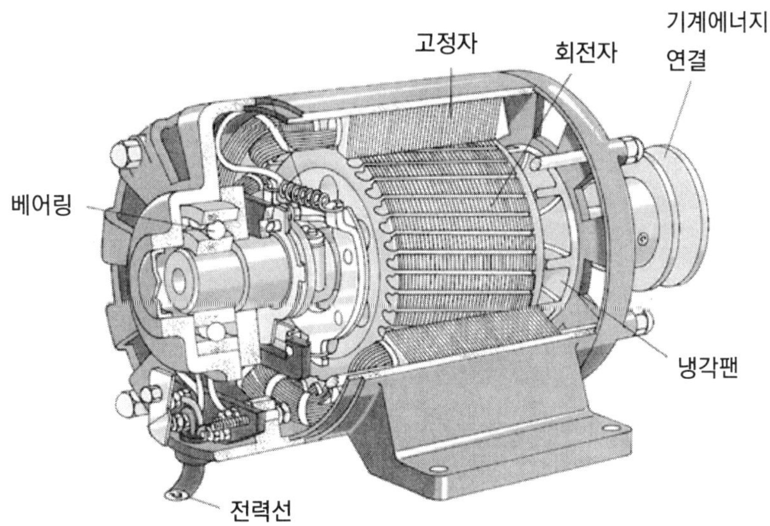

그림 6.12 발전기의 주요 구성요소

2배가 된다. 따라서 회전수의 증가 뿐만 아니라 자극의 수가 증가하면 또한 주파수가 증가하며 회전수 및 자극의 수와 주파수와의 관계는 다음과 같다.

표 6.1 회전자의 동기회전수

전자기장의 극수	동기회전수(rpm)	
	전류의 주파수 50 Hz	전류의 주파수 60 Hz
2	3000	3600
4	1500	1800
6	1000	1200
8	750	900
10	600	720
12	500	600

$$f = (\text{자극의 수}/2) \times \text{회전수}(rpm)/60 \tag{6.2}$$

따라서 발전기 회전자의 회전수가 낮으면 자극의 수를 크게 해야 한다. 증속기어를 사용하지 않는 경우에 로터 회전축의 회전수는 10 ~ 60 rpm으로 매우 낮다. 그러므로 발전기에 사용되는 자극의 수는 매우 많게 하여야 한다. 식 6.2를 이용하여 계통전류를 이용하여 전자기장을 형성하면 전자석의 극수에 따른 도체의 동기회전수는 표 6.1과 같다.

예 제 6-1

6 개의 자극을 갖는 발전기가 초당 100 회 회전한다면 출력전압의 주파수를 구하라.

❖ 풀이 : 식 6.2를 이용하여 계산하면 다음과 같다.

주파수 = (6 / 2) x 100 = 300 Hz

6.2 유도발전기(induction generator)

발전기는 크게 비동기식인 유도발전기와 동기발전기로 분류된다. 전기에너지를 기계에너지로 변환 시키는 유도전동기는 펌프, 팬, 압축기, 엘리베이터 및 공장에 많이 사용되고 있다. 이 유도전동기는 가격이 싸고 매우 신뢰할 수 있는 안정적인 장치이다. 따라서 풍력발전에 많이 사용되는 유도발전기는 이런 장점을 이용하기 위하여 유도전동기에서 유래하였다.

발전기가 작동하기 위하여 고정자는 외부에서 전력을 공급받아 전자기장을 형성하며 회전자는 외부에서 공급되는 기계에너지에 의하여 전자기장 내에서 회전한다. 따라서 외부 전력공급 없이는 작동할 수 없다. 고정자에 형성되는 전자기장의 동기회전수보다 빠르게 회전자가 회전하면 회전자에 강한 전류가 유도되어 발전이 이루어진다. 예를 들어 고정자가 4극이며 외부에서 60 Hz의 전력이 공급되어 전자기장이 형성되면 표 6.1에서 동기회전수는 1800 rpm이다. 그러므로 회전자가 1800 rpm보다 약간 빠르게 회전하면 유도전력이 발생한다.

유도발전기는 크게 회전하는 회전자의 형태에 따라 농형유도발전기(squirrel cage induction generator, SCIG)와 권선형인 이중여자유도발전기(doubly fed induction generator, DFIG)로 나눈다.

6.2.1 농형유도발전기(SCIG)

그림 6.13과 같이 원형의 얇은 절연된 강철판을 회전축에 겹겹이 끼워서 원통을 만든 후에 원통의 표면에 축 방향으로 홈을 만들어서 이 홈에 전도성이 좋은 구리 또는 알루미늄 봉을 삽입하여 농형유도발전기의 회전자를 만든다. 봉의 양 끝에 같은 재료로 만들어진 원형 고리를 부착하여 서로 연결시켜 단락되게 한다. 이 도체의 형태가 일명 다람쥐가 돌리는 쳇바퀴와 비슷한 형상이라 농형유도발전기라 부른다. 농형유도발전기는 구조가 간단하기 때문에 신뢰성이 뛰어나고 가격이 저렴하고 유지보수가 쉽다. 그러나 증속기어를 사용하여 동기속도보다 빠른 회전자의 회전수를 유지해야하는 단점이 있으며 또한 전자기장을 형성하기 위하여 고정자에 외부의 전력공급이 필요하다.

농형유도발전기가 최대 전력을 생산할 때의 회전수와 동기회전수의 차이는 약 1%로 매우 적다. 즉 4극 발전기에서 동기회전수는 1800 rpm이므로 전력이 최대로 생산되는 회전수는 1818 rpm이다. 이 두 회전수의 차이를 발전기 슬립(Slip)이라 한다.

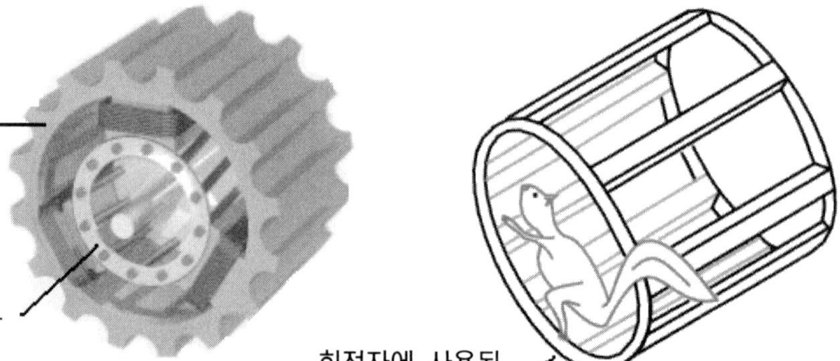

그림 6.13 농형유도발전기의 고정자와 회전자

발전기의 회전자를 회전시키는 기계에너지는 풍력터빈의 축에 의하여 공급되며 이 에너지는 바람의 속도에 따라 변하는 불안정한 에너지이다. 그러므로 이 슬립은 매우 유용한 특성으로 풍속에 따라 약간씩 변하는 토크에 대응하여 발전기의 회전속도가 이 슬립 범위 내에서 자유로이 변하면서 발전을 할 수 있어 증속기어에 덜 무리가 갈 수 있는 장점이 있다. 따라서 농형유도발전기는 정속운전에 많이 사용되며 전력계통에 직접 연결된다.

6.2.2 이중여자유도발전기(DFIG)

권선형유도발전기의 고정자는 농형유도발전기와 같은 형태이나 회전자의 형태는 다르다. 회전자에는 회전축에 설치된 원통형 철심에 삽입된 구리 또는 알루미늄 봉 대신에 도선이 감겨져(권선) 있고 도선의 양 끝은 슬립링에 연결되어 외부 회로에 연결된다. 농형유도발전기는 고정자에만 전력선이 연결되기 때문에 단일여자유도발전기이며 권선형은 고정자와 회전자 모두에 전력선이 연결되어 고정자와 회전자 모두에서 전력을 생산할 수 있기 때문에 일반적으로 이중여자유도발전기라 한다. 대략 정격출력의 30% 정도를 회전자에서 발전한다.

농형유도발전기는 약 1%의 슬립 범위를 가지나 이중여자유도발전기는 회전자에 저항을 설치하여 약 50 ~ 100%의 슬립 범위를 가진다. 즉 동기회전속도보다 회전자의 속도를 50% 감소시키거나 50% 증가시킬 수 있다. 그러나 실제적으로는 ±30%

범위에서 속도 변화를 줄 수 있다. 회전자의 속도가 동기회전속도보다 빠르면 회전자에 가해지는 추가 동력을 회전자에 설치된 저항을 이용하여 열로 변환시키고, 회전자의 속도가 느리면 회전자에 마이너스 저항을 넣어서 동력의 결손을 보충하는 원리이다. 실제에서는 저항 대신에 컨버터(convertor)를 사용하여 동력을 열로 변환시키지 않고 여분의 동력을 흡수하고 부족할 때 방출하는 역할을 하게한다. 즉 만약 회전자의 속도가 동기속도보다 낮으면 컨버터는 계통전력으로부터 전력을 받아서 회전자에 가해주어 회전자가 필요한 출력을 생산하게 한다. 따라서 발전기의 효율을 높이는데 기여하며 또한 풍력터빈에 가해지는 풍속의 변환에 잘 대응할 수 있어 가변회전 발전시스템에 이중여자유도발전기가 사용된다. 그러나 슬립링과 브러쉬가 사용되어 유지보수 비용이 상대적으로 큰 단점이 있다.

6.3 동기발전기(synchronous generator)

대표적인 동기발전기인 영구자석동기발전기(permanent magnet synchronous generator, PMSG)는 회전자에 권선을 사용하지 않고 영구자석을 사용한다. 따라서 시동하기 위하여 외부로부터 전력 공급이 필요하지 않아서 발전기의 효율이 높다. 발전되는 전력의 주파수 및 전압은 회전축의 회전수와 밀접한 관계를 가진다. 또안 일단기어나 또는 전혀 기어 없이 사용되어, 발전기의 회전속도가 날개의 회전속도와 같은 저속이므로 큰 출력을 내기위하여 큰 토크가 필요로 하기 때문에 발전기 자체의 부피는 매우 크나 전력손실이 없다. 그러나 발전된 모든 전력이 전력변환장치인 커버터를 통과하여 계통전력의 전압과 주파수와 일치시킬 필요가 있다. 또 영구자석의 단가가 고가이기 때문에 제작 원가가 높은 단점이 있다. 한편 영구자석동기발전기는 일단기어나 또는 전혀 기어 없이 사용되기 때문에 나셀의 기계적인 구조가 간편하게 되어 유지 및 보수의 필요성이 적어 전체 시스템의 수명이 긴 장점이 있다.

세계적으로 풍력터빈에 사용되는 발전기는 정속회전을 이용하는 농형유도발전기가 약 20% 정도 사용되며, 가변회전을 이용하는 이중여자유도발전기는 약 65% 정도 사용되고 있다. 동기발전기는 나머지 약 15%이나 증속기어 없이 직접구동 할 수 있는 장점이 있기 때문에 앞으로 점점 대형화되고 있는 해상풍력터빈에 많이 사용될 것으로 예측된다.

6.4 전기발전시스템 구성

풍력터빈의 날개에서 바람의 운동에너지를 기계에너지로 변환시킨 후 전기에너지로 변환시키기 위하여 여러 가지 제어시스템이 발전시스템과 함께 사용되고 있다. 앞 장에서 피치제어(pitch control) 또는 스톨제어(stall control)를 사용하여 날개 회전축에서 생산되는 기계에너지에 대한 출력을 제어하는 방법에 대하여 알았다. 이 기계에너지를 이용하여 발전기에 토크를 전달하고 전기에너지를 생산하기 위하여 발전기의 회전수에 따라서 다양한 발전시스템의 구성이 있다. 그림 6.14는 나셀의 내부에 있는 주요 동력시스템의 구성요소를 나타내고 있다. 일반적으로 날개에서 얻은 기계에너지는 저속 회전축을 회전시키고, 저속 회전축은 증속기어에 연결되어 발전기에서 요구되는 회전속도로 회전수를 증가시켜 고속 회전축에 연결된 발전기를 회전시킨다. 발전기가 회전하면서 생산된 전기는 컨버터와 변압기 등을 통하여 주파수와 전압이 조절된 후 외부 계통전력선에 연결된다.

풍력터빈의 전기발전시스템은 여러 가지 기준으로 분류될 수 있으나 보통 회전속도 변화와 증속기어의 사용 유무에 따라서 분류하면 다음과 같다. 축의 회전수에 따라서 정속회전형(fixed speed), 가변회전형(variable speed) 및 제한적 가변회전형(limited variable speed)으로 분류된다. 가변회전형도 컨버터(converter)를 통과하는 출력의 규모에 따라서 부분변환형(partial-scale converting)과 완전변환형(full-scale converting)으로 분류된다. 완전변환형은 발전한 출력의 모두가 컨버터를 통과하는 경우로 출력의 손실이 발생한다.

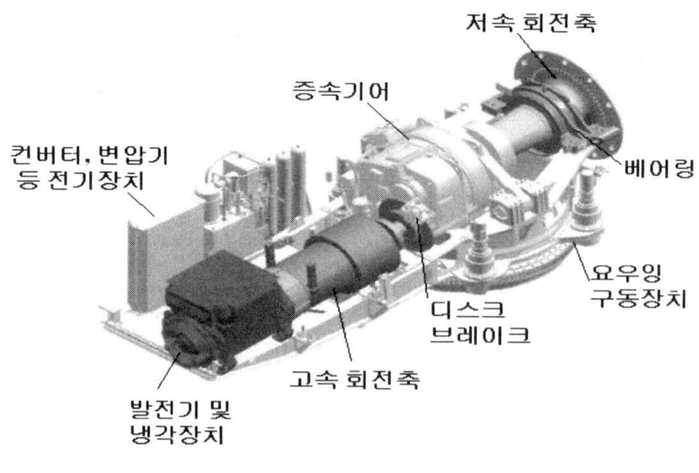

그림 6.14 동력 변환장치 구성도[3]

한편 동력 전달계통에 증속기어가 사용되는 간접구동형(geared drive)과 기어가 사용되지 않는 직접구동형(direct-drive)로 분류되고 또한 간접구동형도 다단기어가 사용되는 다단기어형(multi-stage)과 일단기어형(single-stage)으로 구분된다. 다단기어형은 증속비가 크며 보통 고속으로 회전하는 유도발전기가 연결된다. 일단기어형은 증속비가 작은 약 10 정도로 증속되어 연결되는 발전기도 저속회전하는 동기발전기가 사용된다. 그러나 직접구동형보다 축의 회전속도가 높다.

다단증속기어를 사용하여 발전기의 회전수를 일정하게 유지하는 정속회전 풍력터빈(fixed speed turbine)에는 유도발전기가 사용되며 발생한 전력은 바로 계통에 연결된다. 다른 하나는 일단증속기어 또는 증속기어를 전혀 사용하지 않고 발전기가 날개에 직접 연결되어 날개의 회전수에 따라서 변하는 가변회전 풍력터빈(variable speed turbine)이다. 이 경우는 저속으로 회전하는 동기발전기가 사용되며 또한 주파수를 일정하게 유지하기 위히여 컨버터(convertor)가 함께 사용된다. 날개 출력제어, 증속기, 컨버터 및 발전기 등으로 구성된 다양한 형태의 시스템 제어 방법은 표 6.2와 같으며, 가장 대표적인 전기발전시스템의 구성을 요약하면 다음과 같다.

표 6.2 최적 출력을 생산하기 위한 풍력터빈 제어 및 시스템 구성

<table>
<tr><th>대 상</th><th colspan="2">구체적인 제어 및 구성</th></tr>
<tr><td rowspan="2">터빈 날개</td><td colspan="2">스톨제어(stall control) - 수동적 제어</td></tr>
<tr><td colspan="2">피치제어(pitch control) - 능동적 제어</td></tr>
<tr><td rowspan="4">발전시스템</td><td>정속회전
(fixed speed)</td><td>간접구동(geared drive) -
다단증속기어
농형유도발전기(SCIG),
권선형유도발전기(WRIG)</td></tr>
<tr><td rowspan="3">가변회전
(variable speed)
및 제한적 가변회전</td><td>간접구동(geared drive) -
다단증속기어
이중여자유도발전기(DFIG), 컨버터</td></tr>
<tr><td>간접구동(geared drive) -
일단증속기어, 동기발전기, 컨버터</td></tr>
<tr><td>직접구동(direct-drive) -
동기발전기(영구자석), 컨버터</td></tr>
</table>

6.4.1 정속회전-간접구동 발전시스템

구성은 그림 6.15와 같이 날개와 발전기 사이에 다단증속기어가 있으며 발전기는 일정한 회전속도(1500 ~ 1800 rpm)에서 회전하는 농형유도발전기가 사용된다. 농형유도발전기(squirrel cage induction generator, SCIG)에서 생산된 전력은 변압기를 통과하여 직접 50 ~ 60 Hz의 전력계통에 바로 연결된다. 이 발전시스템은 1980년대부터 일반적으로 사용되어온 방법이다. 날개의 회전속도는 정격 회전수가 유지 되도록 전통적인 스톨제어가 많이 사용된다. 즉 날개의 피치각이 고정되어 있어서 풍속이 정격풍속 이상으로 증가하면 자동적으로 날개에서 스톨이 발생하여 출력계수가 감소하고 출력이 증가하지 않는다. 그러나 최근에는 피치제어도 사용되고 있다. 이 방식의 장점은 시스템 구성이 간단하다는 점이나, 풍속의 변화가 직접 시스템에 전달되는 단점이 있다. 또한 사용되는 증속기어는 보통 3단으로 무게가 무겁고 대형으로 고장의 발생 빈도가 높은 기어시스템이 사용되는 단점이다. 농형유도발전기는 많이 사용되는 발전기로 고장이 적고, 가격이 저렴한 편이다.

6.4.2 가변회전-간접구동 발전시스템

대형 풍력터빈에서 최대의 출력을 얻기 위하여 가변회전형이 필수적이다. 그러나 상업전력계통에 연결하기 위하여 출력의 주파수와 전압을 제어하는 전력변환장치들이 또한 필수적으로 사용된다. 그림 6.16과 같이 시스템은 날개와 발전기 사이에 증속기어를 사용하며 이중여자유도발전기(doubly-fed induction generator, DFIG)가 사용된다. 이중여자유도발전기의 고정자(stator)는 전력계통에 직접 연결되고, 회전자(rotor)는 컨버터에 연결되어 전류를 고정자와 회전자 양쪽에서 얻을 수 있다.

따라서 회전자에서 발생하는 출력이 통과하는 컨버터를 제어하여 회전수를 제어하고 발전시스템을 제어한다. 최적의 출력을 낼 수 있는 날개 끝 속도비 근처에서 회전하도록 정격속도의 70 ~ 130% 범위에서 회전속도를 가변적으로 유지한다. 또한 발전기 동기회전수 범위의 중앙에 위치하게 기어변속비를 선정하여 정격출력의 약 25 ~ 35% 정도인 회전자 출력을 컨버팅 되게 한다.

정격풍속 이상으로 풍속이 증가하면 날개의 피치각을 조절하여 날개의 회전수를 제어한다. 회전수가 가변적이므로 생산된 교류전류의 주파수가 일정하지 않다. 따라서 컨버터를 통하여 주파수가 일정한 교류전류로 변환시킨다. 이 시스템은 컨버터를 통과는 전력이 전체 출력의 일부분이므로 전력 손실이 적게 발생하는 장점이 있다.

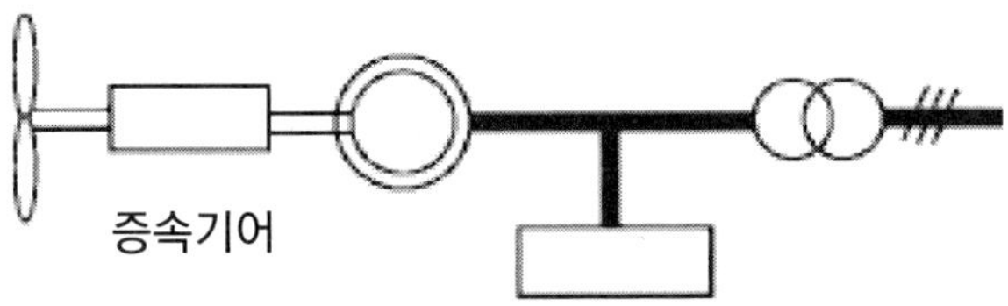

그림 6.15 정속회전-간접구동 발전시스템 구성[4]

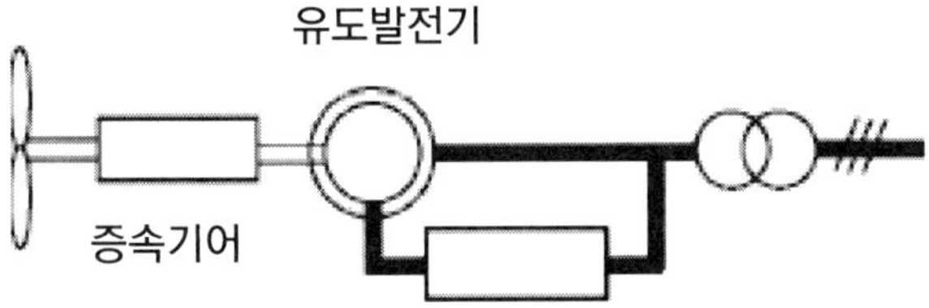

그림 6.16 가변회전-간접구동 발전시스템 구성[4]

회전자의 전력을 컨버터에 연결하기 위하여 슬립링(slip ring)이 필요로 하는 단점과 다단증속기가 사용되는 단점이 있다.

6.4.3 가변회전-직접구동 발진시스템

그림 6.17과 같이 직접구동은 간접구동과 달리 증속기어가 사용되지 않는다는 점이다. 따라서 발전기의 축이 바로 풍력터빈의 허브에 연결되어 회전수가 허브의 회전수와 일치하며 저속이다. MW급의 출력에서 발전기의 회전수가 10 ~ 25 rpm 정도의 저속회전이므로 표준 발전기가 사용될 수 없으며 저속 동기발전기가 특별히 제작 되어야한다. 발전기의 회전속도가 날개의 회전속도와 같은 저속이므로 큰 출력을 내기위하여 큰 토크가 필요로 하기 때문에 발전기는 대형이며 제작비용이 고가이다.

보통 영구자석동기발전기(PMSG)가 사용되며 그림 6.17과 같이 발전된 모든 전력은 커버터를 통과하여 계통연계 전력의 주파수와 일치 시킨다. 풍속이 정격풍속보다 크면 날개의 피치각을 제어하여 풍속을 조절하며, 이 시스템은 기어가 없기 때문에

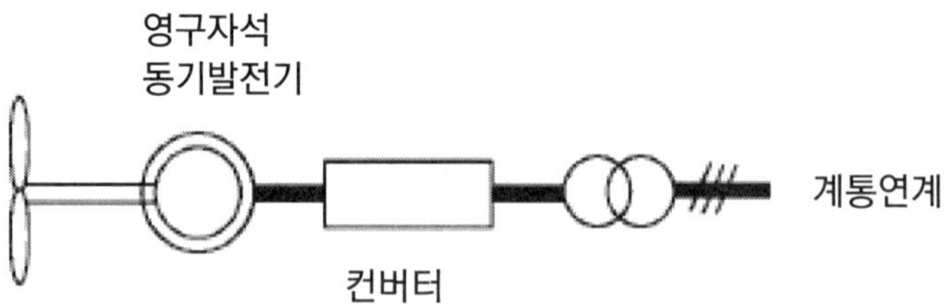

그림 6.17 가변회전-직접구동 발전시스템 구성[4]

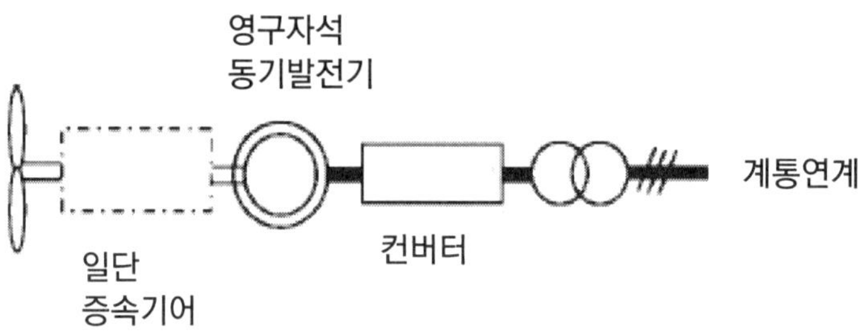

그림 6.18 일단증속기어를 사용하는 가변회전-직접구동 발전시스템 구성[4]

고장이 적은 장점이 있고, 전체 효율이 높다. 또한 영구자석 값이 더욱 하락하면 영구자석동기발전기가 효율이 높기 때문에 많이 사용될 전망이다. 그러므로 풍력터빈의 유지 및 보수가 어려운 대형 해상풍력터빈에 유용한 방식으로 앞으로 풍력터빈이 대형화되고 해상에 많이 설치될 예상이므로 매우 유망한 시스템이다.

그림 6.18은 그림 6.17을 개선한 것으로 날개와 영구자석동기발전기 사이에 일단기어 증속기를 설치하여 날개에서 얻어지는 회전속도를 약 10배정도 증속하는 경우이다. 일단기어는 다단기어에 비교하여 상대적으로 간단하며, 회전수는 10배정도 증가시키는 효과를 얻을 수 있기 때문에 사용된다.

6.4.4 전기발전시스템 비교

다양한 형태의 발전시스템을 사용한 풍력터빈이 전기를 생산하고 있다. 1995 ~ 2004년 동안 생산되어 설치된 풍력터빈의 경향을 살펴보면 그림 6.19와 같다. 정속회전-농형(SCIG)유도발전기 발전시스템은 약 1/3로 감소하여 시장 점유율이 70%에

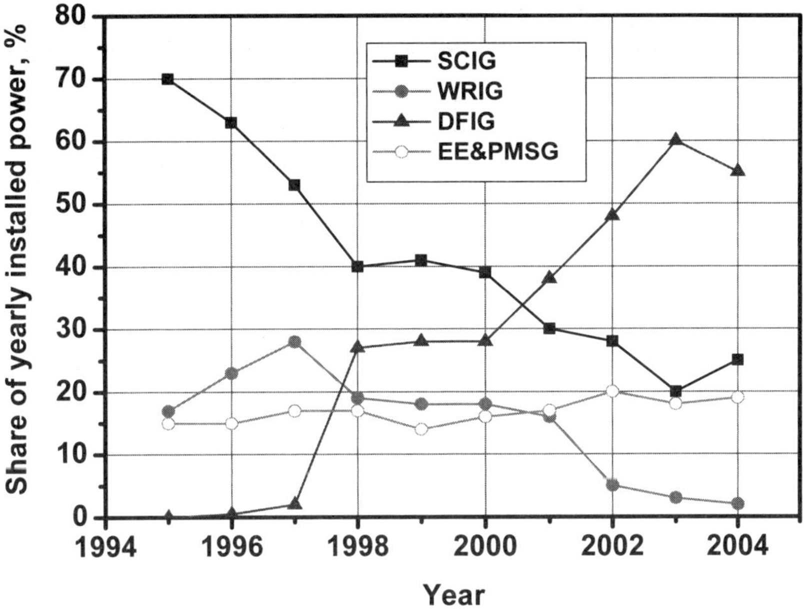

그림 6.19 1995 ~ 2004년에 설치된 발전시스템 별 시장점유율 비교[4]

서 25%로 급격히 감소하였다. 또한 권선형유도발전기(WRIG)는 시장에서 사라지고 있는 것과 대조적으로 권선형인 이중여자유도발전기(DFIG)는 0%에서 55%로 급격하게 증가하고 있다. 동기발전기(PMSG, EESG)의 시장점유율의 변화는 거의 없이 정체한 후 2002 ~ 2004년에 조금 증가하고 있다. 그러나 2004년 이후 계속하여 대형화되고 있으므로 동기발전기의 시장점유율 증가가 예상된다. 대부분 풍력터빈은 증속기를 사용하는 경우에는 가변회전-이중여자유도발전기 형식을 채택하고 있음을 알 수 있고, 증속기를 사용하지 않는 직접구동형과 일단증속기를 사용하는 경우에는 동기발전기를 사용함을 알 수 있다.

앞으로는 풍력터빈이 대형화되는 추세에 있으므로 2 MW 이상의 크기에 사용된 발전시스템에 대한 조사를 통하여 경향을 보면 표 6.3과 같다. 현재까지 증속기를 이용하는 간접구동형이 많이 이용됨을 알 수 있다. 따라서 발전기도 대부분 유도발전기가 이용되고 있다. 한편 증속기어를 사용하지 않는 직접구동형에는 동기발전기가 이용되고 있다. 일부 제품에 일단증속기가 영구자석동기발전기와 함께 사용되고 있다.

표 6.3 2004년까지 상용화된 2.0 MW 이상의 대형 풍력터빈의 발전시스템[4]

발전시스템 형식	발전기 형식	출력(MW)/날개 직경(m)/회전수(rpm)	제작회사
가변회전-증속기어-부분변환 컨버터	이중여자 유도발전기 (DFIG)	4.5/ 120/ 14.9	Vestas
		2/ 90/ 19	Gamesa
		3.6/ 104/ 15.3	GE Wind
		5/ 126/ 12.1	Repower
		2.5/ 90/ 14.85	Nordex
		3/ 100/ 14.25	Ecotecnia
제한범위 가변회전-증속기어	권선형 유도발전기 (WRIG)	2/ 88/ 17	Suzlon
가변회전-증속기어-컨버터	농형유도발전기 (SCIG)	3.6/ 107/ 13	Siemens Wind Power
	영구자석 동기발전기 (PMSG)	2/ 88/ 16.5	GE Wind
가변회전-일단 증속기어-컨버터	영구자석 동기발전기 (PMSG)	5/ 116/ 14.8	Multibrid
		3/ 90/ 16	Winwind
		2.5/ 93/ 15.5	Clipper Windpower
가변회전-직접구동-컨버터	전기식 동기발전기 (EESG)	4.5/ 114/ 13	Enercon
	영구자석 동기발전기 (PMSG)	2/ 71/ 23	Zephyron

Chapter 7. 해상풍력터빈

육상에 설치되는 풍력터빈에 비교하여 해상풍력터빈은 상당히 늦게 건설되기 시작하여 최초의 해상풍력터빈은 1990년대 초에 유럽에서 건설되기 시작했다. 많은 육상풍력터빈이 설치되면서 타당한 장소의 부족으로 풍력에너지가 풍부한 해상에 관심을 가진 결과로 그림 7.1과 같이 덴마크에서 450 kW 규모의 풍력터빈 11기가 건설되어 총 4.95 MW 규모의 해상풍력단지가 1991년에 완성되었다[1]. 한편 해상풍력은 넓은 공간에 많은 수의 풍력터빈을 설치하여 대단위 풍력단지를 구성하기 때문에 후류에서 풍속의 감소로 인한 출력감소, 해저에 지지구조물 설치, 및 풍력터빈 설치 후 유지보수 등에서 육상에 설치된 풍력터빈과 매우 다른 여러 가지 고려해야할 장단점이 있다.

그림 7.1 1991년 덴마크에 설치된 최초 해상풍력단지(Vindeby)[1]

7.1 해상풍속 특징

7.1.1 해상풍속 분포

바다나 호수의 수면은 대부분 평탄하기 때문에 고도에 대한 바람의 속도 변화는 매우 작다. 풍속이 증가하면 바람의 에너지 중 일부가 수면에 파도를 형성하지만 육지에 비교하면 거의 무시할 정도이다. 또한 건물이나 나무와 같은 바람의 진로를 막는 장애물도 거의 없기 때문에 넓은 면적에 터빈을 설치할 수 있다. 앞에 소개된 고도와 풍속 변화 관계를 나타내는 식 1.19에 따르면 풍속의 변화는 매우 작다.

$$V_o = V_i \left(\frac{h_o}{h_i} \right)^{\gamma} \tag{1.19}$$

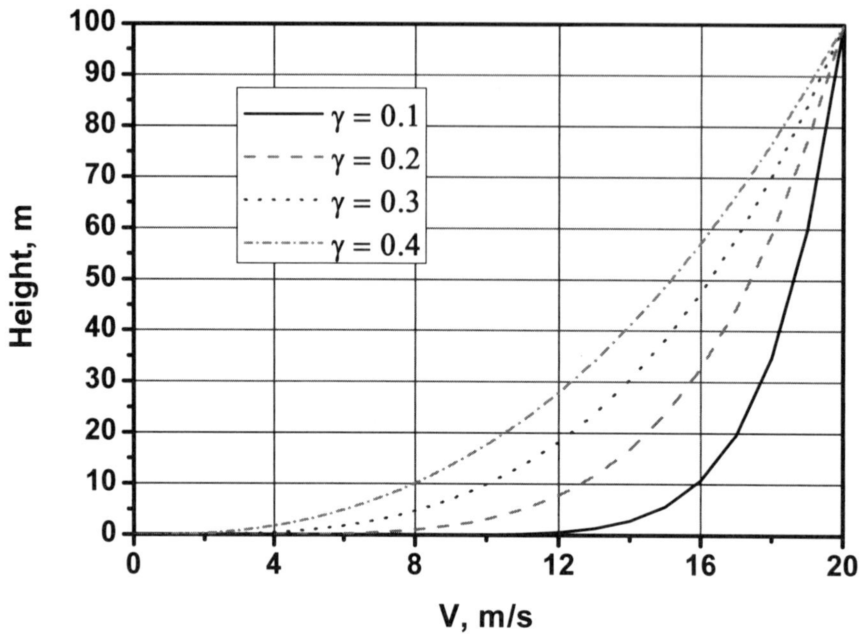

그림 7.2 고도에 대한 속도 변화

그림 7.2는 식 1.19를 사용하여 해상 100 m에서 20 m/s의 속도로 부는 바람에 대한 수면에서 고도 100 m 사이에서 속도 변화를 나타낸다. 표 1.11에 주어진 표면의 거칠기(γ)에 대한 값을 0.1 ~ 0.4 까지 변화시킨 결과로 해상에서는 0.1에 해당하며 도시지역과 같이 건물이 있는 곳은 0.4에 해당한다. $\gamma = 0.1$인 경우에는 높이 100 m에서 풍속이 20 m/s의 바람이 바다 표면에서는 약 10 m/s로 변한다. 그러나 $\gamma = 0.4$인 경우는 풍속이 20 m/s에서 1 m/s까지 변한다. 따라서 바다에서 풍속의 고도에 대한 변화는 현저히 적기 때문에 터빈의 타워가 특별히 높을 필요가 없다. 보통 육상에 사용되는 타워의 높이는 날개의 직경과 같으나 해상에서는 타워의 높이는 날개 직경의 0.7 ~ 0.8 배 정도가 사용되어 육상과 비교하여 상대적으로 낮은 타워를 사용할 수 있어 경제적이다.

바다에 부는 바람의 또 다른 장점은 난류 강도(turbulence intensity)가 육지에서 부는 바람보다 약하다는 점이다. 육지는 태양에너지를 받으면 바로 가열되어 지표에 있는 공기가 상승하면서 난류의 강도가 강해지나 바다는 투명하기 때문에 태양에너지는 바다 속으로 일부분 투과되어 물을 가열한다. 한편 물의 비열은 크기 때문에 바닷물 표면의 온도는 육지보다 천천히 가열되어 바다 표면에 있는 공기도 빨리 가열되지 않기 때문에 난류의 발생이 적다. 그러므로 고도에 대한 속도변화가 적고 또한 난류 강도가 적어서 풍력터빈에 대한 충격이 적기 때문에 유지 및 보수 횟수가 적고 수명은 길어진다. 그러나 보수 횟수 당 사용되는 경비가 육지보다 높기 때문에 전체 비용은 많다. 또한 해상에는 특별히 바람의 진로를 방해하는 구조물이 없기 때문에 넓게 개방된 지역에 많은 풍력터빈을 설치할 수 있어서 대규모 풍력단지 조성에 알맞다.

7.1.2 후류 영향

해상풍력터빈은 한 개가 설치되는 것이 아니라 그림 7.1, 7.3 및 7.4와 같이 여러 개의 풍력터빈이 단지를 형성하게 되며 풍력터빈은 일정한 간격을 유지하면서 정렬 배열을 유지하고 있다. 따라서 그림 7.5와 같이 바람이 제일 앞줄에 설치된 터빈의 날개를 통과하면서 운동에너지를 빼앗기기 때문에 후류에서 풍속이 감소하고 또한 와류가 발생하여 뒷줄에 있는 터빈의 작동에 상당한 영향을 미치므로 충분한 간격을 유지하면서 설치되어야한다.

그림 7.3 덴마크 해안에 설치된 Horns Rev 해상풍력단지[2]

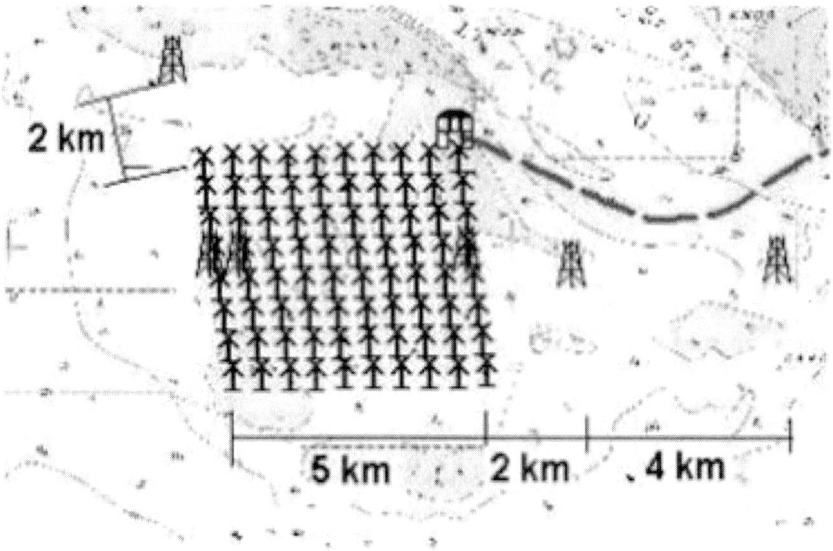

그림 7.4 덴마크 해안에 설치된 Horns Rev 해상풍력단지 설치도[3]

그림 7.5 Horns Rev 해상풍력단지의 후류영향에 대한 개념도[4]

그림 7.3 및 7.4와 같이 설치된 Horns Rev 풍력단지에는 날개 직경이 80 m인 풍력터빈 80개(10 × 8)가 날개 직경의 7배(7D) 간격으로 정렬배열로 설치되었다. 대각선의 길이는 날개 직경의 10.4배(10.4D)이다. Nysted 풍력단지에는 날개 직경이 82m인 풍력터빈 72개(8 × 9)가 앞뒤 간격을 날개 직경의 10.5배(10.5D)와 옆간격을 5.8배(5.8D)의 거리로 설치되었다. 후류에서 풍속은 첫 번째 풍력터빈에 가해진 풍속보다 약 20 ~ 25%가 감속하였으며 출력도 첫 번째 풍력터빈의 출력에 비교하여 평균 약 25 ~ 40% 감소한 결과를 얻었다[7, 8]. 후류에 의한 출력손실은 풍속과 풍향에 크게 의존하며 풍속이 낮을수록 출력 감소는 크며 반대로 풍속이 증가하면 출력 감소는 상대적으로 적다. 따라서 풍력단지의 건설에 있어서 고려할 중요한 요소는 풍력터빈의 설치 간격과 풍향이다.

그림 7.6은 풍력터빈이 바람의 운동에너지의 일부를 이용하여 발전을 한 후에 풍력터빈 후방의 후류에서 바람의 속도와 압력 변화를 나타낸다. 후류는 보통 근접후류(near wake)와 원거리후류(far wake)로 분류하나 그림 7.6과 같이 근접후류와 원거리후류 사이에 중간후류를 넣기도 한다. 일반적으로 풍력터빈 후방에서 터빈 날개의 직경과 같은 크기의 거리까지를 근접후류라 하며 터빈 날개의 형상에 의하여 후류의 유동형태가 결정된다. 근접후류에서서는 터빈이 바람의 운동에너지를 이용하여 출력을 생산하였기 때문에 운동에너지의 감소로 바람의 속도가 현저히 낮고 반대로 압력은 높다. 이와 같은 속도의 감소를 속도결손(velocity deficit)이라하며 속도결손은 근접후류에서 가장 크고 그 이후에는 점점 감소한다. 중간후류와 원거리후류에서는 풍속이 변하지 않은 경계선 밖에 있는 바람이 혼합되면서 풍속은 점진적으로 증가하고 압력은 감소하여 충분한 거리를 지나면 풍속과 압력은 터빈의 전방에서 바람의 풍속 및 압력과 같아진다. 따라서 다음 풍력터빈은 적어도 이곳 이후에 설치하여야 운동에너지를 충분히 이용할 수 있다. 따라서 풍력단지에서 앞줄과 뒷줄 사이와 양옆에 있는 풍력터빈 사이에 최소 거리가 필요하다.

후류의 길이를 줄이기 위하여서는 후류의 외부에 있는 충분한 운동에너지를 가진 고속의 공기를 효과적으로 저속의 후류로 유입시켜야한다. 외부 공기가 후류에 유입되면 바람의 운동에너지가 증가하고 후류의 영역이 증가하나 속도결손은 감소한다. 이와 같은 공기의 혼합은 후류에 있는 난류에 의하여 이루어진다. 후류에 있는 난류의 정도는 지역에 있는 바람의 난류강도, 지면이나 해면의 거칠기, 바람의 고도에 따른 속도변화와 날개, 나셀 및 타워의 형상에 따라서 좌우된다. 일반적으로 나셀과 타워에 의하여 형성되는 난류는 쉽게 소멸되고, 날개 끝에서 생성되는 와류도 날개

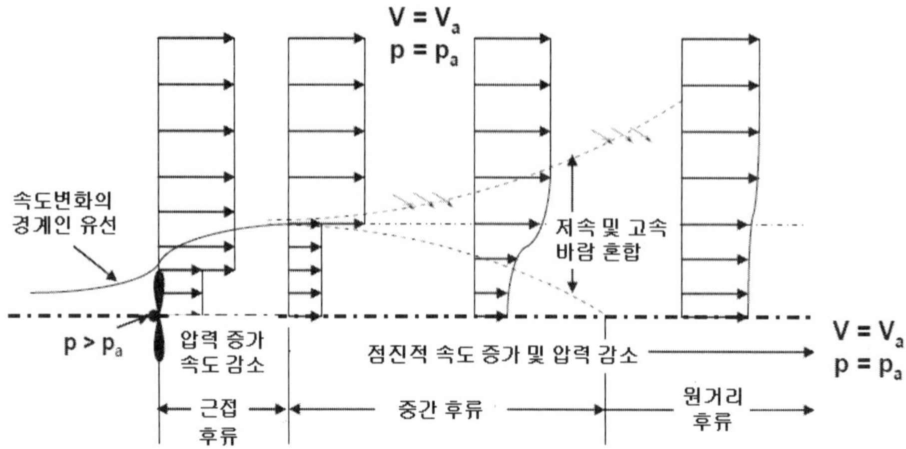

그림 7.6 풍력터빈 후류에서 속도 및 압력변화[5]

직경의 약 4배 거리이내에서 소멸된다. 가장 큰 영향을 미치는 것은 지역에 불고 있는 바람이 가지는 난류의 강도이다. 그러나 일반적으로 바다에 부는 바람은 난류의 강도가 약하고 고도에 대한 속도의 변화가 작기 때문에 후류의 길이가 상대적으로 길게 된다.[6]

7.2 해상풍력터빈 특성 및 현황

육지와 달리 해상풍력터빈에 미치는 외적 요인은 그림 7.7과 같이 매우 다양하다. 해상에는 바닷물의 조류와 파도에 의한 피칭, 롤링 및 요우잉 현상 외에 바람에 의하여 날개에 작용하는 추력과 벤딩모멘트가 있고, 전체 시스템의 하중과 하부 지지구조물에 작용하는 부력 등이 있다. 일부 지역에서는 떠다니는 빙하 조각에 의한 충돌 등도 고려해야 하며 해저에 설치되는 지지구조물의 형태에 따라서 보다 복잡한 제어시스템이 필요하다. 또한 해상풍력터빈의 주위 환경은 육상에서 작동하는 풍력터빈보다 매우 열악하다. 염분에 의한 부식과 낙뢰가 중요한 관심 사항이다. 따라서 풍력터빈의 모든 구조물은 부식방지 페인트로 특별히 도색해야하며, 나셀에 있는 모든 부품은 바다 바람이 함유하고 있는 염분에 의한 부식을 방지하기 위하여 밀폐시키고 나셀 내부는 사계절 온도를 조절하는 냉난방장치가 필요하다. 해상에서 빈번히 발생하는 낙뢰로부터 풍력터빈을 보호하기 위하여 낙뢰방지 시스템도 설치된다.

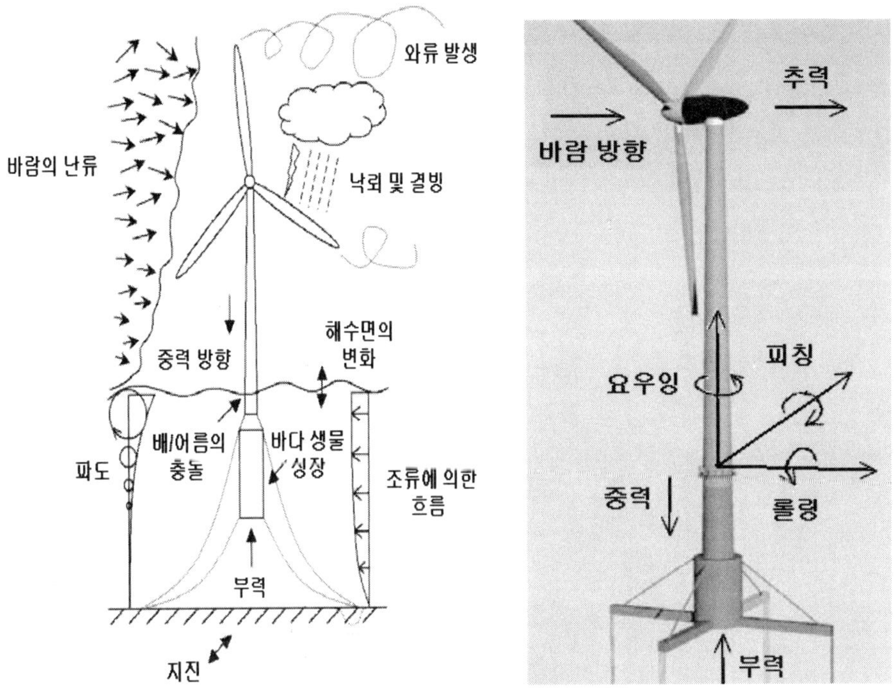

그림 7.7 해상풍력터빈에 영향을 미치는 요소 및 작용하는 힘[7] 프래폼 등 부수적 설비가 필요하며 이외에 설비를 나셀에 설시아고 해체히기 위하여 프래폼 등 부수적 설비가 필요하며 이외에 설비를 나셀에 설치하고 해체하기 위하여

한편 유지보수비용을 절약하기 위하여 자동윤활 시스템을 사용하여 움직이는 부품들의 고장을 사전에 예방하고, 고장이 잦은 기어박스를 보호하기 위하여 기어박스의 윤활유의 온도를 조절하기 위하여 윤활유 온도조절 장치를 설치한다.

해상에는 풍속이 빠르고, 난류 강도(turbulence intensity)가 적은 바람이 연속적으로 불고 있기 때문에 효율이 높은 대형의 풍력터빈을 설치할 수 있는 넓은 공간을 이용할 수 있는 장점이 있다. 특히 육지와 비교하여 바다의 표면은 장애물이 없고 평편하기 때문에 고도에 따른 바람의 속도 변화가 작은 장점이 있다. 그러나 그림 7.8과 같이 바다에 설치하므로 수심에 따라서 다양한 형태의 타워의 하부지지 구조물이 해저에 필요하다. 타워와 하부 지지대는 바람과 파도에 의한 힘을 견딜 수 있도록 강하게 설계되어야 한다. 정비를 위하여 정박하는 배를 위하여 타워의 하부에 프래폼 등 부수적 설비가 필요하며 이외에 설비를 나셀에 설치하고 해체하기 위하여 간단한 크레인이 필요하다. 구조물의 제작과 설치에 대한 비용과 터빈을 육상에서 해상으로 수송하여 설치하는 비용도 많다. 특히 설치 후 운용에 필요한 유지 및 보수비용이 일반적으로 많은 단점이 있다. 따라서 풍속의 증가로 전력 생산량은 증가하나 육상풍력발전과 비교하여 추가되는 비용을 고려하여 경제성 분석이 필수적으로 선행되어야한다.

해상풍력단지는 그림 7.9와 같은 시스템으로 구성되어 있다. ①은 풍력터빈을 해저에 고정시키는 지지구조물로 콘크리트 또는 강철로 만든 중력구조물 또는 단일강관기둥 등이 사용된다. ②와 ③은 풍력터빈의 날개와 나셀이며, ④는 발전한 전기를 수송하는 해저전선으로 각 풍력터빈에서 생성된 전기를 해상에 있는 변압기로 수송한다. ⑤는 변압기로 각 풍력터빈에서 공급된 전력의 전압을 승압하여 다시 해저전선을 통하여 육상에 있는 계통연결 송전설비⑥에 연결된다.

최근까지 주로 유럽에서 최대 3.6 MW의 대형 풍력터빈을 사용하는 10 곳 이상의 풍력단지가 해상에 건설되었다. 설치된 해양의 수심은 5 ~ 15m 정도로 낮아서 타워의 기초는 주로 콘크리트 구조물이나 단일강철관을 사용하였다. 특히 대규모 해상풍력단지인 덴마크에 있는 Nysted 해상풍력단지[3]는 2.3 MW 풍력터빈 72 개가 해안에서 10 km 떨어진 바다(수심 6 ~ 10 m)에 설치되어 있다. Horns Rev 해상풍력단지는 그림 7.3과 같이 2 MW 풍력터빈 80 개가 해안에서 14 ~ 20 km 떨어진 해상(수심 6 ~ 14 m)에 80 m 로터 직경의 7배인 560 m 간격으로 정렬배열로 설치되어 연간 600 GWh를 생산하고 있다. 2006년까지 유럽에 건설된 단지를 요약하면 표 7.1과 같다.

해상에 부는 바람의 풍속은 빠르고 일정하게 불기 때문에 보다 많은 출력을 얻기 위하여 일반적으로 해상풍력발전에 사용되는 터빈의 출력용량은 상대적으로 크다. 현재는 주로 2 ~ 4 MW가 사용되며 앞으로 더욱 증가하여 10 ~ 20 MW 용량의 풍력터빈이 사용될 예정이다. 2009년 기준으로 해상풍력단지를 건설한 나라는 12개국으로 유럽에 10개국과 아시아에 있는 중국과 일본이며 표 7.2와 같다. 전체 발전용량은 1.95 GW이며 주로 영국, 덴마크, 네덜란드에 있으며 매년 설비용량의 성장률이 30%이다.

해상풍력터빈은 근본적으로 해상에 설치되기 때문에 육상풍력단지 건설보다 건설비용이 증가한다. 특히 타워 하부에 설치되는 별도의 지지구조물, 해저에 설치되는 전선 및 풍력터빈 설치비용 등이 월등히 높기 때문이다. 또한 설치 이후에도 유지보수

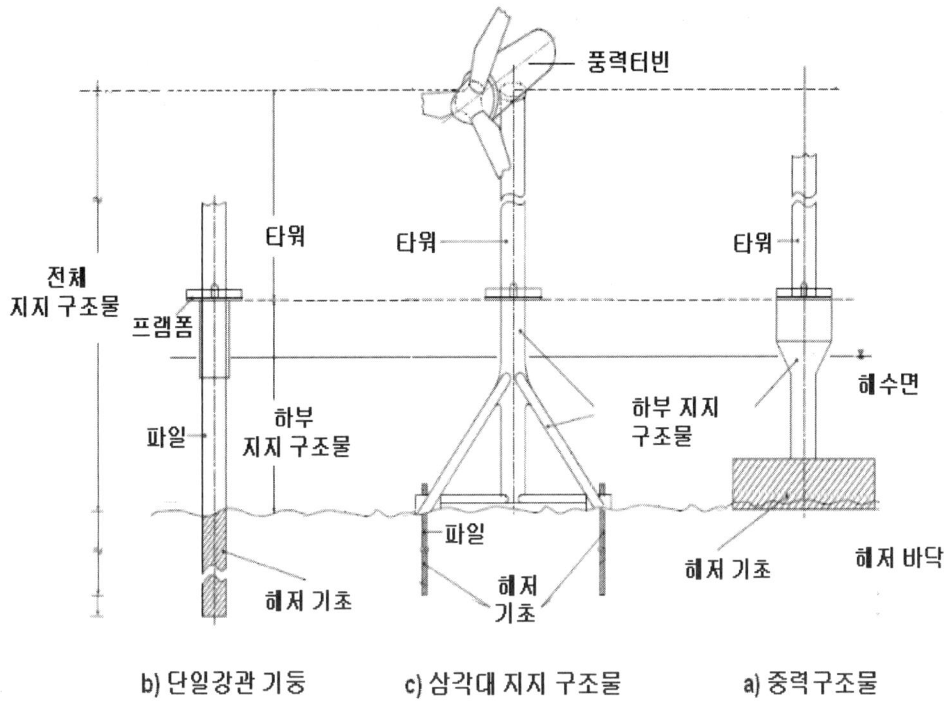

그림 7.8 해상풍력터빈의 지지 구조물의 구성요소 및 유형[8]

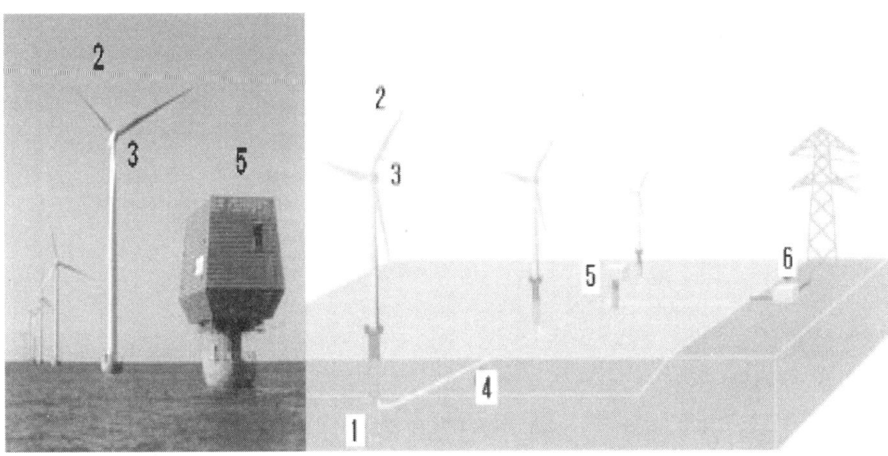

그림 7.9 해상풍력터빈의 발전시스템 구성도[9]

표 7.1 2006년 기준 가동 중인 해상풍력단지 현황[8]

단지 명칭 (국가)	완공 연도	전체 용량 (MW)	풍력터빈 수
Vindeby(DK)	1991	4.95	11
Lely(NL)	1994	2	4
Tuno Knob(DK)	1995	5	10
Irene Vorrink(NL)	1996	16.8	28
Bockstigen-Valor(SE)	1998	2.5	5
Blyth(UK)	2000	4	2
Utgrunden(SE)	2000	10	7
Middelgrunden(DK)	2001	40	20
Yttre Stengrun(SE)	2001	10	5
Horns Rev(DK)	2002	160	80
Samso(DK)	2003	23	10
Ronland(DK)	2003	17.2	8
Frederikshavn(DK)	2003	10.6	4
Nysted(DK)	2003	165.6	72
Arklow Bank(IE)	2003	25.2	7
North Hoyle(UK)	2003	60	30
Scroby Sands(UK)	2004	60	30
Ems-Emden(DE)	2004	4.5	1
Kentish Flats(UK)	2005	90	30
Breitling(DE)	2006	2.3	1
Barrow(UK)	2006	90	30
Total		803.65	395

표 7.2 2009년 기준 해상풍력 발전용량 현황[10]

국명	발전용량 MW	2009년 완공 설비	성장률, %
영국	688.0	104.0	18.1
덴마크	663.6	237.0	55.6
네덜란드	247.0	0.0	0.0
스웨덴	164.0	30.0	22.4
독일	72.0	60.0	500.0
벨기에	30.0	0.0	0.0
핀란드	30.0	0.0	0.0
아일랜드	25.0	0.0	0.0
중국	23.0	21.0	1050.0
스페인	10.0	0.0	0.0
노르웨이	2.3	2.3	/
일본	1.0	0.0	0.0
합계	1955.9	454.3	30.5

표 7.3 육상풍력단지와 해상풍력단지 건설비용 비교[8]

비용항목	육상풍력단지, %	해상풍력단지, %
풍력터빈	64	45
하부 지지구조물	16	25
전력 송전선	11	21
설치비용	0	7
기타	9	2

비용이 높다. 표 7.3은 육상풍력단지와 해상풍력단지 건설비용의 항목별 비교를 나타낸다. 해상풍력단지는 풍력터빈이 차지하는 비중은 전체 비용의 50% 이하로 적은

반면에 하부 지지구조물과 전력 송전선에 대한 비용이 약 50%에 이르고 있다. 또한 해상에 설치에 필요한 특수선과 장비가 필요하기 때문에 설치비용의 전체 건설비용의 약 7%를 차지한다.

7.3 해상 설치기술

해상풍력발전의 경제성은 얼마나 저렴하게 해상에 터빈을 설치하느냐이다. 해상에 타워를 설치하기 위하여 해저에 설치하는 기초는 여러 가지 방법이 사용되고 있다. 지금까지는 바다 깊이가 약 15 m이내의 지역에 콘크리트 또는 강철로 된 중력구조물(그림 7.10a) 등을 사용하고 수심 30 m까지는 단일강관기둥(그림 7.10b)을 사용하였다. 심해에는 부력과 케이블을 이용하여 물체를 바다에 고정 시키는 방법이 이용될 예정이다. 그러나 더욱 깊은 곳으로 갈수록 설치비용이 증가하고, 또한 터빈의 대형화로 타워 설치뿐만 아니라 나셀과 날개의 운반과 설치 및 해저 케이블 설치에 필요한 비용도 증가한다. 한편 해저의 대륙붕에서 원유를 채굴하는 설비가 이미 많이 가동되고 있기 때문에 여기서 축적된 기술이 해상풍력터빈에 응용되고 있다. 이런 원유 채굴 시설은 수명이 50년 이며, 많이 염려하는 바닷물에 의한 부식 등에 대한 대처 기술이 이미 개발되어 사용되고 있다.

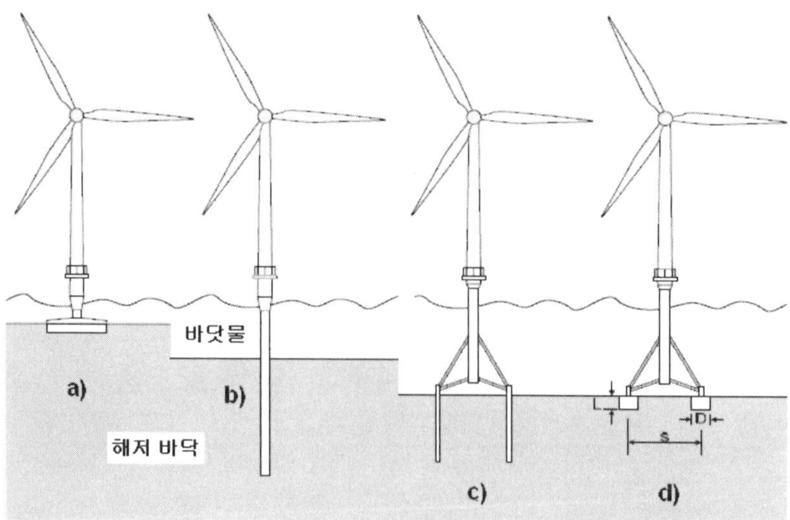

그림 7.10 얕은 바다에서 해상풍력터빈 설치 기술[11]

1) 중력구조물 기초(gravity caisson foundation)

중력구조물의 개념은 중력을 이용하여 타워 하부에 있는 무거운 구조물이 타워를 수직으로 유지하는 방법으로 그림 7.10a) 및 7.11과 같다. 콘크리트나 강철로 사각형이나 원통형의 구조물을 만들어 해저에 설치하고 내부에 모래 또는 다른 무거운 물체로 채워서 무게를 무겁게 하면 그 위에 설치된 타워가 넘어지지 않고 터빈을 지지한다. 육상에서 형태를 만들어 풍력터빈이 설치될 장소로 운반하여 해저에 설치하고 모래를 채워서 고정 시킨다. 그림 7.11에서 구조물과 타워 사이에 있는 원추형 형태는 유럽 북해의 바다에 떠다니는 빙하로 부터 타워를 보호하기 위한 빙하 파쇄 장치이다. 이 방법은 해저에 설치하는 간단한 방법으로 덴마크의 Vindeby와 Nysted 등의 여러 곳의 풍력단지에 사용되었다. 그러나 콘크리트 구조는 약 1000 톤 정도로 매우 무거워 설치가 쉽지 않고 비용이 많이 들기 때문에 수심이 10 m 이상에는 사용하기 어려운 난점이 있다.

무거운 콘크리트의 단점을 보완하기 위하여 강철을 이용하여 넓은 사각형이나 원통형의 기초를 만들고 위에 강철관을 연결한 구조가 또한 사용되고 있다. 설치 후 모래와 같은 무거운 물질로 채워서 최종 무게는 같으나 설치 전까지는 상대적으로 가볍기 때문에 운송하기 쉬우며 설치가 용이하여 짧은 시간에 많이 설치하는 장점이 있다. 수심 4 ~ 10 m에서 사용되는 경우 강철 틀은 80 ~ 100 톤의 무게로 상대적으로 가볍기 때문에 사용되는 크레인도 작으며 작업이 용이하여 많이 사용되고 있다.

2) 단일강관기둥(mono-pile) 기초

그림 7.10b) 및 7.12와 같이 해저에 강관을 박고 그 위에 풍력터빈을 설치하는 단일강관기둥은 상대적으로 가장 간단한 방법으로 단지 강관을 박는데 필요한 중장비가 추가로 사용된다. 해저에 암반이 있으면 드릴이나 폭약을 사용하여 먼저 구멍을 뚫고 강관을 설치한다. 파도의 크기나 바다에 떠다니는 얼음의 크기에 따라서 강관의 직경을 결정하나 보통 직경이 3.5 ~ 4.5 m의 강관을 해저의 상태에 따라서 10 ~ 20 m 정도 깊이로 박는다. 이 방법은 수심 30 m 까지 깊이에서 많이 사용되며 실제 덴마크의 Horns Rev 풍력단지와 영국에 건설된 모든 풍력단지에서 이용되었다.

3) 삼각대(tripod)/사각대(tetrapod) 지지 구조물 기초

수심이 깊어지면 단일강관기둥의 경우 강관의 직경이 증가하여 다루기가 어렵고 설치하기도 힘들기 때문에 더 이상 유용한 방법이 아니다. 대안으로 그림 7.10c)

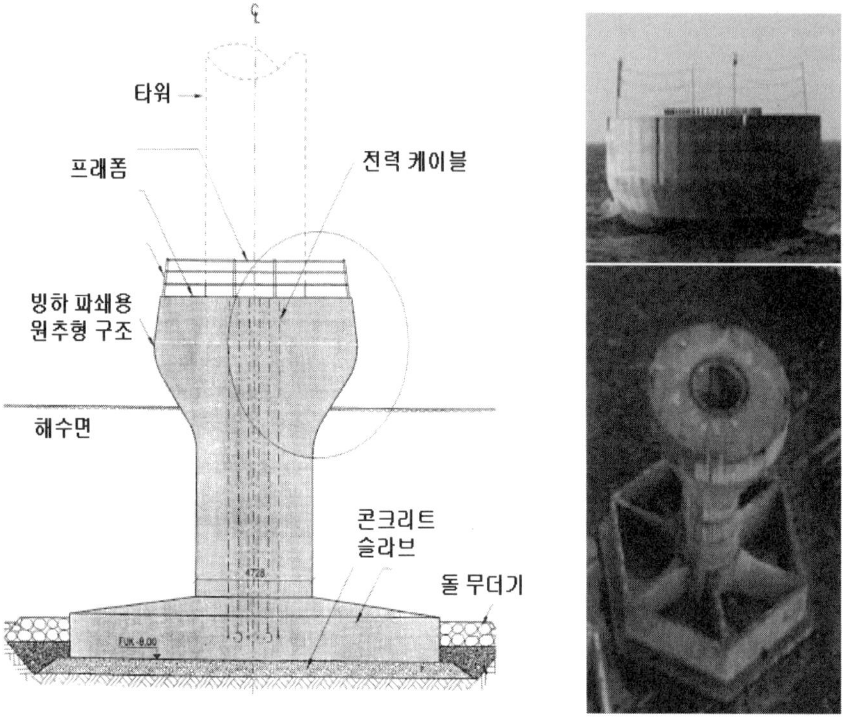

그림 7.11 해상풍력터빈의 기초로 사용된 중력구조물[12]

그림 7.12 해상풍력터빈 하부지지 구조물 실례

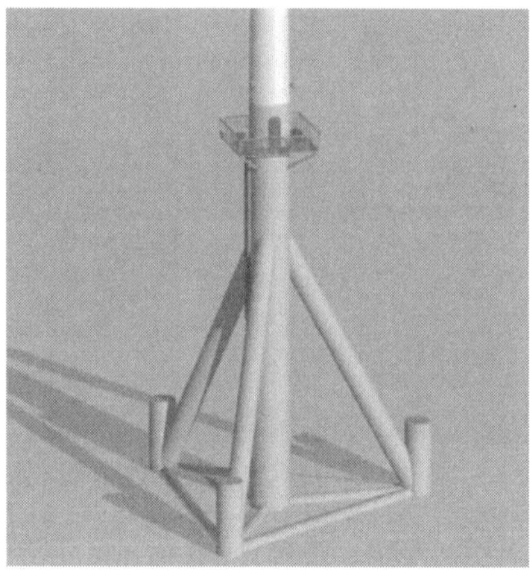

그림 7.13 삼각대 지지 구조물[13]

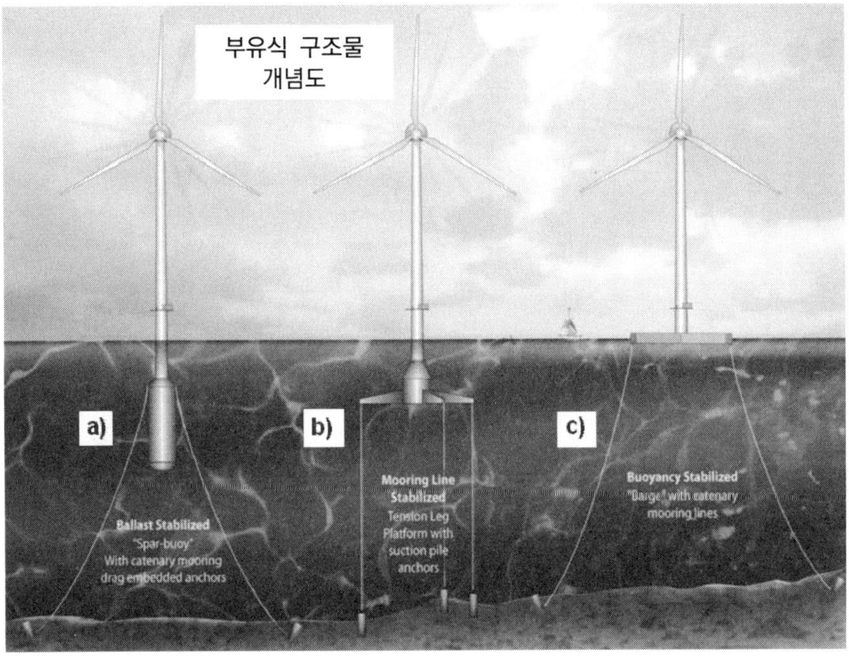

그림 7.14 심해에서 해상풍력터빈의 기초로 사용될 부유식구조물 기초[7]

와7.10d) 같이 강관기둥의 하부에 삼각대(tripod) 또는 사각대(tetrapod) 형태의 지지대를 설치하는 방법이다. 그림 7.13과 같이 구조도 복잡하지 않고, 원통강관의 지지대는 강관기둥을 지지하기 때문에 구조물의 강도도 증가하고 변형성도 작아져서 파도와 풍력터빈의 추력으로 발생하는 동적거동을 견디기에 충분하여 깊은 수심에서 사용된다. 한편 무게도 가볍고 설치비용도 상대적으로 저렴하다. 따라서 수심 약 60 m까지는 이 방법이 추천된다.

4) 부유식구조물(floating foundation) 기초

수심이 60 m 이상에서 사용될 수 있는 장치는 현재 해상에서 원유나 가스를 채굴하기 위하여 사용되는 부력을 이용한 설비들이다. 원유설비에 작용하는 힘은 주로 파도에 의하여 생성되는 파력과 설비의 하중이다. 그러나 풍력터빈은 자체 하중 외에 해상 50 ~ 80 m에서 바람에 의하여 풍력터빈에 가해지는 추력에 의하여 구조물을 넘어트려는 큰 벤딩모멘트가 작용한다. 따라서 부유식구조물은 풍력터빈의 자체 하중과 풍력터빈에 작용하는 피칭, 롤링, 요우잉 및 벤딩모멘트를 극복할 수 있을 정도의 충분한 부력을 유지해야한다. 아직까지 부유식구조물 기초는 실제 사용되고 있지 않으나 그림 7.14와 같이 다양한 형태의 구조가 있을 수 있다. 그러나 모든 형태의 구조물은 공통적으로 부력을 받는 부력탱크(buoyancy tank), 부력탱크를 정박시키는 케이블(mooring cable)과 앵커 또한 균형 유지용 발라스트(ballast) 등으로 구성되어 있다.

부력을 이용하는 다양한 형태의 부유식구조물은 정적평형(static stability)을 확보하는 방법에 따라서 다음과 같이 세 가지 유형으로 분류된다.

표 7.4 행상풍력터빈 지지구조물 요약

구조물 형태	적용 분야	장점	단점
중력구조물 (콘크리트)	수심 15m 이내의 모든 해저에 설치	- 바다에 띠워서 수송 가능	- 무게가 무거워 수송 및 설치에 고비용
중력구조물 (강철)	콘크리트 보다 깊은 수심 설치 가능	- 콘크리트 보다 가벼워 수송 및 설치가 용이 - 특히 터빈을 설치하는 크레인으로 설치 가능	- 바다 물에 의한 부식 방지에 대한 비용이 있고, 수심이 얇은 곳에는 콘크리트 보다 고비용임
단일강관기둥	수심 30 m까지 설치 가능, 직경 4 m 정도는 이용 중	- 가볍고, 간단하며 다양한 곳에 사용 가능	- 암반이 있는 해저는 미리 드릴링이 필요
삼각대/사각대형 지지구조물	수심 30 m 이상의 해저에 이용 가능	- 매우 견고하며 다양한 형대로 설치 가능	- 제작 및 설치비용이 높고, 제거하기 어려움
부유식구조물	심해에 이용 가능 (60 m 이상)	- 심해에 이용 가능하나 상대적으로 저렴함 - 바다의 깊이에 덜 민감함	- 정박장치나 프래폼의 제작이 고비용 - 근처에 선박의 운항이 금지됨

- 발라스트(ballast)형 : 그림 7.14a)와 같이 부력탱크 아래에 균형을 유지하는 무거운 추를 매달아서 정적평형을 유지한다. 무게 추에 의하여 피칭과 롤링에 대한 저항이 있고 조류를 따라서 표류하는 것을 동시에 방지한다.

- 정박 케이블(mooring lines)형 : 그림 7.14b)와 같이 부력탱크를 고정하는 케이블을 이용하여 정적평형을 유지한다. 케이블이 해저에 있는 앵커에 단단히 고정되어 있어서 풍력터빈의 몸체가 흔들리면 케이블에 장력이 작용하여 흔들림을 방지한다.

- 부력(buoyancy)형 : 그림 7.14c)와 같이 상대적으로 면적이 넓은 부력탱크를 이용하여 정적평형을 유지한다. 일종의 바지선(barge)을 이용하는 방법이다.

앞에서 설명된 지지구조물의 특징을 요약하면 표 7.4와 같다. 현재까지 중력구조물과 단일강관기둥이 대부분의 해상풍력단지에 사용되었다. 특히 단일강관기둥은 해저가 모래로 이루어진 유럽의 많은 단지에 가장 경제적이어서 많이 사용되었다.

7.4 해양에 미치는 환경 영향

풍력터빈을 해상에 설치하면 하부 지지구조물의 설치와 정규적인 유지 및 보수 때 사용되는 선박의 이동 등에 의한 영향과, 설치된 지지구조물에 의한 해양생물에 미치는 영향 등으로 분류할 수 있다. 해저 구조물의 설치에 따른 바다 바닥의 평탄작업이나 강철관의 매립 때 발생하는 해저 바닥의 환경파괴가 여러 가지 해상생물에 일시적으로 영향을 미친다. 그러나 설치된 구조물은 또한 여러 해양생물의 서식지를 제공한다. 풍력터빈에서 육지까지 전력을 송전하는 해저 전력선 매설은 또 다른 해저 바닥의 환경을 일시적으로 훼손시키는 작업으로 많은 주의가 필요하다. Nysted 풍력단지의 경우 폭 10 m의 전력선 매설 지역에 해양생물이 완전히 회복되었다.

덴마크에 설치된 Horns Rev와 Nysted 해상풍력단지에 대한 환경영향평가 연구결과[14]에 의하면 해양포유동물은 풍력터빈 설치시 발생하는 각종 소음과 진동에 의하여 해양포유동물들이 일시적으로 지역을 떠났으나 건설이 끝난 후에는 활동이 정상으로 회복 되었다. 철새들의 활동을 레이더, 비행기 및 망원경을 사용하여 관찰한

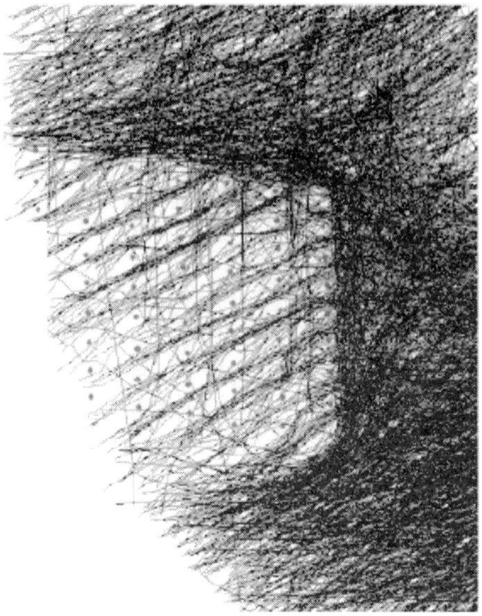

그림 7.15 2004년 가을 덴마크 Nysted 풍력단지의 철새 이동경로 관측 결과[14]

결과 그림 7.15와 같이 철새들은 1 km 전방에서 미리 풍력터빈의 존재를 인식하고 풍력터빈 사이를 날아가거나 또는 완전히 풍력단지를 우회하여 이동하는 것으로 관측되었다.

Chapter 8. 경제성 분석

일반적으로 재생에너지는 에너지원에 대한 비용이 없거나 아주 저렴하다. 태양은 매일 동쪽에서 떠서 서쪽 하늘로 질 때까지 하늘에서 볼 수 있기 때문에 태양에너지의 이용은 매우 저렴한 것으로 인식되고 있다. 또한 풍력과 조력도 자연현상에 의하여 발생하는 것으로 일정하지는 않으나 실제 비용이 들지 않고 양적으로도 무궁무진 하다고 볼 수 있다.

그러나 태양에너지를 예로 들면 지표에 도달한 태양에너지가 가지는 온도가 낮기 때문에 열역학 2법칙의 관점에서 보면 효율이 매우 낮다. 또한 위도, 계절 및 날씨에 따라서 하루 중 받는 에너지의 양도 차이가 심하다. 따라서 고온을 얻기 위하여 태양열을 흡수하는 시설 등이 설치되고, 넓은 면적의 공간이 필요로 하는 단점이 있다. 결과적으로 열원에 대한 비용은 없으나 이 열을 유용하게 이용하기 위하여서 많은 장치가 필요로 하기 때문에 전체적인 비용은 반드시 저렴하다고 단정지울 수 없다.

풍력발전도 유사한 경우로 바람에 대한 비용은 들지 않으나 거대한 날개와 타워 등을 도로가 질 갖추어지지 않은 오지나 산에까지 운송하여 설치하는 비용은 매우 크다고 할 수 있다. 강풍에 견딜 수 있도록 거대한 구조물을 설계하고 제작하는 일 또한 많은 자금이 필요로 한다. 어렵게 설치 후 20 ~ 30년의 운영기간동안 유지 보수에 드는 비용 등도 적지 않다. 따라서 풍력에너지 이용에 드는 비용은 초기설비 투자와 설비의 운영과 보수에 필요한 비용이다.

화석연료를 사용하는 에너지설비는 운영기간 동안 공급하는 연료비가 초기설비에 못지 않게 큰 비중을 차지한다. 그러므로 투자비의 집행 시기가 서로 다른 두 경우의 경제성을 비교하기 위하여서는 투자비의 현재가치와 미래가치를 비교하여야 한다.

또한 인플레이션으로 기존의 화석연료의 미래 가격이 증가하면 재생에너지는 더욱 가치를 인정받는 상황이 되기 때문에 화석연료의 미래 가격을 얼마나 정확히 예측하는 가가 매우 중요한 요소로 작용한다. 그러므로 초기 투자비, 정부보조금, 금융 이자, 비교되는 연료 가격, 장치의 중복 투자 및 장치의 유지보수 비용 등을 고려한 종합적인 경제성 검토가 있어야 한다.

8.1 간단한 경제성 분석

풍력터빈을 설치하기에 앞서 경제성을 검토하는 것이 필수적이다. 이 검토에 사용되는 용어는 여러 가지가 있을 수 있으나 대표적으로 자본 회수기간(payback period), 에너지 비용(cost of energy) 및 수명기간 비용(life cycle cost) 등이 있다. 만약 풍력터빈의 수명기간 동안에 생산한 에너지의 전체 가치가 같은 기간 동안 사용된 초기

투자비와 수명기간 비용을 초과하면 풍력터빈은 경제성을 가진다. 생산한 에너지의 가치가 전체 비용과 같아지는 기간을 자본회수 기간이며, 이 기간이 짧을수록 경제성은 우수하다고할 수 있다. 이와 같은 경제성 검토는 관련된 각종 경비, 이자율 및 화석연료비 등을 얼마나 정확하게 예상하는가가 매우 중요하다. 또한 사업 진행 과정에 따라서 경제성분석의 정도가 다르다. 즉 초기에는 초기투자비와 생산된 에너지의 가치 등을 이용하여 간단하게 경제성을 대략적으로 검토할 수 있으며, 사업이 진행되면서 모든 관련 항목을 포함하는 정확한 경제성 검토가 필요하다.

8.1.1 자본 회수기간

가장 간단한 자본 회수기간 계산은 필요한 유지 및 보수비용은 포함 시키지 않고 전체 투자비를 생산된 에너지를 금액으로 환산한 값으로 나누는 방법으로 다음과 같다.

$$SP = \frac{IC}{AEKWH \times \frac{\text{원}}{KWH}} \tag{8.1}$$

여기서 SP는 자본 회수기간이며, IC는 초기 투자비용이며, AEKWH는 연간 전력 생산량이며, 원$/KWH$는 에너지 단가이다.

예 제 8-1

1 MW 용량의 풍력터빈을 설치하기 위하여 10억 원을 투자하고, 연간 2,500 MWh의 전력이 생산되었다. 만약 한국전력에서 구입하는 단가가 110 원/kWh이면 투자비 회수기간은 몇 년인가?

❖ 풀이 : 만약 유비 및 보수비용을 무사하고 식 8.1을 사용하여 단순 계산하면 다음과 같다.

$$SP = \frac{IC}{AEKWH \times \frac{원}{KWH}} = \frac{1{,}000{,}000{,}000}{2{,}500{,}000 \times \frac{110}{1KWh}} = 3.6년$$

즉 회수기간은 3.6년으로 매우 양호한 결과다.

식 8.1에 자본에 대한 비용 인 이자와 매년 발생하는 유지 및 보수비용을 포함하면 다음과 같다.

$$SP = \frac{IC}{\left(AEKWH \times \frac{원}{KWH} - IC \times FIR - OMC\right)} \qquad (8.2)$$

여기서 FIR은 이자율이며, OMC는 연간 발생하는 유지 및 보수비용이다.

예 제 8-2

1 MW 용량의 풍력터빈을 설치하기 위하여 10억 원을 투사하고, 연간 2,500 MWh의 전력이 생산되었다. 만약 한국전력에서 구입하는 단가가 110 원/kWh이며, 초기 투자비에 대한 이자율이 4%이며, 연간 유지 및 보수비용이 초기 투자비의 0.1%이면 투자비 회수기간은 몇 년인가?

❖ 풀이 : 식 8.2를 사용하여 단순 계산하면 다음과 같다.

$$SP = \frac{IC}{\left(AEKWH \times \frac{원}{KWH} - IC \times FIR - OMC\right)}$$

$$= \frac{1,000,000,000}{2,500,000 \times \frac{110}{KWh} - 1,000,000,000 \times 0.04 - 1,000,000,000 \times 0.001}$$

$$= 4.3 \text{ 년}$$

즉 회수기간은 4.3년으로 약간 증가하였으나 매우 양호한 결과다.

8.1.2 에너지 비용(Cost of energy)

에너지 비용은 풍력터빈에서 전력을 생산하기 위하여 사용된 비용을 나타내며 식 8.3과 같다. 에너지 비용은 경제성 검토에 사용되는 용어로 다른 에너지원을 사용하여 생산되는 전력에 대한 비용과 바로 비교할 수 있는 매우 유용한 값이다. 즉 석탄이나 천연가스 또는 태양에너지를 이용하여 생산한 전력의 단가와 비교하므로 에너지원의 우월성을 비교할 수 있다.

$$COE = \frac{IC \times FIR + OMC}{AEKWH} \tag{8.3}$$

예 제 8-3

1 MW 용량의 풍력터빈을 설치하기 위하여 10억 원을 투자하고, 연간 2,500 MWh의 전력이 생산되었다. 만약 한국전력에서 구입하는 단가가 110 원/kWh이며, 초기 투자비에 대한 이자율이 4%이며, 연간 유지 및 보수비용이 초기 투자비의 0.1%이면 에너지 비용은 얼마인가?

❖ 풀이 : 식 8.3을 사용하여 단순 계산하면 다음과 같다.

$$COE = \frac{IC \times FIR + OMC}{AEKWH}$$

$$= \frac{1{,}000{,}000{,}000 \times 0.04 + 1{,}000{,}000{,}000 \times 0.001}{2{,}500{,}000}$$

$$= 16.4 \text{ 원}/KWh$$

즉 제안된 풍력터빈은 전력 1 KWh를 생산하기 위하여 16.4원의 비용이 사용됨을 알 수 있다.

8.1.3 수명기간 비용(Life cycle cost)

수명기간 비용은 풍력터빈의 수명기간인 20 ~ 25년간에 발생한 총비용을 의미하며, 앞에서 이용한 간단한 자본 회수기간이나 에너지 비용보다 보다 구체적으로 모든 비용을 포함하며 식 8.4와 같다.

$$LCC - IC + M + E + R - S \tag{8.4}$$

여기서 M은 매년 발생하는 유지 및 보수비용의 총합계이며, E는 에너지 비용의 총합계이며, R은 부품 교환비용의 총합계이며, S는 수명이 다한 후 폐기 처분하여 얻은 잔존가격이다. 비용이 몇 년 동안에 발생하기 때문에 미래가치를 현재가치로 환산하여 계산하여야 하며, 수명기간 비용을 비교하는 방법이 여러 가지 재생에너지를 비교하는데 가장 효과적인 방법이다.

예 제 8-4

1 MW 용량의 풍력터빈을 설치하기 위하여 10억 원을 투자하고, 연간 2,500 MWh의 전력이 생산되었다. 총투자비 가운데서 1 억원은 현금을 지불하고 나머지 9 억원은 연 5%의 이자로 은행에서 융자를 받았다. 매년 이자와 원금을 합하여 1.5 억원을 지불하기로 약정하였다. 만약 한국전력에서 구입하는 단가가 110

표 8.1 투자에 대한 현금 흐름

연수	0~1	2	3	4	5	6	7	8	9
현금 지급	100								
잔존 원금	900	795	684.75	568.98	447.43	319.8	185.79	45.08	0
상환 원금	105	110.25	115.77	121.55	127.63	134.01	140.71	45.08	0
이자	45	39.75	34.23	28.45	22.37	15.99	9.29	2.25	0
유지 및 보수	10	10	10	10	10	10	10	10	10
부품 교체	0	0	0	0	15	0	0	0	100
보험	10	10	10	10	10	10	10	10	10
재산세	10	10	10	10	10	10	10	10	10
비용	280	180	180	180	195	180	180	77.33	130
수입	275	275	275	275	275	275	275	275	275
현금 입급	−5	95	95	95	80	95	95	197.67	145
누적 현금	−5	90	185	280	360	455	550	747.67	892.67

(단위 백만원)

원/kWh이며, 연간 유지 및 보수비용이 초기 투자비의 0.1%이면 전체 현금흐름을 표로 나타내고 투자비 회수기간을 구하라.

❖ 풀이 : 식 8.1 ~ 8.4를 이용하여 각 항목을 계산하면 다음 표 8.1과 같다.

이자 = 잔존 원금 × 이자율(4%) = 900 × 0.05 = 45백만 원

상환원금 = 150 - 45 = 105백만 원

비용 = 상환원금 + 이자 + 유지 및 보수비용 + 보험 + 재산세
　　= 205 + 45 + 10 + 10 + 10 = 280백만 원
수입 = 전력생산량 × 원/KWh = 2,500,000KWh × 110원/KWh = 275백만 원
현금입금 = 수입 - 비용 = 275 - 280 = - 5백만 원
누적현금 = 전년도 누적현금 + 현금입금 = 0 - 5 = - 5백만 원

표 8.1에서 6년이 경과하면 누적수입이 4.55억 원이며, 잔존원금은 약 3.2억 원이므로 6년 만에 투자비를 회수할 수 있다.

8.2 미래가치의 현재가치로 환산

경제성공학에서 경제성 비교에 이용되는 가장 보편적인 방법은 미래에 예상되는 모든 투자비 또는 이윤의 현재가치를 산정하여 현재의 시점에서 가치를 비교하는 방법이다. 따라서 재생에너지 시스템과 비교되는 다른 에너지 시스템의 연료비, 유지 및 보수비 등 예상되는 투자비의 현재가치를 구하여 현재의 비용으로 환산하여 비교하면 보다 명확한 비교를 할 수 있다. 즉 항상 현금은 장래에 평가절하가 예상되기 때문에 현금의 구매력은 저하되어 오늘의 500만원과 일년 후의 500만원의 가치는 다르다고 할 수 있다. 예를 들면 같은 500만원 현금으로 오늘 구매할 수 있는 물건을 일년 후에는 인플레이션 등으로 돈의 가치가 저하되어 같은 물건을 구매하기 위하여 보다 더 많은 현금을 지불해야 살 수 있다. 이 관계를 식으로 나타내면 다음과 같다.

$$P = \frac{F}{(1+d)^N} \tag{8.5}$$

여기서 P는 현재가치, F는 미래가치, N은 연 수, d는 매년 할인이 발생하는 할인율로 이자율 또는 기대하는 수익률 등 이다. 또한 P/F 즉 미래가치와 현재기치의 비는 PWF(d,N)로 표시되며 다음과 같다.

$$PWF(N,d) = \frac{1}{(1+d)^N} \tag{8.6}$$

식8.6을 사용하면 재생에너지 시스템과 비교되는 다른 에너지 시스템에 연료로 사용되는 LPG, LNG 또는 기름 등의 비용을 현재가치로 환산하여 전체 비용을 구한 후 재생에너지 시스템의 초기 투자비와 비교하여 경제성 검토를 할 수 있다. 표 8.2는 식 8.6을 이용하여 PWF를 구한 것으로 d를 단순히 이자율로 가정하고 0 ~ 20% 값을 사용하고, N은 1 ~ 20년을 사용하였다.

표 8.2 현재가치와 미래가치를 비교하는 PWF

연수	d(할인율 또는 이자, %)							
	0	2	4	6	8	10	15	20
1	1.0000	0.9804	0.9615	0.9434	0.9259	0.9091	0.8696	0.800
2	1.0000	0.9612	0.9246	0.8900	0.8173	0.8264	0.7561	0.6400
3	1.0000	0.9423	0.8890	0.8396	0.7938	0.7513	0.6575	0.5120
4	1.0000	0.9238	0.8548	0.7921	0.7350	0.6830	0.5718	0.4096
5	1.0000	0.9057	0.8219	0.7473	0.6806	0.6209	0.4972	0.3277
6	1.0000	0.8880	0.7903	0.7050	0.6302	0.5645	0.4323	0.2621
7	1.0000	0.8706	0.7599	0.6651	0.5835	0.5132	0.3759	0.2097
8	1.0000	0.8535	0.7307	0.6274	0.5403	0.4665	0.3269	0.1678
9	1.0000	0.8368	0.7026	0.5919	0.5002	0.4241	0.2843	0.1342
10	1.0000	0.8203	0.6756	0.5584	0.4632	0.3855	0.2472	0.1074
15	1.0000	0.7430	0.5553	0.4173	0.3152	0.2394	0.1229	0.0352
20	1.0000	0.6730	0.4564	0.3118	0.2145	0.1486	0.0611	0.0115

예 제 8-5

미래에 같은 총액의 이윤이 발생하는 다음 두 가지 경우의 현재가치를 비교하여보자. 먼저 A의 경우 1년 후에 100만원, 2년 후에 150만원, 3년 후에 200만원 하여 총 450만의 이윤이 발생한다. B의 경우는 1년 후에는 이윤 발생이 없고, 2년 후에 225만원, 3년 후에 225만원으로 총 450만원의 이윤이 발생한다.

❖ 풀이 : 우선 이자율을 10%로 가정하여 PWF를 구하면 다음과 같다.

$$1\text{년 후} : PWF = \frac{1}{(1+0.1)^1} = 0.9091$$

$$2\text{년 후} : PWF = \frac{1}{(1+0.1)^2} = 0.8264$$

$$3\text{년 후} : PWF = \frac{1}{(1+0.1)^3} = 0.7513$$

표 8.3에서 3년 동안에 발생한 이윤의 합은 450만원으로 같다. 그러나 이 값을 현재가치로 환산하여 즉 미래에 발생할 이윤을 오늘 발생한 이윤으로 환산하면 A의 경우가 B의 경우보다 많다는 것을 알 수 있다. 즉 돈의 가치는 시간에 따라서 변한다는 사실을 실감할 수 있다.

표 8.3 발생 이윤과 현재가치 비교

년 수	PWF	발생 이윤, 만원		현재가치, 만원	
		A	B	A	B
1	0.9091	100	0	90.91	0
2	0.8264	150	225	123.96	185.24
3	0.7513	200	225	150.26	169.04
합 계		**450**	**450**	**365.13**	**354.98**

식 8.6은 인플레이션의 영향을 고려하지 않은 미래 가치를 현재가치로 환산하는 식이다. 만약 미래에 발생하는 경비가 인플레이션을 고려하면 증가하게 된다. 따라서 비용(A)이 일정한 율로 발생하는 인플레이션 율(i) 또는 디플레이션 율을 고려하면 N의 기간 후에 발생한 값을 나타내는 식은 다음과 같다.

$$C_N = A(1+i)^{N-1} \tag{8.7}$$

따라서 첫해에 비용이 1,000원이고 인플레이션 율이 6%이면 5년 후에 비용은 $1,000 \times (1+0.06)^{5-1} = 1260$원이다. 이와 같이 미래 비용이 인플레이션을 포함하는 경우에 대한 현재가치를 환산할 수 있는 식은 다음과 같다.

$$PWF(N,d) = \frac{A(1+i)^{N-1}}{(1+d)^N} \tag{8.8}$$

식 8.6과 8.8의 차이점은 다음과 같다. 즉 식 8.6은 장래에 발생하는 비용 등의 값에 인플레이션의 영향이 포함되어 있는 않은 일정한 미래가치에 대한 현재가치를 환산하고, 식 8.8은 미래의 비용에 인플레이션을 포함한 값에 대한 현재가치를 환산한다는 차이가 있다.

예 제 8-6

현재 1,000원 하는 기름이 매년 7%로 인플레이션이 되고, 할인율이 10%이면 3년 후에 기름 값의 현재가치는 얼마인가?

❖ 풀이 : 식 8.8을 이용하면 다음과 같다.

$$PWF = \frac{1,000(1+0.07)^{3-1}}{(1+0.1)^3} = 860.0$$

기름 값은 첫해에는 1,000원이나 인플레이션에 의하여 매년 말의 가치는 1,000원

1,070원, 1,145원 등으로 변한다. 이들의 현재 가치는 909원, 884원, 860원이 된다. 또한 인플레이션이 없다면 3년 후 기름 값의 현재가치는 751원이다.

지금까지 설명한 현재가치는 하나의 미래가치를 환산하였다. 때에 따라서 전체 미래가치를 현재가치로 환산하는 경우가 있다. 이때는 각각의 미래가치를 합산하게 되며 다음과 같다.

$$PWF(N,d,i) = \sum_{j=1}^{N} \frac{(1+i)^{j-1}}{(1+d)^j} = \begin{cases} \frac{1}{(d-i)}[1-(\frac{1+i}{1+d})^N] & \text{if } i \neq d \\ N(1+i) & \text{if } i = d \end{cases} \tag{8.9}$$

위 식에서 N은 연 수 이고, i는 인플레이션 율이며 d는 할인율이다.

예 제 8-7

인플레이션 율이 8%이고 할인율이 10%이다. 매년 500만원씩 20년 동안 지불하는 금액의 현재가치를 계산하라.

❖ 풀이 : 할인율(d)과 인플레이션 율(i)이 다르기 때문에 시 8.5는 다음과 같다.

$$PWF(N,d,i) = \frac{1}{d-i}[1-(\frac{1+i}{1+d})]^N = \frac{1}{0.1-0.08}[1-(\frac{1+0.08}{1+0.1})^{20}] = 15.35892$$

따라서 현재가치는 위의 값에 500만원을 곱한 값 즉 7,679만원이다. 즉 명목상 500만원을 20년 동안 지불하면 1억원이나 현재가치로 환산하니 7,679만원이 되었다.

8.3 투자비 회수율

앞의 PWF는 미래가치를 현재가치로 환산하는 방법이다. 그러나 많은 경우 설비나 건물의 초기 투자비는 금융기관의 대출을 받아서 사용하고, 이 대출금은 오랜 기간 동안 균등한 금액으로 원금과 이자를 지불하는 방법으로 초기 투자비를 상환한다. 투자비 회수율(CRF) (또는 상환율)은 상환해야 할 원금과 매번 (매년 또는 매월) 상환액의 비를 의미하며 다음과 같은 식으로 나타낸다. 이 식은 식 8.7에 인플레이션 율에 영을 대입하고 할인율에 이자율을 사용하면 같은 식이 된다.

식을 사용하여 이자율 0 ~ 10%와 1 ~ 10년에 대한 결과를 표로 만들면 표 8.4와 같다.

$$CRF(N,d) = \frac{1}{PWF(N,0,d)} = \frac{d}{1-(1+d)^{-N}} \tag{8.10}$$

표 8.4 투자비 회수율

년	이자율 (%)					
	0	2	4	6	8	10
1	1.00000	1.02000	1.04000	1.06000	1.08000	1.10000
2	0.50000	0.51505	0.53020	0.54544	0.56077	0.57619
3	0.33333	0.34675	0.36035	0.37411	0.38803	0.40211
4	0.25000	0.26262	0.27549	0.28859	0.30192	0.31547
5	0.20000	0.21216	0.22463	0.23740	0.25046	0.26380
6	0.16667	0.17853	0.19076	0.20336	0.21632	0.22961
7	0.14286	0.15451	0.16661	0.17914	0.19207	0.20541
8	0.12500	0.13651	0.14853	0.16101	0.17401	0.18744
9	0.11111	0.12252	0.13449	0.14702	0.16008	0.17364
10	0.10000	0.11133	0.12329	0.13587	0.14903	0.16275

예 제 8-8

재생에너지 시스템을 제작하기 위하여 1억 원을 이자율 9%로 20년 동안 상환하는 조건으로 대출을 받았다. 매년 상환할 이자와 원금을 구하고, 20년 동안 지불한 총 이자를 계산하라.

❖ 풀이 : 먼저 식 8.10을 사용하여 투자비 회수율을 계산하면 다음과 같다.

$$CRF(20, 0.09) = \frac{0.09}{1-(1+0.09)^{-20}} = 0.10955$$

따라서 매년 상환액 : 원금 X CRF = 1억 X 0.10955 = 1,095.5만원

20년 동인 지급한 금액 : 1095.5만원 X 20 = 21,910만원

20년 동안 지급한 이자 : 21,910만원 - 10,000만원 = 11,910만원

결과적으로 1억 원을 20년 동안 상환하면 원금 1억 원 외에 이자 1.191억 원을 지불하게 된다.

8.4 풍력발전시스템의 경제성 분석

풍력발전시스템의 경제성 검토에 시스템의 운영 기간 동안 발생할 모든 현금 흐름 요소를 포함하여 정확한 경제성 검토를 실시해야 한다. 그러나 어떤 요소는 전체 결과에 미치는 영향이 미미할 수 있기 때문에 여러 요소 중에서 중요한 요소만을 포함하는 간편한 경제성 검토를 실시하는 것도 유익하다. 특히 상용 시스템의 초기 설계단계에서는 이 방법을 사용할 충분한 가치가 있다.

예 제 8-9

표 8.5 및 8.6과 같은 공사비 내역을 가지는 풍력발전시스템의 경제성을 분석하면 다음과 같다.

표 8.5 경제성 분석에 사용한 기본조건[6]

항 목	비 율
이자율 및 할인율	6%
법인세 및 기타 세금	투자비의 0.5%
보험료	투자비의 0.22%
운전유지 및 수선비	투자비의 0.5%
운전수명 후 잔존가치	총 공사비의 10%
감가상각율	4.5%(정액기준을 비율로 표시)
공사기간중 이자	비산정(공사기간 1년)
풍력시스템 내구수명	20년

표 8.6 VESTAS V80풍력발전설비의 공사비 내역[6]

품 명	규 격	단위	수량	금액(천원)
풍력발전기	V80-2MW	set	1	2,356,400
Tower	67 m	set	1	216,000
모니터링 시스템	VGCS	식	1	140,000
기초공사		식	1	180,000
운송 및 설치공사		식	1	360,000
접지공사		식	1	180,000
진입도로	500 m	식	1	60,000
전기공사	80 m^2	식	1	250,000
일반관리비 및 이윤		식	1	360,800
부가세	10%	식	1	410,320
합 계			1	4,513,520

❖ 풀이 : 감가상각은 총투자비의 4.5%로 하여 20년 후 잔존가치가 총투자비의 10%가 되도록 설정되었다(발전기 및 타워를 고철로 판매). 표에서 초기 총투자비용은 4,513,520천원이다. 이 값을 이용하여 연간투자비의 현재가치를 계산한다. 매년 필요한 비용을 계산하면 다음과 같다.

- 법인세 및 기타 세금 = 초기투자비 × 0.5%/년
  = 4,513,520 × 0.5%/년
  = 22,567.6천원/년

- 보험료 = 최기투자비 × 0.22%/년
  = 4,513,520 × 0.22%/년
  = 9,929.74천원/년

- 운전유지 및 수선비 = 최기투자비 × 0.5%/년
  = 4,513,520 × 0.5%/년
  = 22,567.6천원/년

- 연간고정유지관리비용 = 법인세 및 기타 세금 + 보험료 + 운전유지 및 수선비
  = 22,567.6천원/년 + 9,929.74천원/년 + 22,567.6천원/년
  = 55,064.94천원/년

투자비 상환율 : $CRF(N,d) = \dfrac{d}{1-(1+d)^{-N}} = \dfrac{0.06}{1-(1+0.06)^{-20}}$

$= 0.0872$

20년 동안 매년 상환할 금액 : 4,513,520천원 × CRF = 4,513,520천원 × 0.0872
= 393,579천원/년

총상환금 : 상환금 × 20년 = 393,579천원/년 × 20년 = 7,871,789천원

총이자 : 총상환금 - 초기투자비 = 7,871,789천원 - 4,513,520천원
= 3,358,059천원

- 매년 사용되는 총 경비 = 연간투자비 + 연간고정유지관리비용
  = 393,579천원/년 + 55,064.94천원/년
  = 448,643.94천원/년

한전에서 풍력에 대하여 지불하는 발전차액은 107.66원/kWh이다.
따라서 위의 총비용을 발전단가로 나누면 필요한 발전량이 계산된다.

- 발전량 = (연간투지비용 + 고정유지관리비용)/발전차액
  = 448,643,940원/107.66원/kWh
  = 4,167,229.6 kWh

- 풍력발전기 작동시간 = 필요한 발전량/정격출력
  = 4,167,229.6 kWh/2,000 kW
  = 2,083.6 시간

- 풍력발전기의 유용성 = 작동시간/(365 일 × 24 시간) × 100
  = 2,083.6/8760 × 100
  = 23.79%

따라서 앞으로의 변화를 고려하지 않고 현재의 상황에서 단순히 계산하면 풍력발전기의 유용성이 23.79%를 상회하면 이익이 발생할 수 있다. 즉 발전기가 일년 중에서 23.79% 기간 작동하여 발전을 하면 발전원가가 발전차액과 같다는 의미이다. 만약 정확한 발전량을 계산할 수 있을 경우는 역으로 아래와 같이 발전원가를 계산하여 한전에서 지불하는 발전차액보다 크면 그 만큼 이익이 발생한다. 반대로 발전원가가 발전차액보다 적으면 경제성이 없다.

발전원가 = (연간투지비용 + 고정유지관리비용)/연간총발전량

또한 식 8.6을 이용하여 20년 동안 발생할 비용과 투자비 상환액을 현재가치로 환산하여 계산할 수 있다.

표 8.7 예제 8-9의 결과 종합

항 목	계산 결과	
연 투자비 상환액	393,579.0천원/년	
보험료	9,929.74천원/년	
유비 및 보수	22,567.6천원/년	
법인세 및 기타 세금	22,567.6천원/년	
연 총비용	448,643.94천원/년	
발전차액	107.66원/kWh	
필요한 발전량	4,167,229.6kWh/년	
풍력발전기 작동시간	2,083.6시간/년	
풍력발전기의 유용성	23.79%	

참고문헌

Chapter 1.

1. "Renewables 2007 Global Status Report", http://www.ren21.net/globalstatusreport/default.asp
2. "World Wind Energy Report 2009", World Wind Energy Association, www.WWindEA.org
3. P. Gipe, "Wind Energy Comes of Age", John Wiley & Sons, New York, 1995
4. 이동일 외 "풍력자원지도 개발 연구보고서", 발간등록번호 11-1360000-0000355-14, 기상청 자료관리서비스팀, 2007
5. "Global Wind 2007 Report", http://www.gwec.net/fileadmin/document/test2/gwec-80-update-final.pdf

Chapter 2.

1. http://en.wikipedia.org/wiki/History_of_wind_power
2. Danish Wind Industry Association, http://www.windpower.org/en/tour/
3. http://en.wikipedia.org/wiki/Wind_power
4. J. M. Jonkman, "Modeling of the UAE Wind Turbine for Refinement of FAST_AD, NREL/TP-500-34755, December 2003
5. http://www.kidwind.org/lessons/BBwindenergytechnology.html
6. A. Ahlstrom, "Simulation Dynamicsl Behaviour of Wind Power Structures", Licentiate Thesis, Royal Institute of Technology, Stockholm, 2002
7. "Wind Turbine Data Summary", Wind Stats Newsletter, Vol. 20, No. 1, 2007
8. M. Schmidt, "The Economic Optimization of Wind Turbine Design", MS Thesis, Georgia Institute of Technology, 2007
9. P. Gipe, "Wind Energy Comes of Age", John Wiley & Sons, New York, 1995

10. "World Wind Energy Report 2009", World Wind Energy Association, www.WWindEA.org
11. 황병선외 9, "최신 풍력터빈의 이해", 도서출판아진, 2009
12. 장종훈, "재생에너지공학", 도서출판 GS인터비전, 2009
13. "The Wind Turbine Components and Operation", Special Issue BONUS INFO, Autumn 1999

Chapter 3.

1. J. F. Manwell, J. G. McGowan, A. L. Rogers, "Wind Energy Explained", John Wiley & Sons Ltd. England, 2002
2. T. Burton, D. Sharpe, N. Jenkins, E. Bossanyi, "Wind Energy Handbook", John Wiley & Sons Ltd, New York, 2001
3. J. M. Jonkman, "Modeling of the UAE Wind Turbine for Refinement of FAST_AD, NREL/TP-500-34755, December 2003
4. S. Skolthanarat, "The Modeling and Control of a Wind Farm and Grid Intercnnection in a Multi-machine System", Ph.D. Thesis, Virginia ㅔolytechnic Institute and State University, 2009
5. R. E. Wilson, P. B. S. Lissaman, S. N. Walker, "Aerodynamic Performance of Wind Turbines", NSF-G-AER-74-04014-A03, June 1976
6. R. E. Wilson, P. B. S. Lissaman, "Applied Aerodynamics of Wind Power Machines", Oregon State University, Grant No. GI-418340, May 1974
7. D. E. Berg, "Handbook of Energy Efficiency and Renewable Energy", Taylor & Francis Group, LLC, 2007
8. F. M. White, "Fluid Mechanics", 4th edition, McGraw-Hill, Inc, New York

Chapter 4.

1. S Schreck, "Turbine Aerodynamics Experiments and Modeling at NREL and in IEA Wind Task 20", NREL's National Wind Technology Center, Golden, Co 80401, USA.
2. Z. Lubosny, "Wind Turbine Operation in Electrical Power Systems", Springer

-Verlag, Berlin Heidelberg, Germany, 2003

3. S. Skolthanarat, "The Modeling and Control of a Wind Farm and Grid Interconnection in a Multi-machine System", Ph.D. Thesis, Virginia Polytechnic Institute and State University, 2009
4. J. Schonberger, "Modeling a DFIG Wind Turbine System using PLECS", Dec. 2008.
5. W. R. Powell, "An Analytical Expression for Average Output Power of a Wind Machine", J. Solar Energy Engineering, Vol. 26, No. 1, 1981, pp. 77-80.
6. J. G. Slootweg, S. W. H. de Haan, H. Polinder, W. L. King, "Modeling Wind Turbines in Power System Dynamics Simulations", In Proceedings of the 2001 IEEE Power Engineering Society Summer Meeting, July 15-19, 2001.
7. H. Polinder, S. W. H. de Haan, M. Dubois, J. G. Slootweg, "Basic Operation Principles and Electrical Conversion Sysytem of Wind Turbines", EPE Journal, Vol. 15, pp. 43-50, Dec. 2005
8. J. G. Slootweg, E. de Vries, "Inside Wind Turbine - Fixed vs. Variable Speed", Renewable Energy World, 2003, pp. 30-40
9. H. Polinder, D. J. bang, R. P. J. O. M. van Rooij, A. S. McDonald, M. A. Mueller, "10MW Wind Turbine Direct Drive Generator Design with Pitch and Active Stall Control", IEMDC 2007, Vol. 2, pp. 1390-1395
10. A. D. Hansen, C. Jauch, P. Sorensen, F. Iov, F. Blaabjerg, "Dynamic Wind Turbine Models in Power System Simulation Tool DIgSILENT", Riso-R-1400(EN), Riso National Laboratory, Roskilde, Dec. 2003
11. H. Polinder, D. J. bang, J. A. Ferreira, R. P. J. O. M. van Rooij, "New Active Speed Stall Control Compared to Pitch Control for a Direct-Drive Wind Turbine", European Wind Energy Conf.(EWEC) 2007
12. G. Shrestha, H. Polinder, D. J. bang, J. A. Ferreira, "Review of Energy Conversion System for large Wind Turbines", EWEC 2008 Proceedings
13. H. Muller, M. Poller, A. Basteck, M. Tilscher, J. Pfister, "Grid Compatibility of Variable Speed Wind Turbines with Directly Coupled Synchronous Generator and Hydro-Dynamically Controlled Gearbox", 6th Int. Workshop on Large-Scale Integration of Wind Power and Transmission Networks for Offshore Wind Farm, Oct. 26-28 2006, Delft NL

14. K. A. Stoi, L. J. Fingersh, "Wind Turbine Field Testing of State-Space Control Designs", NREL/SR-500-35061, September 2004
15. 남윤수, "풍력터빈의 제어" GS인터버전, 2009

Chapter 5.

1. A. bhatia, "Basic Fundamentals of Gear Drives", www.PDHcenter.com.
2. G. Michalec, "Elements of Metric Gear Technology", www.sdp-si.com.
3. F. Oyague, "Gearbox Modeling and Load Simulation of a Baseline 750-kW Wind Turbine using State-of-the Art Simulation Codes", Technical Report NREL/TP-500-41160, Feb. 2009.
4. J. L. M. Peeters, D. Vandepitte, P. Sas, "Analysis of Internal Drive Train Dynamics in a Wind Turbine", Wind Energy, Vol. 9 2006, pp. 141-161.
5. W. Musial, S. Butterfield, B. McNiff, "Improving Wind Turbine Gearbox Reliability", NREL/CP-500-41548, May 2007.
6. J. Peeters, D. Vandepitte, P. Sas, "Structural Analysis of a Wind Turbine and its Drive Train using the Flexible Multi-body Simulation Technique", Proc. ISMA 2006, pp. 3665-3679.

Chapter 6.

1. T. L. Floyd, "Electronics Fundamentals", 4th edtion, prentice-Hall International, Inc., 1997
2. F. W. Sears, M. W. Zemansky, "University Physics", 4th edition, Addison-Wesley Publishing Co., Inc. Massachusetts, 1957
3. H. Muller, M. Poller, A. Basteck, M. Tilscher, J. Pfister, "Grid Compatibility of Variable Speed Wind Turbines with Directly Coupled Synchronous Generator and Hydro-Dynamically Controlled Gearbox", 6th Int. Workshop on Large-Scale Integration of Wind Power and Transmission Networks for Offshore Wind Farms, 26-28 October 2006, Delft NL.
4. H. Li, Z. Chen, "Overview of Different Wind Generator Systems and their Comparisons", IET Renewable Power Generation, Vol. 2, No. 2, 2008, pp.

123-138

5. S. de Haan, H. Polinder, W. Kling, "Modeling Wind Turbines in Power System Dynamics Simulations", Proc. of the 2001 IEEE Power Engineering Society Summer Meeting, July 15-19, 2001
6. H. Polinder, S. De Haan, M. Dubois, J. Slootweg, "Basic Operation Principles and Electrical Conversion System of Wind Turbines", EPE Journal, Vol. 15, pp. 43-50, Dec. 2005
7. L. H. Hansen, L. Helle, F. Blaabjerg, E. Ritchie, S. Munk_nielsen, H. Bindner, P. Sorensen, B. Bak-Jensen, "Conceptual Survey of Generators and Power Electronics for Wind Turbines, Riso-R-1205(EN), Riso National Laboratory, Denmark, 2001

Chapter 7.

1. Danish Wind Industry Association, Web site http://www.talentfactory.dk/en/pictures/offshore.htm
2. Website for Power Industry, http://www.power-technology.com/projects/hornsreefwind/hornsreefwind7.html
3. L. E. Jensen, C. Morch, P. B. Sorensen, K. H. Svendsen, "Wake Measurements from the Horns Rev Wind Farm"
4. Website for Aeolus, http://ict-aeolus.eu/index.html
5. M. J. Werle, "A New Analytical Model for Wind Turbine Wakes", Report No. FD 200801, Flodesign Inc., Wilbraham, MA. 01095
6. B. Sanderse, "Aerodynamics of Wind Turbine Wakes", ECN-E-09-016
7. S. Butterfield, W. Musial, J. Jonkman, P. Sclavounos "Engineering Challenges for Floating Offshore Wind Turbines", 2005 Copenhagen Offshore Wind Conf., Copenhagen Denmark, Oct. 26-28. 2005.
8. International Electrotechnical Commission(IEC), Wind Turbines, Part 3: Design Requirements for Offshore Wind Turbines, 61400-3, IEC TC88 WG3, 2005
9. "Technical White Paper on Wind Energy Potential on the U.S. Outer Continental Shelf", http://OCSenergy.anl.gov/documents/docs/ocs_els_whitepaper_wind.pdf
10. "World Wind Energy Report 2009",http://www.wwindea.org

11. B. W. Byrne, G. T. Houlsby, "Assessing Novel Foundation Options for Offshore Wind Turbines",
12. J. H. Thomsen, T. Forsberg, R. Bittner, "Offshore Wind Turbine Foundations - The COWI Experience", Proc. of the 26th International Conf. on Offshore Mechanics and Arctic Engineering, June 10-15, 2007, San Diego, cal. USA.
13. T. Ashuri, M. B. Zaaijer, "Review of Design Concepts, Methods and Considerations of Offshore Wind Turbines",
14. Danish Energy Authority, "Offshore Wind Farms and the Environment-Danish Experiences from Horns Rev and Nysted", November 2006.
15. W. Musial, S. Butterfield, B. Ram, "Energy from Offshore Wind", Proc. of Offshore Technology Conf, Houston Texas, May 1-4, 2006
16. R. J. Barthelmin, S. T. Frandsen, P. E. Rethore, M. Mechali, S. C. Pryor, L. Jensen, P. Sorensen, " Modeling and Measurement of Offshore Wakes", Owemes 2006, 20-22 April, Citavecchia, Italy
17. R. J. Bathelmie, S. T. Frandsen, K. Hansen, J. G. Schepers, K. Rados, W. Schlez, A. Neubert, L. E. Jensen, S. Neckelmann, “Modeling the Impact of Wakes on Power Output at Nysted and Horns Rev",

Chapter 8.

1. J. Kreider & F. Kreith, “Solar Heating and Cooling”, Hemisphere Publishing, New York, 1982
2. J. Threlkeld, “Thermal Environmental Engineering”, Prentice-Hall, New Jersey, 1970
3. J. White, K. Case, D. Pratt and M. Agee, "Principles of Engineering Economics Analysis", John Wiley & Sons, New York, 1998
4. P. Degarmo, W. Sullivan & J. Bontadelli, "Engineering Economy", Macmillan Pub. Co., New York, 1993.
5. D. Newnan, "Engineering Economic Analysis", 4th ed, Engineering Press, Inc., San Jose, California
6. 한국에너지기술연구원, “풍력발전 자원조사 연구 : 최종보고서”, 2004

찾아보기

ㅅ

ㅇ

ㅈ

ㅊ

【저자 약력】

장 종 훈(울산대학교 기계자동차공학부 교수)

- 울산대학교 기계공학과, 학사
- University of Minnesota(미) 기계공학과, 석사
- Georgia Institute of Technology(미) 기계공학과, 박사

경력

- 현대엔지니어링(주)
- 국방과학연구소
- Wright State University(미)
- NASA Glenn Research Center, Ohio(Sverdrup Technology, Inc.)
- 現 울산대학교 기계자동차공학부

풍력터빈의 기초

2010년 8월 25일 초판 인쇄

2014년 3월 20일 3쇄 발행

저 자 장종훈

발 행 인 송기수

발 행 처 도서출판 GS인터비전

편 집 처 도서출판 GS인터비전

인 쇄 처 대일문예사

등록번호 제 2008 - 27호

I S B N 978-89-93668-62-9 (92550)

주 소 서울 마포구 토정로222

전 화 02-976-7898, 0707-720-7898

팩 스 02-6468-7898

홈페이지 www.gsintervision.co.kr

이 메 일 gsinter7@gmail.com

정 가 20,000 원